Studies in Contemporary Economics

Franz Hubert

Optimale Finanzkontrakte, Investitionspolitik und Wettbewerbskraft

Mit 11 Abbildungen
und 8 Tabellen

Physica-Verlag
Ein Unternehmen
des Springer-Verlags

PD Dr. Franz Hubert
Freie Universität Berlin
FB Wirtschaftswissenschaften
Institut für Bank- und Finanzwissenschaft
Boltzmannstr. 20
D-14195 Berlin

Als Habilitationsschrift auf Empfehlung des Fachbereichs Wirtschaftswissenschaften der Freien Universität Berlin gedruckt mit Unterstützung der Deutschen Forschungsgemeinschaft.

ISBN 3-7908-1248-X Physica-Verlag Heidelberg

Die Deutsche Bibliothek – CIP-Einheitsaufnahme
Hubert, Franz: Optimale Finanzkontrakte, Investitionspolitik und Wettbewerbskraft / Franz Hubert. – Heidelberg: Physica-Verl., 2000
(Studies in contemporary economics)
ISBN 3-7908-1248-X

Umschlaggestaltung: Erich Kirchner, Heidelberg

SPIN 10745466 88/2202-5 4 3 2 1 0 – Gedruckt auf säurefreiem und alterungsbeständigem Papier

Vorwort

Akerlofs (1970) Beitrag zum Problem der Negativauslese markiert den Beginn der modernen Informationsökonomik. Die Publikation dieser Arbeit, welche bald zu einer der am häufigsten zitierten avancierte, gestaltete sich jedoch zäh.[1] So lehnten die *American Economic Review*, das *Journal of Political Economy* und die *Review of Economic Studies* den Beitrag nacheinander ab. Akerlofs rückblickender Einschätzung zufolge, weil Editoren und Berichterstatter den Eindruck gewannen, daß mit der Einführung von Informationsproblemen praktisch 'alles möglich werde', und damit die 'Rigorosität' ökonomischer Theorie verloren ginge.[2] Die weitere Entwicklung der Informationsökonomik hat diese Befürchtung durchaus bestätigt.

So läßt sich auch in der Theorie der Unternehmensfinanzierung durch entsprechend konstruierte Informationsannahmen (fast) jedes Phänomen gleich auf mehrfache Weise rationalisieren. Dem prägnanten und geschlossenen Gebäude der neoklassischen Finanzierungstheorie, das eine kleine Zahl sehr bestimmter und eleganter Resultate beherbergt, steht daher heute ein eher unübersichtliches Feld recht heterogener und oft widersprüchlich erscheinender Ergebnisse aus der informationsökonomischen Literatur gegenüber. Diese Vielfalt reflektiert in erster Linie die Komplexität des Finanzierungsproblems, und es wäre unsinnig, hiervor die Augen zu verschließen oder dem Forschungsprogramm daraus einen Vorwurf zu machen.

Dennoch muß sich ein gewisses Unbehagen einstellen, sobald einzelne Ergebnisse für praktische Empfehlungen herangezogen oder als 'Baustein' in weiterführenden Analysen verwendet werden. Dabei sind Argumentationsmuster, die sich aus Informations- und Anreizproblemen ableiten lassen, allgegenwärtig. Um nur einige von denen zu nennen, die in dieser Arbeit eine Rolle spielen:

- In der Diskussion über Leveraged Buyouts und der Vergütung von Unternehmensvorstände mit Aktienoptionen finden sich Argumente wieder, die

[1] Zu den Einzelheiten siehe Gans & Shepherd (1994).

[2] Dieser Eindruck ist nicht überraschend, fällt Akerlof doch gleich mit der Tür ins Haus. Er illustriert die theoretische Möglichkeit des vollständigen Marktzusammenbruchs am Beispiel des Gebrauchtwagenmarktes, von dem jeder weiß, daß er allen Informationsproblemen zum Trotz floriert.

auch in formalen Modellen zur Anreizwirkung des Verschuldungsgrades und einer erfolgsabhängigen Entlohnung abgeleitet wurden.

- In der Debatte über die aktuelle Asienkrise wird argumentiert, daß die wechselkursbedingte Aufwertung der in US $ denominierten Schulden das Nettovermögen vieler Banken und Unternehmen soweit reduziert hat, daß ihre Investitionsbereitschaft nachhaltig beeinträchtigt wird. Dies könne dazu beitragen, daß sich die Währungs- und Finanzkrise in eine langanhaltende Rezession verwandelt. Ein solcher Zusammenhang zwischen finanzieller Verfassung und Investitionsbereitschaft kann aus den mit der externen Finanzierung verbundenen Informationsproblemen abgeleitet werden.
- Schließlich wird in der Wettbewerbspolitik zur Feststellung einer Marktbeherrschung neben Marktanteilen und Marktzutrittsbarrieren auch die Finanzkraft des Unternehmens herangezogen. Hierbei handelt es sich um ein Kriterium, das auf den perfekten Kapitalmärkten des neoklassischen Modells überhaupt keinen Sinn macht. Seine Berücksichtigung kann aber angezeigt sein, wenn Informationsasymmetrien den Finanzspielraum der (potentiellen) Konkurrenten einengen, und diese daher der Gefahr eines Verdrängungswettbewerbes ausgesetzt sind.

Zur Begründung einer bestimmten Handlungsempfehlung, sei es in der Unternehmenfinanzierung oder der Wirtschaftspolitik, ist der Beleg, daß ein Argument konsistent formuliert werden *kann*, jedoch zu schwach. Erforderlich ist ein Vertrauen in die Reichweite des Arguments, die Robustheit der ökonomischen Intuition.

Ziel dieser Arbeit ist es, für ein Teilgebiet des informationsökonomischen Ansatzes — die Theorie optimaler Finanzkontrakte — wesentliche Gemeinsamkeiten alternativer Modellierungsansätze herauszuarbeiten und daraus *robuste* Implikationen für das Investitionsverhalten und die strategische Interaktion mit Wettbewerbern abzuleiten. Unter Robustheit wird dabei verstanden, daß die Resultate zumindest in stilisierter Form für eine ganze Modellklasse gelten sollen, soweit diese die gleiche ökonomische Intuition abbilden.

Bedanken möchte ich mich bei Helmut Bester, Thomas Ehrmann, Lutz Kruschwitz, Kay Mitusch, Roland Strausz und Choon Poh Tan für die kritische Kommentierung des Manuskriptes bzw. von Diskussionspapieren, deren Ergebnisse in diese Arbeit miteingeflossen sind. Hilfreich und anregend waren auch die Diskussionen mit den Teilnehmern der 'Quatschgruppe' und ihres respektablen Nachfolgers, dem mikroökonomischen Workshop, sowie des wirtschaftstheoretischen Seminars an der Freien Universität Berlin. Schließlich möchte ich mich bei Nicole Fröhlich und Susanne Meunier für ihre Hilfe bei der Korrektur des Textes bedanken.

Als alleiniger Verfasser einer wissenschaftlichen Schrift muß man sich ziemlich bald zwischen dem 'wir' und dem 'ich' entscheiden — die Passivform klingt einfach zu gestelzt. Ich habe mich für das 'wir' entschieden. Zum einen, weil es für mich angenehmer klingt, zum anderen, weil es den Leser unaufdringlich einbezieht — es steht ihm ja frei, zwischen dem inklusiven und dem exklusiven 'wir' zu wählen. Natürlich sind alle Urteile und Fehlurteile meine ganz persönlichen und an den wenigen Stellen, wo besonders anfechtbare gefällt werden, wird dies durch den Wechsel zur 'ich'–Form auch unterstrichen.

Berlin, im Mai 1999 *Franz Hubert*

Inhaltsverzeichnis

Einleitung

Die moderne Theorie der Unternehmensfinanzierung nimmt ihren gedanklichen Ausgangspunkt in den 'Irrelevanz–Paradoxa', die Ende der 50er Jahre die etablierten Ansichten zur Unternehmensfinanzierung in ihren Fundamenten erschütterten. Von Praktikern und Vertretern der traditionellen Finanzierungslehre zunächst heftig kritisiert, erwiesen sich die Aussagen zur Irrelevanz von Kapitalstruktur und Dividendenpolitik als sehr robust. Im Kern beruhen sie auf zwei einfachen Annahmen, die auch in der traditionellen Finanzierungslehre geläufig waren:

1. Finanzierungsentscheidungen haben keinen Einfluß auf den realwirtschaftlich bedingten Cash–Flow (und damit Kosten, Erträge, Investitionsmöglichkeiten),
2. Kapitalmärkte sind hinreichend entwickelt.

Akzeptiert man die Trennung der realwirtschaftlichen von der finanzwirtschaftlichen Seite des Unternehmens, reduziert sich das Finanzierungsproblem auf eines der Aufteilung von Ansprüchen auf einen unsicheren Ertrag — das Problem der optimalen Partenteilung.[3] Bei hinreichend entwickelten Kapitalmärkten ist jedoch die Lösung dieses Problems auf Unternehmensebene irrelevant. Wie auch immer sie ausfällt, sollte sie unzweckmäßig sein, kann sie auf dem Kapitalmarkt beliebig abgeändert werden. Nach dieser Lesart lassen die Irrelevanz–Theoreme für eine Theorie der Unternehmensfinanzierung nur zwei Forschungsprogramme zu:[4]

1. Entweder kann ein Zusammenhang zwischen Finanzierungsentscheidungen und erwartetem Cash–Flow konstruiert werden, oder
2. es lassen sich auf den Kapitalmärkten Friktionen identifizieren, die eine Abänderung einer einmal gewählten Aufteilung der Parten behindern.

[3] Im deutschsprachigen Schrifttum wird der Finanzierungsbegriff z.T. stärker auf den Zugang liquider Mittel abgestellt (kritisch hierzu Swoboda (1991)).

[4] Natürlich ist dies nicht die einzige Lesart. In die Irrelevanz–Aussagen gehen weitere Annahmen ein, etwa Optimierungsverhalten und vollständige Rationalität, die ebenfalls Ansatzpunkte einer Neuformulierung der Theorie von Finanzierungsentscheidungen sein könnten.

In dieser Arbeit interessiert nur die erste Strategie, die Konstruktion einer Beziehung zwischen dem erwartetem Cash–Flow und der Finanzierung,[5] für die sich in der Literatur im wesentlichen drei Ansätze finden:

1. Steuern, Subventionen, staatliche Regulierung,
2. Informations– und Anreizprobleme (inbesondere zwischen externen Kapitalgebern und unternehmensinternen Entscheidungsträgern),
3. strategische Interaktionen zwischen dem Unternehmen und Dritten (insbesondere den Konkurrenten auf dem Absatzmarkt).

Es ist völlig unstrittig, daß steuerliche Regelungen — etwa bezüglich von Fremdkapitalzinsen, Wertgewinnen und Dividendenzahlungen oder die Rangstellung von Steuerschulden im Konkursfall — einen Einfluß auf Finanzierungsentscheidungen haben. Allein auf Steuereffekten beruhende Erklärungen empirischer Finanzierungsphänomene leiden jedoch unter einer Reihe von Schwächen. Zunächst müssen die Finanzierungsinstrumente, an die sich unterschiedliche Steuertatbestände anknüpfen, immer schon exogen gegeben sein. Die Hauptaufgabe betrieblicher Finanzierung bestünde dann darin, durch die Kreation neuer Finanzierungformen Steuerschlupflöcher ausfindig zu machen. Weiter scheinen unter einer ausschließlich steuerlichen Betrachtung für gegebene Finanzierungsmöglichkeiten oft Randlösungen optimal — etwa eine vollkommene Fremdfinanzierung, Dividendenausschüttungen von null etc. — was sich nicht mit den empirischen Tatsachen deckt. Gegen diesen Ansatz spricht auch, daß Finanzierungsinstrumente und deren Einsatzverhältnisse im Zeitablauf (über Steuerreformen hinweg), und im internationalen Querschnitt (über Steuersysteme hinweg), zu viele Regelmäßigkeiten aufweisen. Umgekehrt gibt es bei gleichen Steuersystemen auch Unterschiede — etwa zwischen verschiedenen Wirtschaftsektoren und Unternehmenstypen — die eine über steuerliche Aspekte hinausgehende Theorie der Unternehmensfinanzierung einfordern.

In dieser Arbeit wird die umgekehrte Extremposition eingenommen und von steuerlichen Regelungen, allgemeiner von staatlichen Eingriffen, vollständig abstrahiert. Das Finanzierungsproblem wird nur aus dem Blickwinkel der Anreizwirkung und der strategischen Interaktion mit Konkurrenten auf den Absatzmärkten betrachtet. In Kapitel 1 stellen wir ein reales Beispiel erfolgreicher Unternehmensstrategie vor, anhand dessen wir die Fragestellung motivieren und den analytischen Ansatz illustrieren.

---

[5] Selbst wenn sich auf entwickelten Kapitalmärkten bedeutsame Friktionen idenfizieren ließen, was wenig wahrscheinlich erscheint, wäre dies praktisch das Ende einer allgemeinen Theorie der Unternehmensfinanzierung im wirtschaftswissenschaftlichen Sinne. Für die Erklärung der Finanzierungsentscheidungen müßte auf die spezifischen Präferenzen der jeweiligen Finanziers zurückgegriffen werden, was zu einer einzelfallbezogenen psychologischen Erklärung zwingen würde. Neben den realwirtschaftlichen Leistungen würden Unternehmen spezielle finanziellen Dienstleistungen — wie etwa Versicherung durch Risikostreuung — für ihre Finanziers erbringen.

In Abschnitt 2.1 entwickeln wir ein elementares Delegationsproblem zwischen externen Kapitalgebern (den 'Finanziers') und einem internen Entscheidungsträger (der 'Firma'). Dabei beschränken wir uns bewußt auf einen sehr einfachen Rahmen, um den Blick auf die grundsätzlichen Zielkonflikte nicht durch technische Details zu verstellen. Insbesondere wird angenommen:

1. Das Delegationsproblem währt nur eine Periode.
2. Das Verhalten des internen Entscheidungsträgers ist nicht kontrahierbar. Ineffiziente Handlungen mindern das zur Verfügung stehende Endvermögen.
3. Die Vertragsparteien können eine Nachverhandlung der anfänglich geschlossenen Verträge verhindern und Interventionen der Finanziers verbindlich vereinbaren.

Dieses Grundmodell der Finanzbeziehung als einer von Anreizproblemen belasteten Kooperation ist in der modernen Theorie der Unternehmensfinanzierung fest etabliert. Allerdings wird es oft aus der Perspektive des optimalen Verschuldungsgrades untersucht, wobei die zulässigen Finanztitel exogen auf Kredit und Beteiligungskapital beschränkt werden. In dieser Arbeit vermeiden wir eine solche Festlegung und leiten die Eigenschaften optimaler Finanzarrangements aus elementaren Annahmen über das Anreizproblem ab. Auch wenn sich das Ergebnis in bestimmten Fällen als 'optimale Kapitalstruktur' interpretieren läßt, folgen wir damit der Literatur zum *security design*, in der *optimale* Finanzkontrakte charakterisiert werden.[6] Diese sind neben dem Auszahlungsprofil auch durch Verhaltensrestriktionen, Sanktionsmechanismen, Kontroll- und Eingriffsrechte etc. bestimmt. In den Abschnitten 2.2 bis 2.4 werden die optimalen Finanzkontrakte für unterschiedliche Varianten des Grundproblems charakterisiert. Die wesentlichen Gemeinsamkeiten werden in Abschnitt 2.5 zusammengefaßt. Schließlich wird die Untersuchung des Grundproblems durch die Einführung von Risikoaversion auf der Seite des Entscheidungsträgers in Abschnitt 3.2 abgerundet.

Informations- und Anreizprobleme helfen nicht nur Irrelvanzparadoxien überwinden, sie entziehen auch den Separationstheoremen die Grundlage, die eine getrennte Betrachtung von Finanzierungs- und Investitionsentscheidungen erlauben. In der betriebswirtschaftlichen Finanzierungslehre findet sich dieser Zusammenhang vor allem in der Hypothese, von den niedrigeren Kosten der Innenfinanzierung im Vergleich zur Außenfinanzierung und der sich daran anknüpfenden Diskussion über die Vor- und Nachteile eines weiten Innenfinanzierungsspielraumes.[7] Er wird auch hergestellt in der These von der

[6] Übersichten finden sich bei Harris & Raviv (1992), Dowd (1992), Nippel (1994).

[7] Für eine kritische Sicht der Innenfinanzierung siehe u.a. Pütz & Willgerodt (1984) und Schneider (1992) für Gegenargumente Drukarczyk (1993). Nach meinem Dafürhalten leidet die Auseinandersetzung allerdings darunter, daß sie von einem nur unvollständig definierten Anreizproblem (Gesamtheit der Eigenkapitalgeber vs. Manager) ausgeht und daher ein klarer Referenzmaßstab für das optimale Investitionsvolumen fehlt.

sogenannte 'Eigenkapitallücke', die für eine geringe Bereitschaft zu risikoreichen Innovationen verantwortlich gemacht wurde.[8] Obwohl beide Aspekte in unserer Analyse eine wichtige Rolle spielen werden, motivieren wir die Frage nach der Wechselwirkung zwischen Finanzierung und Investition in Abschnitt 4.1 nicht aus einzelwirtschaftlicher Sicht sondern aus ihrer Bedeutung für die Makroökonomik. Für die Theorie von Wirtschaftskrisen haben Informationsprobleme auf den Kapitalmärkten in den letzten fünfzehn Jahren erheblich an Bedeutung gewonnen.[9] In Abschnitt 4.3 werden wir zwei, im Rahmen des Delegationsansatzes robuste Mechanismen zur Transmission finanzieller in realwirtschaftliche Störungen identifizieren.

Schließlich wenden wir uns in Kapitel 5 wieder der einzelnen Firma zu, die wir uns allerdings nun in imperfekter Konkurrenz zu ihren Rivalen auf den Absatzmärkten vorstellen. Die wettbewerbsstrategische Bedeutung von Finanzierungsentscheidung wird in der betriebswirtschaftlichen Finanzierungslehre kaum thematisiert.[10] Die moderne Finanzierungstheorie hat das Entscheidungsproblem der einzelnen Firma untrennbar mit dem Kapitalmarkt verknüpft. Dies gilt für ihre neoklassische wie für die informationsökonomische Variante gleichermaßen. Da im letztgenannten Ansatz Finanzierungsentscheidungen einen Einfluß auf das realwirtschaftliche Verhalten der Firma haben, muß sie auch auf der Beschaffungs- und Absatzseite im Marktzusammenhang gesehen werden. Viele große Unternehmen setzen ihre Produkte auf Märkten ab, die hinreichend konzentriert sind, um strategischen Überlegungen Gewicht zu verleihen. In Abschnitt 5.3 wird wiederum auf der Grundlage des Delegationsmodells die Wechselwirkung von Finanzkontrakten und Produktmarktrivalität untersucht.

Übersicht: Aufbau der Arbeit

	Motivation		Finanzkontrakt		Erweiterungen		Investition		Wettbewerb
Delegationsproblem	1	→	2	→	3.2	→	4.3	→	5.3
Selektion/ Signalisierung					3.3	→	4.4	→	5.4
sonstige Ansätze					3.4				5.2, 5.5

Das auf dem Delegationsproblem (*hidden action*) beruhende Modell des Finanzkontraktes liefert die Grundlage für unsere Analyse. Dieser Ansatz zieht sich als 'roter Faden' durch die Arbeit. In der Übersicht sind die einzelnen Schritte mit den dazugehörigen Kapitelnummern in der ersten Zeile aufgelistet. Um ein Gefühl dafür zu entwickeln, wie robust unsere Ergebnisse

[8] Siehe hierzu beispielhaft Fritsch (1981) und kritisch Krahnen (1985).

[9] Einen Überblick gibt Mishkin (1997).

[10] Umgekehrt wurden Finanzierungsfragen auch in der Industrieökonomik lange vernachlässigt. Eine frühe Ausnahme ist Albach (1981).

hinsichtlich der Informationsannahmen sind, wird in Kapitel 3, das Erweiterungen und Modifikationen des Grundmodells gewidmet ist, auch eine Variante der Informationsstruktur eingeführt (*hidden information*), die der reichhaltigen Signalisierungs- und Selektionsliteratur zugrunde liegt (Abschnitt 3.3). Darauf aufbauend wird unsere eigene Analyse in den Abschnitten 4.4 und 5.4 durch eine Übersicht über die entsprechenden Resultate des Signalisierungsansatzes zum Investitions- bzw. Wettbewerbsverhalten abgerundet. Die entsprechenden Abschnitte, in der Übersicht in der zweiten Zeile aufgelistet, sind für das Verständnis des zentralen Gedankenganges entbehrlich. Schließlich werden zur Wettbewerbswirkung finanzieller Arrangements in den Abschnitten 5.2, 5.5 auch Ergebnisse vorgestellt, die nicht zu den informationsökonomischen Ansätzen im engeren Sinne gehören. Damit bietet dieses Kapitel einen recht breiten Überblick über die wichtigsten Argumentationsmuster der noch jungen Literatur zur wettbewerbsstrategischen Wirkung von Finanzkontrakten.

Um die Lesbarkeit zu verbessern, finden sich die formalen Beweise der Behauptungen am Ende des jeweiligen Kapitels. Im technischen Anhang werden einige formale Zusammenhänge, die an verschiedenen Stellen benötigt werden, zusammenfassend erläutert.

1. Einführungsbeispiel und Fragestellung

1.1 Einleitung

Als William Anders im Januar 1991 Central Executive Officer (CEO) bei General Dynamics (GD) wurde, trat er an die Spitze eines Unternehmens, das am Ende des Kalten Krieges inmitten allgemeiner Überkapazitäten in der Militärindustrie 80% seiner Erlöse aus Verträgen mit dem Pentagon erzielte. Unmittelbar nach Amtsantritt setzte Anders für das gesamte Top–Management eine neue Anreizentlohnung durch, die Aktien und Aktienoptionen einen hohen Stellenwert zuwies. In den folgenden drei Jahren schlug das Unternehmen eine Strategie der schnellen Schrumpfung und Konzentration durch Desinvestition, Entlassungen/Pensionierungen und den Verkauf von Unternehmensbereichen ein. In nur drei Jahren (1991–93) reduzierte sich die Zahl der Mitarbeiter um mehr als zwei Drittel, von ehemals acht Unternehmensbereichen verblieben nur zwei Kernbereiche. Durch Fremdmitteltilgung, Aktienrückkäufe und Ausschüttungen wurde mit rund 3.4 Mrd$ ein großer Teil der Überschüsse des operativen Geschäfts und der Verkaufserlöse an die Kapitalmärkte zurückgegeben. Den Aktionären bescherte dies Vermögensgewinne in Höhe von 4.5 Mrd$ auf einen anfänglichen Aktienwert von 1 Mrd$. In ihrer detaillierten Fallstudie, der auch diese Angaben entnommen sind, kommen Dial & Murphy (1995) zu dem Schluß:

> Overall, GD stands out as the preeminent shareholder success story of the early 1990s, and may serve as a blueprint for compensation and strategy decisions in other industries with excess capacity. (p.306)

Dieses reale Beispiel für die Wechselwirkung von finanziellen Anreizsystemen, Investitions– und Wettbewerbsverhalten, eignet sich besser als jede erfundene 'Story', anschaulich zu illustrieren, welche Probleme die theoretischen Modelle aufgreifen und welche Fragen beiseite gelassen werden. In den nächsten Abschnitten soll diese 'Erfolgsstory' daher etwas genauer nachgezeichnet werden. Weitgehend auf die Angaben bei Dial & Murphy (1995) gestützt, wollen wir Anreizsystem, Geschäftsstrategie und Erfolg des Unternehmens darstellen und mit seinen wichtigsten Konkurrenten vergleichen. Anschließend werden wir anhand des Beispiels erläutern, aus welchem Blickwinkel und mit welcher Fragestellung die Anreizfunktion von Finanzierungskontrakten in den folgenden Kapiteln untersucht werden.

1.2 'Shareholder Value' bei General Dynamics

1.2.1 Ausgangslage

William Anders wechselte Anfang 1990 von Textron zu General Dynamics (GD) und hatte ein Jahr Zeit, sich auf seine Aufgaben als Nachfolger des aus Altersgründen ausscheidenden CEO Stanley Pace vorzubereiten. Als er die Position des CEO Anfang 1991 übernahm, war der Kurs der GD–Aktie von einem Höchstand von 79$ im Februar 1987 auf 25,25$ gesunken. Die Firma hatte 1990 Verluste in Höhe von 580 Mio$ bei einem Umsatz von 10.2 Mrd$ hinnehmen müssen. Unter Verweis auf die schlechte finanzielle Lage stuften Moody's und S & P 500 das Kredit–Rating der Firma herab, und auch das Pentagon als Hauptauftraggeber schloß die Möglichkeit der Insolvenz nicht mehr gänzlich aus. Unter den Firmen der US–Rüstungsindustrie war GD nach McDonnell Douglas der größte Auftragnehmer des Pentagon und mit 80% Umsatzanteil im militärischen Bereich dasjenige Unternehmen mit der größten Abhängigkeit von Rüstungsaufträgen.[1] Die Skepsis der Finanzmärkte bezüglich der Zukunftsaussichten des Unternehmens drückte sich auch im Kurs–Gewinn–Verhältnis aus, mit dem GD unter den S & P 500 Firmen auf Platz 497 gefallen war.

Nach dem Rückzug aus Afghanistan und dem Zerfall des Sowjetimperiums markierte die deutsche Wiedervereinigung das endgültige Ende des Kalten Krieges. Die hohe Staatsverschuldung in den USA trug ein übriges dazu bei, daß die für Friedenszeiten einmalig hohen Rüstungsausgaben der Reagan–Ära nicht länger aufrechterhalten werden konnten. Obwohl die Hoffnungen auf eine Friedensdividende durch den Irak–Krieg Anfang 1991 einen Dämpfer erhielten, konnte der Konflikt den Rückgang der Rüstungsausgaben letztlich nicht aufhalten. Tatsächlich fielen diese Ausgaben in den U.S.A. zwischen 1986 und 1995 real um 64% (Kovacic & Smallwood (1994)). Damit war die US–Rüstungsindustrie in relativ kurzer Zeit zu einer Branche mit erheblichen Überkapazitäten geworden.

Bei effizienter Kapitalallokation müßte in einer solchen Situation ein rascher Schrumpfungs- und Konzentrationsprozess einsetzen, durch den knappe Ressourcen wertvolleren Verwendungen zugeführt werden. Beispiele wie der Schienenverkehr in den USA oder die Stahlindustrie in Europa zeigen jedoch, daß dieser Anpassungsprozess über lange Zeiträume blockiert werden kann. In der US–Rüstungsindustrie war es bis in die späten achtziger Jahre üblich, die hohen Forschungsaufwendungen für technische Neuentwicklungen zum Teil durch großzügige Gewinnmargen bei der laufenden Produktion zu finanzieren.[2] Bei einem Auftragsbestand von 23 Mrd $ hatte auch GD

[1] Für eine Übersicht siehe Tabelle 1.4. Die Unternehmen Boeing und General Electric sind in den Vergleich nicht miteinbezogen, da ihr Rüstungsanteil unter 10% des Firmenumsatzes lag.

[2] Diese Strategie läuft darauf hinaus, daß erfolgreiche Forschung mit einem 'Preis', dem Beschaffungsauftrag, belohnt wird. Gegenüber einer direkten Übernah-

durchaus Reserven, eine gewisse Durststrecke zu überstehen. Es hätte daher nicht überrascht, wenn sich GD als einer der größten Rüstungsproduzenten auf einen zähen Überlebenskampf in der schrumpfenden Industrie eingelassen hätte. Stattdessen entschied sich das Unternehmen aber, den größten Teil seiner Geschäftsfelder schnell und kampflos zu räumen und das Firmenvermögen an die Kapitalmärkte zurückzugeben.

1.2.2 Anreizsystem

In den Verhandlungen, die dem Wechsel zu GD vorausgingen, strebte William Anders nach eigenem Bekunden vor allem eine weitgehende Unabhängigkeit von der Crown Familie an, die als größter Einzelaktionär des Unternehmens etwa 22% der Aktien hielt, drei Sitze im Aufsichtsrat innehatte und den Vizepräsidenten des Unternehmens stellte. Seine Kompensation bestand zunächst aus:

1. einem Grundgehalt von 800.000$ für 1991 und einer lebenslangen Rente von jährlich 250.000 – 500.000$, je nach Dauer der Betriebszugehörigkeit
2. 30.940 Aktien mit Verkaufsbeschränkungen, deren Wert Anfang 1990 noch 1,4 Mio$ betrug,
3. 103.746 Aktienoptionen mit einem Ausübungspreis von 44,94$, deren Black–Scholes–Wert zum 1.1.90 noch 1,9 Mio$ betrug.

Aktien und Aktienoptionen waren gewählt worden, um aktienbezogenen Vergütungslemente in etwa die Bedeutung einzuräumen, die sie bei dem Amtsvorgänger Stanley Pace besaßen, und um Anders für sein Weggehen von Textron zu kompensieren.

Unmittelbar nach seinem Amtsantritt setzte Anders umfangreiche Neu- und Umbesetzungen im Top–Management durch. Von den 25 ranghöchsten Positionen wurden 18 neu besetzt. Präsident und chief operating officer (COO) wurde James Mellor, der zuvor für die Bereiche 'Panzer', 'U–Boote' und Auslandsverkäufe zuständig war. Den personellen Umbau ergänzte eine Neuordnung des Entlohnungssystems. Das bestehende Gehaltssystem kombinierte Grundlöhne, an bilanzielle Eigenkapitalrenditen geknüpfte Bonuszahlungen und ältere Aktien–Optionen, deren Basispreise weit über dem Kurs lagen. Das Anders/Mellor–Team orientierte die Entlohnung am Aktienwert des Unternehmens durch folgende Elemente (eine Übersicht gibt Tabelle 1.1):

---

me der Forschungskosten und einer strengen Orientierung der Beschaffungspreise an den tatsächlich nachgewiesenen Produktionskosten hat sie den Vorteil, daß die Unternehmen einen Teil der Forschungsrisiken übernehmen und daher stärker motiviert sind, effiziente Innovationsstrategien zu verfolgen. In der Produktionsphase führt der Verzicht auf genaue Kostenabrechnung ebenfalls zur größeren Effizienz, da Kosteneinsparungen der Firma zugute kommen. Eine Übersicht zu dieser Praxis und der involvierten Anreizprobleme gibt Rogerson (1994).

Tabelle 1.1: Anreizentlohnung bei General Dynamics

Manager	Grund-gehalt $	Bonus-zahlung $	Aktien[a] Stk.	Optionen[b] Stk.	GT-Plan Zahlung $	GT-Plan Option[c] Stk.
	alle Angaben in tausend					
William Anders *Chairmen/CEO*	800	500	66	271	2.950	160
James Mellor *President/COO*	650	300	45	134	2.397	130
Lester Crown[d] *Executive VP*	303	200	19	60	0	0
Top–Management[e]	9.416	11.378	347	1.079	22.335	1.313
Alle Teilnehmer		14.010	592	2.101		

Quelle: Zusammengestellt aus Dial & Murphy (1995) Tabellen 1 und 2.
[a]Incl. Zusagen
[b]Februar 1991 mit einem Basispreis von 25$
[c]Dezember 1991 mit einem Basispreis von 49$
[d]Die Crown Familie hält 9 Mio Aktien. Keine Teilnahme am Gewinn–Teilungsplan.
[e]Je nach Programm gehören hierzu 25–36 Personen.

Gewinn–Teilung–Plan (GTP): Für den Fall, daß der Aktienkurs für zehn Handelstage den Februar–Kurs von 25.56$ um 10$ übertraf, gewährte der Plan den 25 Top–Managern eine Sonderzahlung in Höhe von 100% ihres Grundgehaltes. Dies entsprach ca. 1.5% des Wertgewinns. Für jede weitere 10$–Kursgewinn betrug die Zahlung 200% des Grundgehaltes (oder 3.0% des Wertzuwachses). Der Plan war auf drei Jahre befristet, wurde aber, nachdem die ersten beiden Zahlungen in der Öffentlichkeit auf heftige Kritik gestoßen waren, bereits Ende 1991 modifiziert. Bei einem Kurs von 49$ wurde eine letzte Sonderzahlung auf die zwischenzeitliche Kursdifferenz geleistet und die verbleibenden Ansprüche in Optionen mit einem Basispreis von 49$ umgewandelt. Obwohl sich das Management durch den Wegfall der 10$–Hürde und des Zehn–Tage–Fensters sogar verbesserte, beruhigte sich die öffentliche Kritik in der Folge.

Optionen, verkaufsbeschränkte Aktien und Sonderzahlungen: Für etwa 1.150 leitende Mitarbeiter wurde die Gewinnabhängigkeit ihrer Entlohnung durch Aktien–Optionen, Sonderzahlungen und Aktien verstärkt. Während die Sonderzahlungen relativ breit gestreut wurden, konzentrierten sich Aktien und Aktien–Optionen auf die Spitze. Für die 150 ranghöchsten Manager wurde der Wert dieser Vergütungselemente gegenüber 'normalen' Jahren verdreifacht. Der Basispreis der Aktienoptionen entsprach dem aktuellen Kurswert von 25.56$. Die Optionen konnten bei einer Laufzeit von zehn Jahren frühestens nach eineinhalb Jahren (August

Tabelle 1.2: Verteilung des Wertgewinns bei GD

Gruppe	Gewinn Teilung		Aktien		Optionen		Summe	
	jeweils in Mio $ und in von hundert							
Anders CEO	3	0,06	15	0,31	36	0,74	54	1,11
Top–Management (25 excl. Anders)	19	0,39	40	0,82	199	4,09	258	5,30
Mittel–Management (1300)	0	0	64	1,32	80	1,64	144	2,96
SIP Teilnehmer (48000)	0	0	450	9,25	0	0	450	9,25
GD Mitarbeiter	22	0,45	569	11,70	315	6,48	906	18,63
Aktionäre	0	0	3.958	81,37	0	0	3.958	81,37
Summe	22	0,45	4.527	93,07	315	6,48	4.864	100,00

Quelle: Zusammengestellt nach Dial & Murphy (1995)

'92) ausgeübt werden. Da es ab März 1993 zu massiven Sonderausschüttungen kam, dürften alle Optionen bis zu diesem Zeitpunkt ausgeübt worden sein.

Optionen–Austausch: Leitende Mitarbeiter, deren alte Optionen mit hohen Basispreisen ausgestattet waren, konnten diese gegen eine kleinere Zahl neuer Optionen gleichen Black–Scholes–Wertes umtauschen. Unter diesem Programm wurden etwa 1,9 Mio Optionen mit einem durchschnittlichen Basispreis von 55$ gegen 538.000 Optionen mit einem Basispreis von 25.56$ eingetauscht.

Savings and stock investment plan (SIP): Fast zwei Drittel (62.000) der Mitarbeiter waren zur Teilnahme am Spar– und Investitionsplan von GD berechtigt. Bis '91 ergänzte GD den Investitionsbetrag mit 75%, wobei die Art der Investition den Teilnehmern freigestellt war. In Zukunft wurde der Kauf von GD–Aktien zu 100%, jede andere Investition nur zu 50%, bezuschußt. Nach den Änderungen (und bei steigenden Kursen) stieg die Zahl der Teilnehmer von 20.600 innerhalb von 6 Monaten auf 48.300. Der von ihnen gehaltene Aktienanteil kletterte von 8.8% auf 10.3% und nach einem weiteren Jahr auf 15%.

Die Implikationen dieses Vergütungsplans für die Anreize des Managements werden aus dieser Auflistung nur bedingt ersichtlich. Es ist daher instruktiv, sich die Aufteilung der in den Jahren 1991–93 erzielten Wertzuwächse auf die einzelnen Gruppen anzuschauen. Diese sind in Tabelle 1.2 zusammengestellt. Sie zeigt, daß das Top–Management (incl. CEO) mit etwa 6.5 % am Wertzuwachs beteiligt war, wobei der größte Anteil auf Aktienoptionen (incl. der bei der Umstellung des Gewinn–Teilungs–Plans ausgegebenen) entfiel. Neben diesen und den Aktienanteilen spielten die in der Öffentlichkeit heftig kritisierten Sonderzahlungen des Gewinn–Teilungs–Plans eine untergeordnete Rolle.[3]

1.2.3 Strategie

Anfang 1991 hatte GD einen Auftragsbestand von 23 Mrd $. Die hieraus erwirtschafteten Gewinne konnten entweder im Rüstungssektor reinvestiert, zur Erschließung neuer Märkte aufgewendet oder an die Kapitalmärkte zurückgegeben werden. GD entschied sich für letzteres und schlug eine klare Strategie der Desinvestition und Konzentration ein. So wurden die Anlageinvestitionen von 321 Mio$ im Jahre 1990 (419 Mio$ in 1989) auf magere 82 Mio$ in 1991 reduziert und die Forschungsausgaben von 390 Mio$ halbiert. Entsprach das Verhältnis von Sachinvestitionen zu Abschreibungen in den Jahren '89 / 90 bei GD mit 109% und 85% noch ziemlich genau dem Durchschnitt der Branche von 108% bzw. 89%, wurde der bereits erkennbare Desinvestitionstrend danach massiv beschleunigt. So ersetzte GD in den Jahren '91 und '92 lediglich 18% bzw. 16% der Abschreibungen (siehe auch Tabelle 1.5). Entsprechend wurde die Zahl der Mitarbeiter von 98.150 durch eine Welle von Entlassungen und Pensionierungen (27.250 hauptsächlich im Jahr '91) und Verkäufe von Tochterunternehmen (44.100 hauptsächlich in 92/93) auf einen Stand von 26.800 Ende 1993 reduziert.

Nachdem eine Diversifikation in zivile Produktion schon früh ausgeschlossen worden war, schälte sich Anfang 92 eine klare Unternehmenstrategie im militärischen Bereich heraus, die aus zwei Elementen bestand:

1. Konzentration auf 'Kern–Kompetenzen' (nicht Hauptgeschäftssparten), die in Großsystemen (*heavy–weight defense platforms*) gesehen wurden; hierzu zählten: 1. Kampfflugzeuge (F–16), 2. Atom–Unterseeboote, 3. Panzer (M–1) und 4. Weltraum–Systeme.
   Nicht dazu gehörten die Unternehmenssparten: Data Systems, Electronics, Raketen (Tomahak–Marschflugkörper) und der Zivilflugzeugbau (Cessna).
2. Erreichen von Mindestzielen bei Marktposition (GD sollte die Nummer 1 oder 2 im jeweiligen Markt sein) und Größeneffizienz ('kritische Masse', die spezialisierte Produktionsanlagen rechtfertigt).

Der Konzentrationsstrategie entsprechend trennte sich GD zügig von allen Bereichen, die nicht zu den Kern–Kompetenzen gezählt wurden. Bis Ende 92 wurden Data Systems, Cessna, die Raketensparte und der Elektronik–Bereich verkauft. Nachdem der Versuch gescheitert war, von Lockheed den

[3]Obwohl in diesem Ausmaß untypisch ist die Erfolgsorientierung der Entlohnung kein absoluter Einzelfall. Ein ähnlich schillerndes Beispiel bietet der Fall des Walt Disney Konzerns unter Michael Eisner (Crystal (1990)).

Tabelle 1.3: Vereinfachte Darstellung von Entstehung und Verwendung des Cash–flow bei General Dynamics, 1991–1993

Entstehung	Mrd $	Verwendung	Mrd $
Finanzmittel (1/91)	0.1	Kredittilgung	0.6
operatives Geschäft	1.6	Dividendenausschüttungen	0.2
Verkäufe von Unternehmensteilen	3.0	Aktienrückkäufe (6/92)	1.0
Steuern und Transaktionskosten	–0.7	Sonderausschüttung	1.6
Summe	4.0	Zwischensumme	3.4
		Finanzmittel (12/93)	0.6

Quelle: Dial & Murphy (1995).

Bereich der taktischen Kampfflugzeuge zu erwerben, um das Ziel der 'kritischen Masse' in diesem Markt zu erreichen, akzeptierte GD Anfang 93 eine Gegenofferte. Mit dem Kampfflugzeug–Bereich trat GD eine seiner 'Kern–Kompetenzen' für 1.525 Mrd $ an Lockheed ab. Ende 93 trennte sich GD mit dem Verkauf von 'Space–Systems' an Martin Marietta vom zweiten Kernbereich, in dem die gewünschte Marktposition und Größe nicht erreicht werden konnte. Damit verblieben dem ehemals diversifizierten Unternehmen lediglich die Bereiche 'Panzer' und 'Atom–Unterseeboote'.

Tabelle 1.3 gibt Auskunft über die wichtigsten Quellen des Cash–flow bei GD in den Jahren '91 bis '93 und dessen Verwendung. Die Bruttoüberschüsse aus Verkäufen waren fast doppelt so hoch wie die des operativen Geschäftes. Aus dem Nettoüberschuß tilgte GD seine restlichen Fremdmittel praktisch vollständig und finanzierte Ausschüttungen und Aktienrückkäufe. Im einzelnen wurden:

- durch Kredittilgungen in Höhe von 575 Mio $ der Schuldenstand auf knapp 38 Mio $ gesenkt (damit war das Unternehmen Ende 1993 praktisch entschuldet),
- die Jahresdividende von 1 $ je Aktie auf 1,60 $ (März 92) und auf 2,40 $ (Oktober 93) angehoben,
- für 960 Mio $ über 13,2 Mio Aktien im Wege einer holländischen Auktion zum Durchschnittspreis von 72,75 $ zurückgekauft,
- bei drei Sonderausschüttungen im Jahre 93 insgesamt 50$ je Aktie verteilt.

Obwohl auf diese Weise etwa 3.4 Mrd$ an die Kapitalmärkte zurückgegeben wurden, konnten die finanziellen Rücklagen von 0.1 auf 0.6 Mrd $ gesteigert werden. Für die Aktionäre von GD erwies sich die Strategie als äußerst erfolgreich. Eine Anlage in GD–Aktien Anfang 1991 erzielte bei Reinvestition von Dividenden und Sonderausschüttung über die drei Jahre eine Rendite von 537%. Im Vergleich hierzu erzielte der S & P 500 nur eine Anlagerendite von 55%.

1.2.4 General Dynamics im Branchenvergleich

Anreizsystem, Strategie und Erfolg von GD sind auch im Vergleich zu den Konkurrenten bemerkenswert. In vielen Unternehmen ist die Erfolgsbeteiligung überwiegend an Bilanzkennziffern geknüpft und nur wenig am Aktienwert orientiert.[4] Bei GD spielte der Aktienwert hingegen eine dominierende Rolle. Nach der Vergütungsneuordnung im Februar 1991 hielt Anders knapp 107 tausend Aktien und 270 tausend Optionen mit einem reduzierten Basispreis von 25.26$ und einer Laufzeit von 10 Jahren. Bei insgesamt fast 42 Mio Aktien partizipierte CEO–Anders an einem Aktienwertgewinn von 1000$ mit rund 6$, von denen 2,5$ auf den Aktienbesitz und 3,5$ auf einen Zuwachs des Black–Scholes Wertes der Optionen entfielen.[5] Hierbei sind allerdings die Bonuszahlungen des Gewinn–Teilungsplans noch nicht berücksichtigt, die sich schwer als marginaler Anreiz ausdrücken lassen. Nach der Umstellung des Plans im Dezember 1992 erreichte die Zahl der von Anders gehaltenen Optionen und Aktien ihr Maximum. In Tabelle 1.4 ist die Anreizstärke der CEO–Kompensation im Branchenvergleich für 1992 dargestellt. Es zeigt sich, daß zu diesem Zeitpunkt unter allen Konkurrenten nur Northrop Aktienoptionen eine vergleichbare Bedeutung in der Kompensation des CEO einräumten wie GD. McDonnell Douglas wurde von John McDonnell, einem Mitglied der Gründerfamilie, geleitet, woraus sich der vergleichsweise hohe Aktienanteil von 3.3 % erklärt. Zu diesem Zeitpunkt partizipierte Anders mit etwa 17.6$ an einem 1000$–Vermögenszuwachs der Aktionäre,[6] deutlich mehr als der in Tabelle 1.2 ausgewiesene Dreijahresdurchschnitt von 11.1$. Hinsichtlich der Anreizstärke gehörte GD damit nach McDonnell Douglas (33.4$) mit Northrop (17.7$) zur Führungsgruppe in der Branche.[7]

In Tabelle 1.5 sind Angaben zur Desinvestition und Aktienrendite für GD und seine wichtigsten Konkurrenten zusammengestellt. Sie verdeutlichen, daß GD den Desinvestitionsprozeß ab 1991 sehr viel rascher vorangetrieben hat als die anderen Unternehmen. Dies drückt sich sowohl in den extrem niedrigen Ersatzinvestitionen als auch in dem massiven Beschäftigungsabbau aus. Während bei den Konkurrenten im Durchschnitt 76% bzw. 79% der

[4]So berechnet Rosen (1990) Elastizitäten für CEO–Gehälter von 1.–1.2 bezüglich der ausgewiesenen Eigenkapitalrendite (Gewinn / Buchwert der Aktiva) und von 0.1–0.16 hinsichtlich der Aktienrendite (Dividenden + Kursgewinn zu Kurs).

[5]Der Berechnung des Wertzuwachses der Optionen liegen zugrunde: eine Volatilität von 24.25%, ein Dividendenertrag von 4%, ein risikoloser Zins von 8% und ein Kurs in Höhe des Ausübungspreises.

[6]Hierbei wird unterstellt, daß die Aktienoptionen hinreichend im Geld stehen, um sie in der marginalen Betrachtung Aktien gleichzustellen.

[7]Die starke Anreizorientierung kommt auch im Vergleich zu den Ergebnissen von Jensen & Murphy (1990) zum Ausdruck. Dort wird ermittelt, daß Topmanager durchschnittlich mit 3.25$ an einem Vermögenszuwachs der Aktionäre von 1000$ beteiligt sind, wovon 2.50$ aus eigenen Aktienanteilen resultieren. Bei großen Firmen lag die so gemessene Erfolgbeteiligung mit 1.85$ deutlich unter der in kleinen Firmen, die im Durchschnitt 8.05$ erreichten.

Tabelle 1.4: Anreizsystem in der US–Militärindustrie

Firma	Größe und Exponiertheit			Anreize CEO 1992		
	milit. Auftragsvolumen	Anteil am Gesamtumsatz	Beschäftigte im milit. Bereich	Optionen	Aktien[a]	Aktien[b]
	Mrd $	von hundert	tausend	Anteil an allen Aktien in von tausend		
GM Huges	12.3	26	67	0.0	0.0	0.2
Grumman	9.6	64	26	2.4	0.6	1.2
Lockheed	14.5	37	73	3.3	0.0	0.2
Martin Marietta	11.9	50	33	3.5	0.5	0.2
McDonnell Douglas	30.2	45	121	0.0	0.0	33.4
Northrop	9.5	43	38	10.5	0.4	6.8
Raytheon	14.8	41	n.v.	0.8	1.2	0.3
United Technologies	12.0	14	46	4.8	0.5	0.5
Branchendurchschnitt[c]	14.4	34	58	2.9	0.5	3.1
General Dynamics	25.5	76	98	13.9	3.2	0.5
S & P 500	–	–	–	2.0	0.3	7.5

Quelle: Zusammengestellt und berechnet aus den Angaben bei Dial & Murphy (1995).
[a]mit Verkaufsbeschränkungen
[b]ohne Verkaufsbeschränkungen
[c]ohne General Dynamics

Abschreibungen ersetzt wurden und die Beschäftigtenzahl um 14% zurückging, reduzierte GD seine Ersatzraten auf 18% bzw. 16% und trennte sich von 64% der Mitarbeiter. Damit liegt GD mit beiden Kenngrößen deutlich an der Spitze des Feldes mit weitem Abstand zu McDonnell Douglas oder GM Huges.

Die Aktienrendite unterstellt eine Reinvestition ausgeschütteter Dividenden und Sonderzahlungen und ist für drei Zeiträume ausgewiesen. Der mittlere 1991/93 schließt neben der Hauptphase der Desinvestition noch die großen Verkäufe an McDonnell Douglas und Martin Marietta ein. Über diesen Zeitraum erzielte GD eine ganz außerordentliche Rendite von 537%, die das nächstbeste Ergebnis von 197% (McDonnell Douglas), den Durchschnitt der Branche von 110% und erst recht den der S & P 500–Firmen von 55% weit übertraf.

Tabelle 1.5: Strategie und Aktienrenditen in der US–Militärindustrie

Firma	Desinvestition[a]				Beschäftigungsabbau	Aktienrendite[b]		
	89	90	91	92	90/92	87–90	91–93	87–93
GM Huges	64	54	44	48	– 15	0	143	143
Grumman	56	48	59	49	– 19	–2	131	126
Lockheed	109	93	94	94	– 2	–21	130	82
Martin Marietta	128	115	89	73	n.v.	27	118	177
McDonnell Douglas	112	70	38	64	– 28	–35	197	93
Northrop	86	65	58	66	– 12	46	147	261
Raytheon	135	117	85	71	n.v.	18	103	140
United Technologies	132	136	128	101	– 10	20	44	73
Branchendurchschnitt[c]	108	89	76	79	– 14	11	110	133
General Dynamics	109	85	18	16	– 64	–59	537	161
S & P 500	–	–	–	–	–	56	55	142

Quelle: Zusammengestellt und berechnet aus den Angaben bei Dial & Murphy (1995).
[a]Investitionen/Abschreibung im Rüstungsbereich
[b]Divididenden und Sonderzahlungen reinvestiert
[c]Ohne General Dynamics

Dial & Murphy (1995) ziehen aus diesen Ergenbisse eine klare Botschaft:

> Although the strategic options available to GD were also available to its competitors, GD was the only defense contractor that responded promptly to the declining world market by taking substantial recources out of the industry.
> ... While other defense contractors engaged in a high–stakes game of musical chairs — hoping to be seated when the music stopped — GD pursued a strategy of offering its chair to the highest bidder.[8]

Allerdings darf nicht übersehen werden, daß GD in den drei vorangegangenen Jahren mit einem Verlust von fast 60% auch das mit Abstand schlechteste Ergebnis aufzuweisen hatte. So haben GM Huges, Grumman und Northrop (unter recht unterschiedlichen Anreizregimen) bereits früher mit dem Abbau von Kapazitäten begonnen und damit, über den gesamten Zeitraum betrach-

[8]Dial & Murphy (1995), S. 262, 297.

tet, ähnliche oder sogar bessere Ergebnisse erzielt.[9] Vor allem aber vernachlässigt dieser Vergleich die strategische Interaktion zwischen *ungleichen* Unternehmen. In einer Industrie mit Überkapazitäten muß ein Teil der Wettbewerber ausscheiden, und wie das Beispiel zeigt, kann der Ausstieg für die Finanziers sehr lukrativ sein. Dies wird allerdings nicht für alle Unternehmen gleichermaßen und erst recht nicht für alle Unternehmen zugleich gelten. Wir werden auf diesen Punkt in Abschnitt 1.3.2 zurückkommen.

1.3 Ansatzpunkte für eine Theorie der Unternehmensfinanzierung

1.3.1 Anreizwirkungen finanzieller Arrangements

In ihrer klinischen Fallstudie versuchen Dial & Murphy (1995) zwei Thesen zu belegen:

1. Die Strategie rascher Desinvestition und partiellen Marktaustritts war unter den gegebenen Umständen effizient und Ursache der hohen Vermögensgewinne der Aktionäre.[10]
2. Für die Durchsetzung der innerhalb des Betriebes und der Öffentlichkeit unpopulären Maßnahmen waren starke finanzielle Anreize des Top–Managements notwendig.

Man kann einwenden, daß hohe Vermögensgewinne für Manager und Finanziers allein die Bezeichnung 'Erfolgsstory' nicht rechtfertigen. Auf der Ebene des Unternehmens könnten den Vermögensgewinnen der 'Shareholder' die Verluste anderer 'Stakeholder', insbesondere natürlich der entlassenen Mitarbeiter, gegenübergestellt werden (ein Einwand mit dem sich Dial & Murphy (1995) intensiv auseinandersetzten). Auf die Firmenwerte der anderen Rüstungsunternehmen hat der rasche Kapazitätsabbau bei GD dagegen sicher einen positiven Einfluß ausgeübt. Der amerikanische Steuerzahler wiederum wird eine Reduzierung der Kapazitäten in der Rüstungsindustrie, die mit einer Konzentration auf wenige Anbieter und damit einer Reduzierung des Wettbewerbsdrucks einhergeht, nicht uneingeschränkt gutheißen.[11]

Wir werden im weiteren diese zusätzlichen Aspekte vollständig ignorieren und die Effizienz finanzieller Arrangements nur an den Interessen der

[9]Evidenz für einen Abfluß finanzieller Ressourcen aus dem Rüstungsbereich bereits in den Jahren 1989/90 liefern auch die Angaben über Dividendenerhöhungen, Aktienrückkäufe und Erhöhung des Verschuldungsgrades bei Goyal & Lehn & Racic (1993).

[10]Neben den hier dargelegten Fakten führen sie weitere Belege dafür an, daß die außerordentlichen Kursgewinne tatsächlich zum großen Teil auf die strategischen Entscheidungen des GD–Managements zurückzuführen waren.

[11]Zum Zielkonflikt zwischen Wettbewerb und Konsolidierung in der US–Rüstungsindustrie siehe Kovacic & Smallwood (1994).

Entscheidungsträger im Unternehmen und der Finanziers messen. Hierfür sprechen vor allem methodische Gründe. Die externen Effekte auf die Wohlfahrt dritter Parteien sind immer situationsspezifisch und daher in einer allgemeinen Theorie der Unternehmensfinanzierung schwer zu berücksichtigen. Zweitens dürfte es in der Regel gezieltere 'Internalisierungsmechanismen' geben, etwa Tarifverträge für die Interessen der Beschäftigten, Verbände für die Interessen der Branchenmitglieder, Wettbewerbsgesetze für die Interessen von Konsumenten und Steuerzahler. Damit läßt sich das Finanzierungsproblem nicht mehr unabhängig von anderen vertraglichen Arrangements und deren Leistungsfähigkeit untersuchen. In der Tat hat es sich als fruchtbar erwiesen, die Firma ganz allgemein als Nexus von Kontrakten aufzufassen, und deren wechselseitige Beziehungen unvoreingenommen zu untersuchen. In dieser Arbeit konzentrieren wir uns jedoch auf das Anreizproblem zwischen Finanziers und den führenden Entscheidungsträgern im Unternehmen und vernachlässigen andere Gruppen.[12]

Was hat aber die Kompensation des Managers überhaupt mit der Finanzierung des Unternehmens zu tun? Eine triviale Anwort lautet, daß den Finanziers als Gruppe nur der Teil des Firmenvermögens zufallen kann, der nicht bereits den Entscheidungsträgern im Unternehmen als Kompensation zufließt. Natürlich läßt sich dieses Argument beliebig auf weitere Gruppen ausdehnen, etwa andere Mitarbeiter, Lieferanten und Kunden, — womit wir wieder bei der Frage wären, welches Anreizproblem der Finanzierungsvertrag eigentlich löst und wessen Interessen daher zu berücksichtigen sind. Die nichttriviale Antwort muß daher lauten, daß wir die Anreizprobleme in diesem Verhälnis für gravierender und allgemeiner halten.

Natürlich gibt es keine Möglichkeit zu beweisen, daß die monetären Anreize bei GD für die Restrukturierung wirklich notwendig gewesen sind. Die Interpretation ist jedoch zumindest konsistent und ein anschauliches Beispiel für die Überlegungen, die vielen informationsökonomischen Modellen der Unternehmensfinanzierung zugrunde liegen. Da uns das Beispiel lediglich zur Illustration dient, wollen wir diese Hypothesen daher hier zunächst einfach akzeptieren. Die besonderen qualitativen Eigenschaften des finanziellen Arrangements bei GD sind in Abbildung 1.1 stilisiert wiedergegeben. Für die Abbildung wurde unterstellt, daß alle Ansprüche von Finanziers und Management zu einem Zeitpunkt abschließend befriedigt werden.[13] Zum Zeit-

[12]Zu Anreizproblemen zwischen der Firma und ihren sonstigen Mitarbeitern und deren Beziehung zu Managerkompensation, Finanzierung und Unternehmenskontrolle am Beispiel japanischer Unternehmen siehe Garvey & Swan (1992), Garvey (1994) und Miyazaki (1993). Eine allgemeine Diskussion des Stakeholder–Gedankens findet sich bei Spremann (1989). Bei Dasgupta & Sengupta (1993) dient der Verschuldungsgrad als Selbstbindungsmechanismus gegenüber Beschäftigten und Zulieferern.

[13]Das GD–Beispiel kommt dieser Vorstellung recht nahe, da die Firma bis Ende 1993 zu zwei Dritteln aufgelöst wurde. Bis zu diesem Zeitpunkt wurden alle Optionen des Managements ausgeübt und die Kredite fast vollständig getilgt, so daß

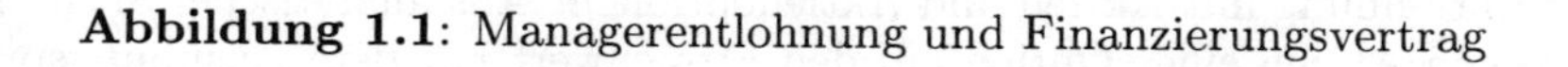

Abbildung 1.1: Managerentlohnung und Finanzierungsvertrag

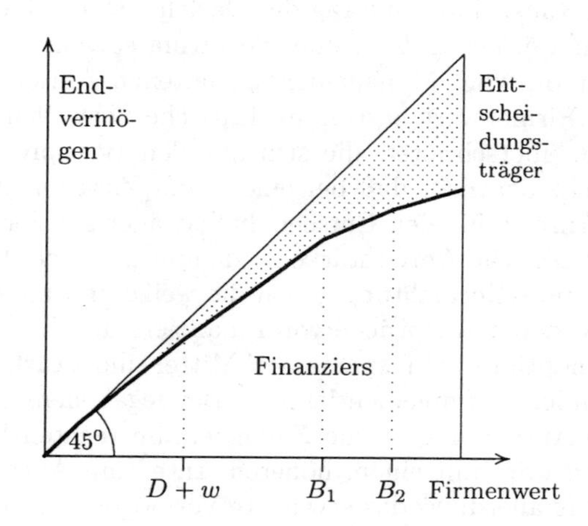

punkt der Festlegung der Ansprüche ist die Höhe des Firmenwertes noch nicht exakt bekannt. An der Abszisse sind die möglichen Realisationen des Firmenvermögens abgetragen, das sich vor Abzug der Managerentlohnung und der Zahlungen an die Finanziers versteht. An der Ordinate wird der Vermögensanspruch der Finanziers, also der Kreditgeber und Aktionäre abgetragen. Die dunkel markierte Differenz zwischen der Winkelhalbierenden und dem Anteil der Finanziers entspricht dem Vermögen der Manager.[14] Je flacher die Vermögensfunktion der Finanziers verlauft, desto größer ist der Anteil, mit dem das Management an einem Zuwachs des Firmenvermögens partizipert, und desto größer sind die Anreize, sich ex ante um einen solchen Zuwachs zu bemühen.

Die wichtigsten qualitativen Merkmale des 'Zahlungsprofils' sind: (i) das Vermögen der Finanziers und der Manager ist zunehmend im Endvermögen, (ii) das der Finanziers ist konkav, das der Manager konvex. Die Erklärung dieses speziellen Verlaufs der Auszahlungsfunktion ist die zentrale Fragestellung in den Kapiteln 2 und 3. Im GD–Beispiel folgen diese Eigenschaften aus

---

sich die Anteile der einzelnen Parteien aus den bis dahin erfolgten Auszahlungen und dem Marktwert ihrer Aktienanteile ermitteln lassen. Allerdings unterlag ein Teil des Aktienbesitzes im Management noch Verkaufsbeschränkungen.

[14] Es wurde unterstellt, daß den Managern ihr Grundgehalt im Falle der Insolvenz nicht in voller Höhe ausgezahlt worden wäre. Zumindest mit einer gewissen Wahrscheinlichkeit hätten sie ihre Position oder im Konkursfall Pensionsansprüche verloren. Darüberhinaus wurde der Gewinn–Teilungsplan nicht in seiner ursprünglichen Form eingetragen. Hier hätte die Funktion in regelmäßigen Abständen Sprünge nach unten gemacht. Vielmehr wurde dessen Umwandlung in Optionen mit einem höheren Basispreis zugrundegelegt.

der Entlohnung mit Aktien und Aktienoptionen. Aus analytischer Sicht entsprechen Aktien einer Option auf den Firmenwert mit dem Ausübungspreis des nominellen Rückzahlungsbetrag der Darlehn D, der hier um das Grundgehalt w erhöht werden muß. Wenn die Firma solvent ist, sind die Aktien 'im Geld'. Für die vom Management gehaltenen Aktienoptionen gilt dies erst, wenn der Firmenwert bestimmte kritische Schwellen, hier als B_1 und B_2 eingetragen, überschreitet, die sich aus den Basispreisen ergeben. Die Abbildung macht deutlich, daß bei einer Kompensation durch Aktien und Optionen die Anreize für den Entscheidungsträger stärker werden, je höher der Firmenwert ist. Die Anreizstärke ist demnach nur ein lokales Konzept.[15]

In einer ex–ante–Betrachtung geben die weiße und die dunkle Fläche ein Maß für den Wert der Ansprüche von Finanziers und Managern.[16] Es zeigt sich, daß Aktienoptionen ein 'sparsames' Mittel sind, starke Leistungsanreize in guten Zuständen zu implementieren.[17] Bei gegebenem Verschuldungsgrad machen sie die Auszahlung an die Finanziers im rechten Bereich flach. Die gleiche Steigung wäre mit einem höheren Anteil am Aktienkapital zu erreichen. Dies würde allerdings das erwartete Vermögen der Manager (den grauen Bereich) zu Lasten der Finanziers erhöhen, es sei denn, es findet gleichzeitig eine Steigerung des Verschuldungsgrades statt — wie dies für *leveraged buyouts* typisch ist. Hierbei wird den Entscheidungsträgern ein größerer Anteil am gleichzeitig verringerten Wert des Eigenkapitals eingeräumt.[18]

Unabhängig von den Instrumenten, mit denen starke Anreize implementiert werden, hat die Sparsamkeit ihren Preis in Form schwacher Anreize im linken Bereich, also für niedrige Realisationen des Firmenwertes. Eine solche Situation war der Ausgangspunkt unseres Einführungsbeispiels. Als Anders den CEO–Posten übernahm, war das Unternehmen zwar solvent, die alten Optionen der Top–Manager konnten mit einem durchschnittlichen Basispreis

---

[15]Zu den Schwierigkeiten, die sich hieraus für die empirische Messung der Anreizwirkung ergeben, siehe Kole (1997).

[16]Dies gilt natürlich nur, wenn die verschiedenen Möglichkeiten gleich wahrscheinlich sind. Ansonsten müßte für eine korrekte Ermittlung des erwarteten Endvermögens eine Gewichtung mit den jeweiligen Eintrittswahrscheinlichkeiten erfolgen.

[17]In der öffentlichen Diskussion wird die Höhe der Vergütung von Spitzen–Managern häufig sehr kritisch kommentiert. Dies trifft auch auf unser Beispiel zu. Viele Beobachter — darunter auch solche, die sich professionell mit Manager–Kompensation beschäftigen, fanden es 'pervers', ein jährliches Grundgehalt von 800.000 \$ (ohne Pensionsansprüche) durch einen zusätzlichen 'Anreizlohn' aufzubessern, der sich über die dreijährige Amtszeit auf 54 Mio \$ summierte (zur öffentlichen Diskussion in diesem Fall siehe Dial & Murphy (1995), kritisch zum Wert der Optionsentlohnung auch Bernhardt & Witt (1997)). Im allgemeinen konzentriert sich die Kritik jedoch eher auf die erfolgsunabhängigen Gehaltskomponenten (siehe etwa Patton (1990). Solche moralischen Bewertungen spielen in den theoretischen Überlegungen der folgenden Kapitel keine Rolle.

[18]Allerdings können Chaplinsky & Niehaus (1993) keinen empirischen Beleg für einen engen Zusammenhang zwischen Verschuldungsgrad und Besitzanteil von Insidern finden.

von 55$ bei einem aktuellen Kurs um 25$ nur noch eine geringe Anreizwirkung entfalten. Nicht viel besser sah es mit seinen eigenen, nur ein Jahr zuvor ausgehandelten, Optionen aus, deren Basispreis bei 49$ lag. In dieser Lage wurden bei GD drei Maßnahmen ergriffen, die durchaus typisch sind:

1. Ein großer Teil des Top–Managements wurde ausgetauscht.
2. 'Untergegangene' Optionen wurden gegen marktnahe Optionen getauscht, ohne das Vermögen der Entscheidungsträger zu erhöhen.
3. Es wurden neue Optionen und Aktienbeteiligungen gewährt, die das Vermögen des Top–Managements erheblich steigerten.

Mit dem Optionsumtausch werden Anreize in schlechten Zuständen zu Lasten der Anreize in guten Zuständen geringfügig aufgebessert. Solange dies vermögensneutral geschieht, also die 'Aktualisierung' der Basiswerte zu einer Umtauschrate erfolgt, die den Vermögenswert des gesamten Optionsbestandes konstant hält, ist eine wesentliche Verbesserung der Anreize nicht möglich. Im Vergleich zur Situation, in der die Optionen ursprünglich gewährt wurden, reduzierte sich bei GD die Anreizwirkung um rund drei Viertel (1.9 Mio ehemals marktnahe Optionen wurden gegen 0.5 Mio marktnahe Optionen getauscht).

Eine größere Rolle für die weitere Analyse spielt die Kündigung von Entscheidungsträgern. Einmal, weil diese als Sanktion interpretiert werden kann, mit der zusätzliche nicht an die finanzielle Kompensation geknüpfte Anreize verbunden sind. Zum anderen, weil mit der Kündigung das Problem der dürftigen finanziellen Anreize einer Lösung zugeführt wird. Den neuen Entscheidungsträgern kann nun ein neues Auszahlungsprofil mit deutlich verbesserten Anreizeigenschaften angeboten werden, auch wenn der Vermögenswert der Kompensation hierdurch erheblich gesteigert wird.[19]

Ohne Kündigungen entstünde durch die zusätzlichen Optionen und Aktienbeteiligungen ein Problem der Zeitkonsistenz. Wenn rationale Entscheidungsträger eine solche Rettungsaktion für schlechte Ergebnisse bereits antizipieren, dann gehen die Anreizeffekte des Auszahlungsprofils gleich von Beginn an verloren. Ihr Vermögen wäre in guten Zuständen hoch, weil es der 'alte' Anreizvertrag so vorsieht, und in schlechten Zuständen ebenfalls hoch, weil es 'neue' finanzielle Anreize so erforderlich machen. In unserem Beispiel wurde nur ein Teil des Top–Managements gekündigt, so daß dieses Problem nicht vollständig vermieden wurde. Die Zeitinkonsistenz von Finanzierungsarrangements kann auch dahingehend verstanden werden, daß einmal geschlossene Verträge später nachverhandelt werden, um ex post ineffiziente Resultate wieder zu beseitigen. Als solches spielt es in der theoretischen Literatur zur Unternehmensfinanzierung eine wichtige Rolle. In der vorliegenden

[19]In dieser Interpretation dient die Kündigung nicht dem Austausch inkompetenter durch bessere Manager. In der Tat finden Khanna & Poulsen (1995) keine Evidenz dafür, daß die Kündigung von Managern in Firmen mit finanziellen Schwierigkeiten die Performance verbessern würde.

Arbeit wird dieses Problem jedoch weitestgehend ausgeklammert, was als eine ihrer wichtigsten inhaltlichen Begrenzungen anzusehen ist.

Schließlich vernachlässigen wir alle Fragen, die sich aus der Tatsache ergeben, daß GD von einem ganzen Team geführt wurde. Wir hatten dargelegt, daß die Anreizstärke des Arrangements nach den Hierarchieebenen gestaffelt war. In unseren weiteren Überlegungen werden wir vereinfachend von einem einzigen Entscheidungsträger ausgehen.

1.3.2 Investitions– und Wettbewerbsverhalten

Während wir bezüglich der Anreize von Finanzierungsarrangements weitgehend der Fragestellung folgen, wie sie von Dial & Murphy (1995) vorgegeben wurde, nehmen wir bei der Untersuchung in den letzten beiden Kapiteln eine andere Perspektive ein. Im geschilderten Beispiel bestand das Anreizproblem in der Entscheidung über Investitionshöhe und Marktpräsenz. Es wurde unterstellt, daß die Entscheidungsträger eine Aversion gegen die von der Marktentwicklung geforderte Desinvestition hatten, die durch finanzielle Anreize überwunden wurde. Dies ist ein ganz spezifischer Interessenkonflikt, der sich in einer Wachstumsbranche sicher anders stellen würde. In Kapitel 4 werden wir dagegen fragen, ob es einen allgemeinen Zusammenhang zwischen der Finanzkraft eines Unternehmens im Sinne seiner Innenfinanzierungsmöglichkeiten und seiner Investitionsbereitschaft gibt. In der jüngeren makroökonomischen Diskussion wird oft ein positiver Zusammenhang der beiden Größen unterstellt. Dies würde erklären, wie Störungen, die zunächst nur das Vermögen der Firmen mindern — etwa eine deflations– oder wechselkursbedingte Aufwertung von Schulden — über die Reduktion der Investitionsbereitschaft reale Wirkungen entfalten. Ein solcher Zusammenhang wird durch die alte These, nach der Innenfinanzierung 'billiger' als Außenfinanzierung ist, nahegelegt. Obwohl sich diese These, wie wir in Kapitel 2 zeigen werden, informationsökonomisch gut begründen läßt, erweist sich der Zusammenhang von Investitionsbereitschaft und Innenfinanzierungskraft als komplizierter.

Wirkungen zwischen aggregierten Größen sollten nicht von den Entwicklungsperspektiven einzelner Branchen abhängen. Dennoch bietet die Hypothese auch für unser Fallbeispiel eine Erklärung dafür, warum ausgerechnet GD die Exit–Option gewählt hat. GD war das Unternehmen mit dem ungünstigsten Verhältnis von ziviler zu militärischer Produktion (vergleiche Tabelle 1.4). Damit hatte es kaum Möglichkeiten, die drohenden Defizite im militärischen Bereich durch Gewinne aus der zivilen Produktion intern auszugleichen. Für GD wurde die Finanzierung von Investitionen daher 'teurer' als für seine Konkurrenten.

Wenn auf oligopolistischen Märkten die optimale Unternehmensstrategie von finanziellen Faktoren beeinflußt werden, dann müssen auch umgekehrt finanzielle Arrangements unter dem Aspekt der strategischen Interaktion zwischen den Unternehmen beurteilt werden. Hierzu sind in der jüngeren Literatur recht unterschiedliche Ansätze entwickelt worden, denen wir uns in Kapitel 5 zuwenden. Einem bekannten Argumentationsmuster zufolge kann die Konvexitätseigenschaft des Kompensationsprofils über ihren Einfluß auf die Risikobereitschaft der Entscheidungsträger zur strategischen Selbstbindung genutzt werden. Wie wir gesehen hatten, führte bei GD eine Finanzierung durch ausfallbedrohte Kredite in Kombination mit einer Entlohnung durch Aktienanteile und Aktienoptionen zu einer im Firmenwert konvexen Auszahlung für das Management–Team. Dies hätte seine Bereitschaft zu einem *high–stakes game* eigentlich steigern sollen. Es spricht allerdings in diesem Beispiel wenig dafür, daß eine solche Festlegung auf ein agressives Wettbewerbsverhalten intendiert war.

In dieser Arbeit wird ohnehin ein zweiter Argumentationsstrang bevorzugt, der sich aus den Überlebenschancen im Falle eines Verdrängungswettbewerbes ergibt. Die Möglichkeit des Rückgriffs auf billige interne Finanzierungsmittel ist von strategischem Vorteil, wenn die Finanzkraft eines Unternehmens einen Einfluß auf seine Fähigkeit hat, lange Durststrecke zu überdauern. Einige der in Kapitel 2 untersuchten Modelle optimaler Finanzierungsverträge zeigen, daß dies bei Informationsproblemen der Fall sein kann. Damit stellt sich die Frage, ob GD über einen längeren Zeitraum betrachtet nicht besser gefahren wäre, wenn es sich neben dem militärischen frühzeitig ein starkes ziviles Standbein aufgebaut hätte. Hierauf können die in Tabelle 1.5 ausgewiesenen Renditen keine klare Antwort geben. Die Überlegung bietet aber eine plausible Erklärung der Kursentwicklung im Zeitablauf.

Zeichnet sich bei Überkapazitäten und sinkender Nachfrage die Gefahr eines Verdrängungswettbewerbes ab, muß der Kurs des Unternehmens am meisten verlieren, das die schlechtesten Chancen hat, eine Phase ruinösen Wettbewerbes zu überleben. Umgekehrt wird sich der Kurs dieses Unternehmens auch am meisten erholen, wenn deutlich wird, daß die Konsolidierung ohne verlustreichen Verdrängungskampf gelingt. In dieser Interpretation reflektiert der starke Kursverfall vor 1991 die Befürchtung, GD könnte sich trotz seiner schlechten Innenfinanzierungsmöglichkeit auf einen Verdrängungswettbewerb einlassen und dabei einen großen Teil des Firmenvermögens vernichten. Der Kapitalmarkt räumte dem Unternehmen im '*high–stakes game of musical chairs*' eben vergleichsweise geringe Chancen auf einen Sitzplatz ein. Als deutlich wurde, daß GD als finanziell schwächstes Unternehmen den Markt kampflos verläßt, wurde dies vom Kapitalmarkt auch am stärksten honoriert. Diese Überlegung macht noch einmal deutlich, warum die Strategie von GD seinen finanziell stärkeren Konkurrenten nicht einfach zur Nachahmung empfohlen werden kann. So wie ihre Kurse in der Phase der Ungewissheit weniger nachgaben, hätten sie von einer Beschleunigung der Desinvestition und Marktaustritt nach 1991 wahrscheinlich auch weniger gewonnen.

Die These bietet auch eine Erklärung dafür, daß GD das Kriterium der Marktmacht ganz explizit in seine Konzentrationsstrategie aufgenommen hat. Es hat sich aber nicht nur von ehemals acht Unternehmensbereichen auf zwei zurückgezogen, in denen es jeweils eine sehr starke Marktstellung besaß. Dieser Firmenrest wurde auch mit einem dicken finanziellen Polster ausgestattet. Bis Ende 1993 waren die Kreditverpflichtungen von rund 600 Mio $ auf 38 Mio $ abgebaut und zugleich die finanziellen Reserven von 100 Mio auf 600 Mio $ aufgestockt worden.

2. Optimale anreizkompatible Finanzierungsverträge

Unser Einführungsbeispiel hat gezeigt, wie *gegebene* Finanzinstrumente kombiniert werden können, um eine Aufteilung des Firmenwertes zu erreichen, die dem Entscheidungsträger die gewünschten finanziellen Anreize setzt. Im Vordergrund standen dabei Aktien und Call–Optionen auf Aktien. Die gewählte Lösung ist jedoch letztlich nur auf dem Hintergrund einer bestimmten Höhe der Kreditverpflichtungen zu verstehen — wiederum ein Finanzinstrument, das seiner Form nach als *gegeben* angesehen wurde. Diese Betrachtungsweise findet sich auch in der umfangreichen Literatur zur optimalen Kapitalstruktur, bei der die Form der Finanzierungsinstrumente ebenfalls als exogen gegeben unterstellt wird.

In den folgenden Kapiteln wählen wir einen allgemeineren Zugang und betrachten das Finanzierungsproblem *ohne* ad–hoc Annahmen über die Art der Finanzierungsinstrumente. Vielmehr werden die qualitativen Eigenschaften optimaler Finanzierungsarrangements aus elementaren Annahmen über das Vertragsproblem abgeleitet. Damit ist sichergestellt, daß die Ergebnisse nicht von eher zufälligen Annahmen über die zur Verfügung stehenden Finanzierungsinstrumente abhängen. Darüberhinaus lassen sich die so gewonnenen Ergebnisse in bestimmten Fällen als Kombination 'typischer' Finanzierungsinstrumente, insbesondere Kredit und Beteiligungskapital, interpretieren. In diesem Sinne schließt die Frage nach dem optimalen Design von Finanzkontrakten die Bestimmung der optimalen Kapitalstruktur ein.

Im nächsten Abschnitt werden die wesentlichen Elemente des Vertragsproblems motiviert, welches die Grundlage für unsere Analyse liefert. In den folgenden Abschnitten 2.2, 2.3 und 2.4 untersuchen wir jeweils eine spezifische Variante dieses Problems. In allen erhalten wir, soviel sei hier vorweggenommen, Auszahlungsprofile, die dem in Abbildung 1.1 dargestellten in wichtigen Merkmalen ähneln. Unterschiedlich sind jedoch die Folgen der schwachen finanziellen Anreize des Entscheidungsträgers in Zuständen mit niedrigem Endvermögen. Die Ergebnisse werden in Abschnitt 2.5 zusammengefaßt.

2.1 Die Grundstruktur des Finanzierungsproblems

Wir untersuchen Finanzierungsverträge als Lösung einer von Anreizproblemen belasteten Kooperation zwischen dem Entscheidungsträger im Unternehmen (dem Agenten) und externen Kapitalgebern (dem Prizipal). Die beiden Seiten wollen eine profitable Investitionsmöglichkeit nutzen, und schließen zu diesem Zweck einen Finanzierungsvertrag, der Kapitalüberlassung, Rückzahlung etc. regelt. Zu diesem Zeitpunkt sind beide Seiten über das Projekt und seine Risiken gleich gut informiert. Nach erfolgter Finanzierung realisiert die Firma das Vorhaben. Im Zuge der Durchführung verringert sich die anfängliche Unsicherheit, zugleich trifft die Firma im Rahmen ihres Ermessenspielraumes Entscheidungen, die Einfluß auf den endgültigen Projektertrag haben. Zum Abschluß werden Finanziers und Firma dem Vertrag entsprechend kompensiert. Konstitutiv für das Delegationsproblem ist:

1. die Notwendigkeit externer Finanzierung aufgrund des Auseinanderfallens von Entscheidungskompentenz und liquidem Vermögen,
2. ein Anreizproblem aufgrund der Nichtkontrahierbarkeit optimalen Verhaltens.

Um eine triviale Lösung des Problems auszuschließen, wird darüber hinaus angenommen, daß:

3. der Entscheidungsträger nicht in allen Zuständen Residualeinkommensbezieher sein kann oder soll.

Diese elementaren 'Zutaten' eines *hidden action* Problems sind wohlbekannt.[1] Wir werden sie dennoch etwas genauer betrachten, um den Blick für die Vielfalt der sich hieraus ergebenden Zielkonflikte und Anwendungsmöglichkeiten zu schärfen.

2.1.1 Der externe Finanzierungsbedarf

Eine externe Finanzierung wird erforderlich, weil derjenige, der eine Aufgabe am besten erfüllen kann, das hierfür notwendige Kapital nicht besitzt oder nicht einsetzen möchte. Das vielleicht nächstliegende Beispiel ist ein Firmengründer, dessen Vermögen W für die Anfangsinvestitionen I nicht ausreicht. In größeren Unternehmen werden die Entscheidungen typischerweise an einen professionellen Manager oder ein Management–Team delegiert. Dessen Privatvermögen liegt oft um Größenordnungen unter dem Wert des Unternehmens. Schließlich können wir uns die ganze 'Firma' als Entscheidungseinheit vorstellen, deren freie Mittel zur Finanzierung des optimalen Investitionsvolumens nicht ausreicht. Sie wendet sich daher an den Kapitalmarkt, um Mittel von externen Finanziers aufzunehmen. Im Hinblick auf die folgenden Kapitel werden wir dieser Interpretation in der Darstellung den Vorzug geben.[2]

---

[1] Eine schöne Übersicht gibt Sappington (1991).

[2] Ähnliche Delegationsprobleme können sich auch zwischen Akteuren ergeben, die üblicherweise zu den Kapitalgebern gerechnet werden. Etwa ein dominanter Anteilseigner, der Einfluß auf die Geschäftsführung ausübt oder Kontrollfunktionen wahrnehmen soll, oder ein Gläubiger, der im Insolvenzfall über Liquidierung oder

In all diesen Fällen macht das Auseinanderfallen von Fachkompetenz und Vermögen eine Kooperation erforderlich. Das Vertragsverhältnis, mit dem diese Beziehung gestaltet wird, kann in der Regel auf zweierlei Weise interpretiert werden. Zum einen können wir uns das Arrangement als Kapitalüberlassung denken. Hier nimmt die kompetente Seite, der Agent, externe Finanzierungsmittel auf und räumt den Finanziers Ansprüche auf den unsicheren Projektertrag ein. Alternativ zum Finanzierungsvertrag könnte man sich einen Anstellungs– oder Kaufvertrag vorstellen, bei dem die vermögende Seite, der Prinzipal, die Dienste des Agenten gegen Zahlung eines möglicherweise erfolgsabhängigen Honorars erwirbt. In der Tat gibt es im Rahmen der einfachen Modelle, die wir im weiteren betrachten, keine Möglichkeit zwischen diesen beiden Interpretationen zu unterscheiden. Finanzierungsvertrag und 'Anstellungsvertrag' sind zwei Seiten der gleichen Medaille.[3]

Bei den Kapitalgebern unterstellen wir durchgängig Risikoneutralität. Sie verfügen über hinreichende Diversifikationsmöglichkeiten. Bei Risikoaversion wäre neben dem Erwartungswert der Auszahlungen lediglich das systematische Risiko, die Korrelation der Auszahlungen mit dem Marktportfolio, bewertungsrelevant. Die Auszahlungsfunktion ergibt sich jedoch erst aus dem Vertragsproblem selbst. Zudem wollen wir nur schwache Annahmen über die stochastischen Eigenschaften der Investitionsrückflüsse treffen. Risikoaversion der Finanziers würde daher die Analyse des Vertragsproblems ungemein komplizieren, ohne einen nennenswerten Erkenntnisgewinn zu versprechen. Darüberhinaus werden wir unterstellen, daß die Opportunitätskosten der Finanzierung zum Finanzierungsvolumen proportional sind. Dies ist berechtigt, wenn das Investitionsvolumen im Verhältnis zum Kapitalmarkt klein ist und fixe Transaktionskosten keine Rolle spielen.

In vielen Fällen wird eine externe Finanzierung gewünscht, obwohl noch eigenes Vermögen vorhanden ist, weil dieses nicht oder zumindest nicht ohne Zusatzkosten eingesetzt werden kann. Die Beispiele für illiquides Vermögen sind vielfältig: das privat genutzte Vermögen des Firmengründers, das Humankapital eines Managers oder im Fall einer Firma spezifische Anlagen, besondere technische und organisatorische Kenntnisse sowie ihre Reputation bei Kunden und Lieferanten. Zur Vereinfachung der Notation werden wir W als Liquidationswert des Anfangsvermögens betrachten. Die Differenz zum Gesamtwert des Vermögens sind die Liquidationsverluste L. L Derartige Liquidationsverluste wirken wie eine Strafe. Sie schaden der einen Seite, ohne der anderen zu nutzen. In einer Welt perfekter Information wären solche Verluste leicht zu vermeiden. Jedes Vorhaben, dessen Erträge im Erwartungswert die Opportunitätskosten der Finanzierung decken, könnte ohne Eigenvermö-

---

Sanierung mitentscheidet. Ausschlaggebend ist in allen Fällen, daß neben dem Entscheidungsträger weiteren Parteien finanzielle Ansprüche eingeräumt werden müssen.

[3] Zum engen Zusammenhang zwischen der Kompensation des Top–Managements und der Finanzierungsstruktur siehe auch John & John (1993).

gen finanziert werden. Es gäbe damit keinen Grund, diese Zusatzkosten in Kauf zu nehmen. Unter den im folgenden behandelten Anreizproblemen kann jedoch die Existenz von Vermögen, welches nur unter Verlusten zur Befriedigung externer Forderungen herangezogen werden kann, finanzierungsrelevant werden. Um den Mechanismus möglichst deutlich zu machen, nehmen wir an, daß sich das Gesamtvermögen additiv aus den beiden Teilen zusammensetzt. Damit kann der liquide Teil W ohne Zusatzkosten zur Befriedigung von Ansprüchen herangezogen werden. Wohingegen der darüber hinausgehende Teil L zwar zerstört aber nicht transferiert werden kann. Damit wird der 'Strafcharakter' des Zugriffs auf illiquides Vermögen besonders deutlich.

Schließlich können Risikoaversion oder ein unsicherer zukünftiger Liquiditätsbedarf einen Bedarf für externe Finanzierung schaffen, obwohl noch liquide Eigenmittel vorhanden sind. Im allgemeinen wird ein risikoaverser Entscheidungsträger versuchen, ein diversifiziertes Vermögensportfolio zu bilden. Er wird daher Risikokapital aufnehmen, selbst wenn sein eigenes Vermögen für das Vorhaben ausreichen würde. Ohne die in dieser Arbeit zentralen Informations- und Anreizprobleme wäre dies einerseits leicht möglich, anderseits jedoch auch überflüssig, da die Versicherungsfunktion ohnehin von der eigentlichen Kapitalüberlassung zu trennen wäre. Wenn das investierte Kapital selbst über einen gewissen Zeitraum illiquide ist, etwa aufgrund von Unteilbarkeiten, können Eigenmittel zur Deckung des zwischenzeitlichen Liquiditätsbedarfs vorgehalten werden. Erforderlich ist dies allerdings nur, wenn Liquidität nicht ebensogut durch den Verkauf von Anrechten auf die zukünftigen Rückflüsse der Investition beschafft werden kann. Wiederum sind es die im weiteren untersuchten Informations- und Anreizprobleme, die einen solchen Schritt behindern mögen.[4]

2.1.2 Das Anreizproblem

Grundlegend für das Anreizproblem ist die Schwierigkeit, effizientes Verhalten in einem Vertrag so festzulegen, daß eine Verletzung auch durch Dritte überprüfbar ist. Dieses Problem entsteht in fast allen komplexeren Situationen, in denen man von einem Kompetenzvorteil des Entscheidungsträgers überhaupt sinnvoll sprechen kann.

Im weiteren wird ein einfacher, aber dennoch flexibler Rahmen für die Analyse dieses Anreizkonfliktes skizziert. Das Investitionsprojekt generiert einen Nettoüberschuß (vor Abzug der Finanzierungskosten), den wir mit θ bezeichnen. Aufgrund von Zufallseinflüssen ist θ zum Zeitpunkt der Investition mit Unsicherheit behaftet. Allgemein bekannt ist nur die Wahrscheinlichkeitsverteilung F. Mit dem Finanzierungvertrag nimmt die Firma die

[4]Eine Analyse des Trade–Offs zwischen Liquidität und Unternehmensanteil findet sich bei Bolton & von Thadden (1996), wobei der Entscheidungsträger ein dominanter Anteilseigener ist, dem die Aufgabe der Überwachung des Managements zufällt.

ihr fehlenden Mittel in Höhe von $I - W$ auf dem Kapitalmarkt auf. Sie führt das Projekt durch und vereinnahmt die realisierten Überschüsse. Da wir nur eine einzige Periode betrachten, gibt es für θ keine produktive Verwendung in der Firma. Jensen (1986) folgend, kann θ als Free–Cash–Flow bezeichnet werden, der innerhalb der Firma nicht investiv verwendet werden sollte. Die Überschüsse wären daher einerseits zur Kompensation der Kapitalüberlassung an die Finanziers auszuzahlen, der entsprechende Betrag sei mit s bezeichnet. Der Rest, $\theta - s$, sollte die Entscheidungsträger für ihre 'Dienstleistung' kompensieren. Wenn wir uns hierunter konkrete Personen wie den Manager oder Firmengründer vorstellen, wäre eine Überführung in deren Privatvermögen angezeigt. Im Fall der Firma, die wir uns quasi als 'Black–Box' vorstellen, entspräche dies einer Erhöhung des frei verfügbaren Firmenvermögens — etwa einer Zuführung zu den freien Rücklagen.

Ein Anreizproblem entsteht nun dadurch, daß θ nur der Firma selbst bekannt wird, also nicht unmittelbar Grundlage eines erzwingbaren Vertrages sein kann. Dies paßt zur Interpretation von θ als Free–Cash–Flow, da es im konkreten Anwendungsfall meist nicht möglich ist, den 'freien' Anteil aus dem gesamten Cash–flow in einer Weise herauszurechnen, die im Streitfall Grundlage einer Gerichtsentscheidung sein könnte. Hierfür wäre schließlich eine zwingend nachvollziehbare Beurteilung der Rentabilität aller möglichen investiven Verwendungen Voraussetzung. Die Interpretation von θ als Free–Cash–Flow ist jedoch nicht die einzig mögliche. Ganz allgemein kann θ als der Vermögenswert angesehen werden, der zu erzielen wäre, wenn die Firma während der Projektdurchführung in jedem Moment die optimalen Entscheidungen träfe. Besitzt die Firma wirklich einen Kompetenzvorteil, dann kann es einem mit der Sache weniger vertrauten Dritten nur mit beträchtlichem Aufwand möglich sein, die Optimalität der Entscheidungen mit der nötigen Zuverlässigkeit zu beurteilen. Da in einem Ein–Perioden–Modell die Unterscheidung zwischen Strom und Bestandsgrößen hinfällig wird, werden wir auf θ in der Regel als Projektwert, Projektvermögen etc. und nur gelegentlich als freier Cash–flow Bezug nehmen.

Das Informationsproblem erlaubt es der Firma, sich einen Teil von θ anzueignen, so daß lediglich ein beobachtbarer Restertrag π für die Aufteilung zur Verfügung steht. In Abhängigkeit von den konkreten Gegebenheiten kann die Appropriation viele Formen annehmen. Einige oft genannte Beispiele sind:

- Fortführung unprofitabler Geschäftslinien zur Vermeidung von Konflikten mit Mitarbeitern,
- unproduktive Investitionen und Firmenerwerbungen zum Ausbau eines Imperiums,[5]

[5]Hier wird den Entscheidungsträgern eine intrinsische Präferenz für 'Unternehmensgröße' und das damit einhergehende Prestige unterstellt (Jensen (1986)).

- Realisierung unprofitabler Projekte mit dem Ziel, sich vor deren Scheitern Ressourcen durch überhöhte Gehälter, Kommissionen und Ausschüttung anzueignen,[6]
- Unterlassung profitabler Projekte mit dem Ziel, sich die hierfür notwendigen Ressourcen direkt anzueignen, statt die Erträge mit den Finanziers zu teilen,[7]
- reduzierter Arbeitseinsatz und Statuskonsum am Arbeitsplatz,
- Tolerierung von ineffizienten Organisationsformen, hohen Produktionskosten etc.
- Vermögensverschiebungen unter Zuhilfenahme von anderen Firmen, Nepotismus, Diebstahl etc.

Die ersten beiden Punkte liegen auf der Linie des GD–Beispieles, wo die Gefahr bestand, daß Vermögen durch Investitionen mit geringem Ertragspotential und einem Kampf um Marktanteile bei allgemeinen Überkapazitäten vernichtet wird. Die letzten Beispiele machen aber deutlich, daß Vermögensaneignung keineswegs immer mit *Überinvestition* verbunden sein muß. Es sind genauso gut Umstände denkbar, in denen Investitionsmöglichkeiten nicht ausgeschöpt werden, weil sie nicht zu den gewohnten Arbeitsabläufen passen, etablierten Interessen zuwiderlaufen oder die hierfür benötigten Ressourcen in der Firma konsumptiv verwendet werden.[8] In dynamischen Wachstumsbranchen tritt Ineffizienz wahrscheinlich eher in Form von *Unterinvestition* und *schleppender Innovation* auf. Wir wollen hier bewußt keine bestimmten Interpretationsmöglichkeiten bevorzugen, sondern abstrakt von Vermögensaneignung oder Verhaltensineffizienz sprechen. Zur Vereinfachung unterstellen wir aber, daß die Firma sich für den Umfang der Aneignung unter sicherer Kenntnis von θ entscheidet. Auf die Bedeutung dieser Annahme wird in Abschnitt 3.4 eingegangen.

[6]Eine einfache Modellanalyse für diese Strategie mit Beispielen aus der *Saving & Loans*–Krise, dem *Junk–Bond*–Markt und dem texanischen Immobilienmarkt findet sich bei Akerlof & Romer (1993). Dort wird argumentiert, daß z.B. in der *Saving & Loans*–Krise weniger das bekannte Risikoanreizproblem (*gambling for resurrection*) eine Rolle spielte, als vielmehr ein gezielter Transfer von Ressourcen vermittels von Projekten stattfand, die unter (fast) keinen Umständen profitabel hätten sein können (*bankruptcy for profit*). Dabei überschritten viele der von später insolventen Bauträgern und *Saving & Loans* gemeinsam realisierten Projekte die Grenze zum juristischen Betrug.

[7]Dieses Anreizproblem wird bei Grossman & Hart (1983) und Myers (1977) unterstellt. Stein (1989) zeigt, wie profitable Investitionsmöglichkeiten aus 'Kurzsichtigkeit' nicht wahrgenommen werden, wenn Manager einen Vorteil aus laufenden Gewinnen ziehen.

[8]In Stulz (1990), Li (1993) und Hart & Moore (1995) wird die optimale die Finanzierung aus dem Zielkonflikt abgeleitet, der entsteht, wenn diese beiden Anreizprobleme gleichzeitig präsent sind.

2.1.3 Aneigungskosten

Das Informationsproblem erlaubt es der Firma, durch suboptimale Entscheidungen ein vorhandenes Vermögenspotential θ zu 'plündern' und ein niedrigeres Restvermögen von π zu hinterlassen. Die Differenz $\theta - \pi$ wird der gemeinsamen Aufteilung entzogen. Eine entscheidende Frage ist, wieviel davon dem 'Plünderer' tatsächlich zugute kommt. In der Literatur wird häufig die Annahme getroffen, daß die Vermögensaneignung als solche kostenlos ist. In diesem Fall kann der 'offizielle' Anteil, $\pi - s(\pi)$, und 'inoffiziell' angeeignetes Vermögen, $\theta - \pi$, in der Zielfunktion des Entscheidungsträgers einfach zusammenaddiert werden. Dies mag zur Vereinfachung durchaus sinnvoll sein, ist aber inhaltlich nur in Ausnahmefällen zu begründen. Damit wird unterstellt, daß zwischen dem Firmenvermögen und dem Privatvermögen des Managers oder Firmengründers praktisch nicht unterschieden werden kann. Dieser wäre indifferent zwischen dem Griff in die Firmenkasse und einer entsprechenden Gehaltserhöhung. Eine Fälschung der Buchhaltung wäre nicht nötig beziehungsweise ohne jeden Aufwand und Entdeckungsrisiko möglich. Oder, um das Beispiel der Weiterführung von verlustträchtigen Geschäftsbereichen zwecks Vermeidung innerbetrieblicher Konflikte aufzugreifen, der Entscheidungsträger müßte bereit sein, die entstehenden Ausfälle auch aus eigenem Vermögen zu bestreiten. In Wirklichkeit dürfte in diesem Fall der Vermögensschaden der Aneignung den privaten Vorteil um Größenordnungen überschreiten. So hat bei General Dynamics eine anteilige Ertragsbeteiligung des Topmanagements von weniger als 7% genügt, die Vorbehalte gegen die Schrumpfungskur zu überwinden. Umgekehrt müssen wir also Aneignungsverluste von mehr als 93% unterstellen, um die Wahl der effizienten Strategie zu rationalisieren. Auch für die anderen aufgelisteten Beispiele ineffizienten Verhaltens gilt, daß eine erhebliche Differenz zwischen den eintretenden Vermögensverlusten und den privaten Vorteilen der Entscheidungsträger plausibel erscheint.

Wir tragen dieser Tatsache durch 'Aneignungskosten' $h(\theta - \pi, \cdot)$ Rechnung, die wir anhand der Differenz zwischen den realen Kosten des 'inoffiziellen' Konsums und dem offiziellen Einkommen, welches dem Entscheidungsträger den gleichen Nutzen stiftet, messen. Sein Gesamtkonsum ergibt sich damit als $\theta - s(\pi) - h(\theta - \pi, \cdot)$. In den folgenden Abschnitten werden die Implikationen alternativer Annahmen bezüglich dieser Aneignungskosten untersucht. Durchgängig wird unterstellt, daß h in $|\theta - \pi|$ (schwach) zunimmt und für $\pi = \theta$ gleich null ist. Die Einführung von Aneignungskosten bietet nicht nur den Vorteil größerer Realitätsnähe. Vielmehr geben diese Kosten ein praktisches Maß für die Intensität des Anreizproblems und damit auch wichtige Hinweise auf mögliche Maßnahmen zu seiner Lösung.

2.1.4 Wahl von Entscheidungsträgern und Einschränkung von Verhaltensspielräumen

Je höher die Aneignungskosten sind, desto geringer sind die Nettovorteile einer Abweichung vom optimalen Verhalten und entsprechend schwächer der Anreiz zur Plünderung von Firmenwerten. Die Annahme kostenloser Aneignung stellt damit den Extremfall eines ausgeprägten Interessenkonfliktes zwischen den beiden Seiten dar. Am anderen Ende des Spektrums stehen unendlich hohe Aneignungskosten, die das Anreizproblem praktisch aus der Welt schaffen. Beide Seiten haben ein Interesse durch die Erhöhung von Aneignungskosten den Interessenkonflikt zu mildern.

Eine hohe Übereinstimmung der Interessen kann persönliche Einstellungen widerspiegeln, etwa eine geringe Präferenz für Statuskonsum am Arbeitsplatz oder eine geringe Bereitschaft zur Toleranz ineffizienter Organisationsformen. Sie kann sich auch aus äußeren Umständen ergeben. In einer Wachstumsbranche ist das Streben des Visionärs nach Größe und Marktanteilen unter Umständen genau die richtige Strategie. In einer Branche mit schrumpfender Nachfrage kann das gleiche Verhalten Vermögen in großem Stil vernichten. In Delegationsbeziehungen, die durch Verträge nur unvollständig geregelt werden können, kommt den individuellen Präferenzen der Entscheidungsträger eine eigenständige Bedeutung zu. Bei Personalentscheidungen zählen nicht nur intellektuelle und organisatorische 'Fähigkeiten', ebenso wichtig ist es, den 'rechten Mann zur rechten Zeit' zu finden. Dieser Aspekt der Prinzipal–Agent Beziehung ist bislang in der Literatur wenig zur Kenntnis genommen worden. So mag, um auf unser Einführungsbeispiel zurückzukommen, die Entscheidung des scheidenen CEO, Stanley Pace, mit William Anders einen Externen an die Unternehmensspitze zu berufen, für die Bereitschaft zur Desinvestition und Veräußerung von Unternehmensteilen ähnlich wichtig gewesen sein, wie die Erfolgsorienterung der Vergütung. Anders hatte bei der Schrumpfungsstrategie keine Loyalitätskonflikte mit langjährigen Kollegen auszustehen. Dies gilt übrigens nicht für den zweiten Mann im Team, James Mellor, der vor seiner Berufung zum COO für die Bereiche 'Panzer' und 'U–Boote' zuständig war; beides Sparten, die unter der neuen Strategie zu 'Kern–Kompetenzen' avancierten und — als einzige von diesen — auch tatsächlich erhalten wurden. Faktisch konzentrierte sich die Schrumpfungskur damit auf jene Bereiche, die im neuen Führungsteam keine 'Interessensvertreter' mehr hatten. In der Analyse des Falls bei Dial & Murphy (1995) läßt die Betonung der Anreizentlohnung für diese Facette keinen Platz mehr. Hier sollen jedoch Möglichkeiten explizit berücksichtigt werden, die Interessen der Parteien durch eine gezielte Erhöhung der Aneignungskosten zur besseren Deckung zu bringen.

Neben der entsprechenden Auswahl von Entscheidungsträgern kommt insbesondere eine Einschränkung von Verhaltensspielräumen in Betracht. Auf der einen Seite erlaubt eine weit gesteckte Entscheidungskompentenz die flexible Nutzung der überlegenen Kenntnisse und Fähigkeiten des Agenten. Auf der anderen Seite steht die Gefahr, daß Ermessenspielräume im einseitigen Interesse des Entscheidungsträgers genutzt werden. Wenn die Interessen beider Seiten durch das Auszahlungsprofil nicht vollständig zur Deckung gebracht werden können, dann wird es sich im allgemeinen auch lohnen, die Handlungskompetenz gezielt dahingehend einzuengen, daß Interessenskonflikte an Schärfe verlieren — selbst wenn hierfür ein Verlust an Flexibilität, zusätzlicher Kontrollaufwand und im Einzelfall suboptimale Entscheidungen in Kauf genommen werden müssen. Ein umfassendes Verständnis des Finanzierungsproblems muß neben dem Auszahlungsprofil auch Entscheidungskompetenzen und Kontrollrechte einschließen.

Die gezielte Auswahl der Entscheidungsträger nach ihren Präferenzen und die Beschneidungen der Entscheidungsfreiheit sollen das Delegationsproblem allerdings nicht aus der Welt schaffen. Neben der gewünschten Erhöhung der Aneignungskosten müssen sie daher selbst mit Kosten verbunden sein. In den formalen Modellen der folgenden Abschnitte werden wir die vielfältigen Möglichkeiten der Erhöhung von Aneignungsverlusten mit nur zwei Variablen abbilden: α und $\beta(\pi)$, zu denen die Kostenfunktionen $m(\alpha)$ und $k(\beta)$ gehören. α steht dabei für die Intensität all der Maßnahmen, die bereits mit dem Finanzierungsvertrag zusammen implementiert werden, und daher die Aneignung unabhängig von der späteren Ertragsentwicklung erschweren. β hingegen symbolisiert Interventionen, die zwar im Finanzierungsvertrag bereits vorgesehen sind, jedoch erst später, möglicherweise in Abhängigkeit von der Ertragsentwicklung, ergriffen werden. Wir werden von α auch als 'Kontrollregime' und von β als zustandsabhängigen oder konditionalen 'Interventionen' sprechen. Zur Vereinfachung der Darstellung werden wir annehmen, daß diese 'Beschränkungs–' oder 'Interventionskosten' von den Finanziers getragen werden, deren Auszahlung sich damit als $s(\pi) - k(\beta(\pi)) - m(\alpha)$ ergibt.

Wie schon bei den Aneignungsmechanismen wollen wir auch bei der Interpretation dieser Variablen und ihrer Kosten bewußt für viele Möglichkeiten offen bleiben. Allgemeine Einschränkungen, die als Grundlage des Finanzierungsvertrages angesehen werden können, ergeben sich aus der Rechtsform und Organisation des Unternehmens, der Unternehmensverfassung, den Bewertungs–, Buchhaltungsregeln und Veröffentlichungspflichten, den internen Kontrollmechanismen sowie den im Arbeitsvertrag niedergelegten Einschränkungen — etwa bezüglich weiterer Geschäftsbeteiligungen.

Buchhaltung und Rechnungslegung sowie deren Kontrolle sind unter anderem auch erforderlich, um Diebstahl und Bewertungsmanipulationen zu erschweren. Je detaillierter und transparenter das Berichtssystem ist, je geringer die Bewertungsspielräume und je intensiver die Kontrollen sind, desto höher ist α, und desto größer der Aufwand, der notwendig ist, um Ressourcen vertragswidrig aus der Firma zu ziehen.[9] Entsprechend schließt m einen Teil der damit verbundenen 'Überwachungskosten' ein.

Bei Aktiengesellschaften kann auch eine Unternehmensverfassung, die feindliche Übernahmen erleichtert, den Handlungsspielraum des Managements einschränken. Je weiter der realisierte Firmenwert hinter seinem Potential zurückbleibt, desto attraktiver wird es für einen *Raider*, die Firma aufzukaufen, das alte Management auszuwechseln, die notwendigen Korrekturen vorzunehmen und die Wertdifferenz zu vereinnahmen. Die Unternehmensverfassung kann ein solches Ansinnen durch einen geringen Minderheitenschutz, die Zulassung diskriminierender Übernahmeofferten (*multi-tier bids*) etc. erleichtern. Da eine Übernahme aber auch mit dem Ziel erfolgen kann, das Unternehmen zu Lasten der Minderheitsaktionäre zu plündern, ist dieser Disziplinierungsmechanismus für die Finanziers nicht kostenlos.[10]

In vielen Firmen stehen wesentliche Ausweitungen des Geschäftsbetriebes unter dem Genehmigungsvorbehalt der Finanziers. Auch können neue Projekte von bereits bestehenden Vorhaben getrennt werden, um eine unerwünschte Quersubventionierung zu vermeiden und klare Verantwortlichkeiten zu erhalten. Der Preis für eine enge Definition des Geschäftsauftrages ist, daß eventuelle Skalenerträge und Synergieeffekte nicht genutzt werden können.

Die Variablen β und die damit verbundenen Kosten k stehen für Eingriffe der Finanziers, zu denen sie auf Grund des Finanzierungsarrangements berechtigt sind, die dann aber typischerweise vom (Miß)Erfolg abhängen. Beispiele hierfür sind: Beschränkungen der Investitionstätigkeit, das Erzwingen oder Verhindern von Verkäufen aus dem Unternehmensvermögen, Heranziehung externer Evaluation, aktive Einflußnahme auf Geschäftsentscheidungen, Kündigungen im Management etc.

Wenn sich Finanziers aktiv in die Geschäftspolitik einmischen oder gar die Geschäftsführung übernehmen, messen die Interventionskosten k den komparativen Vorteil des etablierten Managements bei der Führung des Unternehmens. Es kann auch für den Verlust an profitablen Geschäften stehen, wenn es zu einer Beschränkung der Geschäftsfelder oder Investitionsvolumens kommt. Beim erzwungenen Verkauf von Firmenvermögen — etwa im Zuge eines Konkursverfahrens — entstehen oft Kosten in Form von Preisab-

[9] In der Literatur wird gelegentlich unterstellt, daß Entscheidungsträger Ressourcen kostenlos stehlen könnten. Diese Annahme ist bestenfalls für Kleinstunternehmen, die über kein systematisches Buchhaltungs- und Kontrollwesen verfügen, plausibel. Die Vorstellung, der CEO von GD hätte sich seine Kompensation in Höhe 54 Mio $ genausogut durch einen Griff in die Firmenkasse aneignen können, erscheint absurd.

[10] Zum Zielkonflikt zwischen der Notwendigkeit, das Trittbrettfahrerproblem unter den Aktionären zu überwinden und der Gefahr die Rechte der Aktionäre zu sehr auszudünnen siehe: Grossman & Hart (1980), Herman & Lowenstein (1988) und Chakraboty & Arnott (1996). Zur Ambivalenz der Übernahmedrohung auf die Effizienz des Managements: Stein (1988).

schlägen. Schließlich kann k interpretiert werden als Kosten der Verifikation von θ mit der eine Aneignung vollständig verhindert wird.

Ein extremes Beispiel für zustandsabhängige Interventionen bietet die Einsetzung eines Insolvenzverwalters. Bei der Auswahl des neuen 'Managers' spielen 'typische' Managementfähigkeiten oft keine große Rolle. Entsprechend ist die Bestellung eines Juristen ohne spezifische Kenntnisse des jeweiligen Unternehmens und seiner Märkte nicht unüblich. Der Verwalter wird auf der Grundlage eines eng eingegrenzten Handlungsauftrages tätig, dessen Erfüllung auch durch gesetzliche Vorgaben geregelt wird. Dennoch sind die Finanziers durch die Gläubigerversammlung vergleichsweise intensiv in die Entscheidungsprozesse eingebunden. Es liegt auf der Hand, daß zu einem solchen Verfahren nur gegriffen wird, wenn das Vertrauen in die Effizienz der Entscheidungen des alten Managements sehr gering und die Sorge vor Vermögensverschiebungen sehr groß ist.

2.1.5 Instrumente und Zielkonflikte des Finanzierungsvertrages

In einer Welt ohne Informationsprobleme ist das eigene Vermögen des Entscheidungsträgers — ob liquide oder nicht — irrelevant. Solange die erwarteten Erträge die Opportunitätskosten der Finanzierung decken (das Projekt einen positiven Barwert hat), könnte das Vorhaben ausschließlich durch die Aufnahme von Kapitalmarktmitteln finanziert werden. Damit ließen sich Liquidationsverluste vollständig vermeiden. Der Finanzierungsvertrag würde das optimale Entscheidungsverhalten verbindlich festschreiben. Darüberhinaus gäbe es aber keine Veranlassung, den weniger kompetenten Finanziers irgendwelche Einflußmöglichkeiten einzuräumen. Die Aufteilung der Erträge müßte beiden Seiten mindestens ihren Reservationsnutzen sichern. Bei Risikoaversion des Entscheidungsträgers wäre es optimal, diesen vollständig zu versichern. Sein Vermögensendwert wäre damit vom Projekterfolg unabhängig. Bei Risikoneutralität bliebe das Auszahlungsprofil hingegen weitgehend unbestimmt.

Ist optimales Verhalten jedoch nicht kontrahierbar, dann muß das Auszahlungsprofil zu Motivationszwecken genutzt werden. Je größer der Anteil ist, der von einer Steigerung des Ertrages bei der Firma verbleibt (und damit je kleiner der Anteil ist, der an die Finanziers ausgeschüttet werden muß), desto schwächer ist der Anreiz, sich diesen unter Verlusten anzueignen. Eine feste Auszahlung, bei der die Firma in allen Zuständen zum Residualeinkommensbezieher wäre, würde 'erstbeste' Anreize setzen. Es gibt zwei Gründe, von dieser Lösung abzuweichen:

Vermögensbeschränkung. Wenn das Anfangsvermögen W im Verhältnis zum Investitionsbedarf I zu gering ist, müßte die den Finanziers versprochene Rückzahlung so hoch sein, daß sie bei schlechter Ertragslage mangels Vermögen nicht mehr befriedigt werden kann.[11] In diesem Fall ist der erstbeste Anreizvertrag nicht möglich.

Risikoaversion. Eine feste Auszahlung, so sie überhaupt möglich ist, würde allein den Entscheidungsträgern in der Firma das Vermögensrisiko des Projektes aufbürden. Wenn diese risikoavers sind, kann es sinnvoll sein, auf erstbeste Anreize zugunsten einer verbesserten Risikoteilung zu verzichten.

Wenn erstbeste Anreize durch die Auszahlungsfunktion nicht erreicht werden können oder sollen, müssen mit dem Finanzierungsvertrag Kompromisse eingegangen werden. Den vorangegangenen Ausführungen zufolge kommen in Frage:

1. Sanktionen durch Rückgriff auf illiquides Vermögen, die schwache Anreize des Zahlungsprofils kompensieren können.
2. Allgemeine Beschränkungen der Handlungsspielräume, Kontroll– und Überwachungsmechanismen sowie Personalentscheidungen, die mit dem Finanzierungsvertrag gemeinsam implementiert werden und Abweichungen vom effizienten Verhalten in allen Zuständen unattraktiver machen.
3. Bedingte Interventionen der Finanziers, welche die Vermögensaneignung in Abhängigkeit von der Ertragsentwicklung erschweren.
4. Hinnahme ineffizienten Verhaltens des Entscheidungsträgers.
5. Wahl eines suboptimalen Investitionsvolumens.

Es ist zu erwarten, daß in vielen praktischen Situationen Kompromisse in jeder Hinsicht eingegangen werden, um die gesamten Agency–Kosten zu minimieren.[12] Die gleichzeitige Berücksichtigung all dieser Verzerrungen würde die Analyse jedoch zu komplex werden lassen. In den folgenden Abschnitten werden wir uns jeweils auf einen eingeschränkten Trade–Off konzentrieren: Sanktionen und allgemeine Beschränkungen in Abschnitt 2.2, suboptimales Verhalten und bedingte Interventionen in 2.3 und eine spezifische Variante von bedingten Eingriffen in Abschnitt 2.4. Dem Einfluß des Agency–Problems auf die Investitionen ist ein eigenes Kapitel 4 gewidmet.

Die Abweichungen optimaler anreizkompatibler Verträge von einer hypothetischen erstbesten Lösung werden oft mit Begriffen wie 'Verzerrung', 'Agency–Kosten' etc. belegt. Diese Termini haben sich ihrer Anschaulichkeit wegen eingebürgert. Auch wenn es gelegentlich anders anklingt, tragen sie keinen unmittelbaren normativen Gehalt. Die Verzerrungen sind aus der

---

[11] In Anlehnung an Sappington (1983) wird diese Restriktion in der Prizipal–Agent–Literatur auch oft als 'Haftungsbeschränkung' (*limited liability*) bezeichnet. Im Kontext von Finanzierungsverträgen steht Haftungsbeschränkung jedoch für eine Eigenschaft der Finanztitel, die selbst erklärungsbedürftig ist, und nicht einfach unterstellt werden sollte. Da wir 'Haftungsbeschränkung' in diesem Sinne weder unterstellen noch erklären, bevorzugen wir den Terminus Vermögensbeschränkung, um Mißverständnisse zu vermeiden.

[12] Empirische Evidenz für die effiziente Nutzung (fast) aller Mechansimen zur Lösung von Anreizproblemen finden Agrawal & Knoeber (1996).

Sicht der beteiligten Vertragsparteien zum Zeitpunkt des Vertrages optimal gewählt.[13] Ein wichtiges Problem ergibt sich allerdings daraus, daß die gewünschten Abweichungen von der erstbesten Lösung teilweise erst zu einem späteren Zeitpunkt wirksam werden. Dies gilt insbesondere für Maßnahmen, die in Abhängigkeit von der Realisation der Erträge ergriffen werden sollen. Etwa wenn die Finanziers den Zugriff auf illiquides Vermögen als Strafe für schlechte Unternehmensergebnisse einsetzen oder im Fall niedriger Erträge aktiv in die Geschäftsführung eingreifen sollen. Im Gegensatz zu den meisten zustandsunabhängigen Verzerrungen etwa bezüglich des Investitionsvolumens, des organisatorischen Rahmens, der Unternehmensverfassung etc., die in der Regel gleichzeitig mit dem Vertrag implementiert werden, stellt sich für solche ex post ineffizienten Klauseln die Frage, inwieweit sich die Parteien zu ihrer Einhaltung verpflichten können. Tritt die Situation ein, haben schließlich beide Seiten einen Anreiz, die Ineffizienz durch Nachverhandlungen zu beseitigen. Wenn eine Maßnahme, die von einer Seite ergriffen werden soll, beiden Seiten mehr schadet als nutzt, sind nicht einmal Verhandlungen und Kompensationsleistungen erforderlich, um die ursprüngliche Vereinbarung zu gefährden.

Im allgemeinen haben die Vertragsparteien ex ante ein Interesse daran, eine solche nachträgliche Änderung des Vertrages zu unterbinden. Dies gilt zumindest dann, wenn das Ergebnis einer Revision bereits im ursprünglichen Vertrag hätte vereinbart werden können. Unter dieser Voraussetzung, die in den hier behandelten Modellen fast immer erfüllt ist, schränken Nachverhandlungen den Bereich möglicher Allokationen ein, was die Parteien nur schlechter stellen kann.[14] In dem Maße wie antizipiert wird, daß die Verzerrung in einer bestimmten Richtung im nachhinein nicht durchgesetzt werden

---

[13] Aus der Tatsache, daß in einer Welt mit Informationskosten Finanzierungsverträge oft nur *second best* sind, folgt nicht unmittelbar, daß Finanzmärkte ineffizient sind oder staatlicher Eingriffe bedürfen. Zwar besteht bei Informationsproblemen regelmäßig die *theoretische* Möglichkeit effizienzsteigernder staatlicher Eingriffe. Dies folgt aus dem Umstand, daß staatliche Maßnahmen einen Einfluß auf die Anreizbedingungen haben, unter denen private Transaktionen stattfinden. Deren gezielte Manipulation, etwa durch das Steuersystem, setzt wiederum nur Informationen über die Struktur des Anreizproblems voraus, ist also auch dann möglich, wenn der Staat unter den gleichen Informationsbeschränkungen handeln muß wie die Privaten (Arnott & Greenwald & Stiglitz (1993)). Die wirtschaftspolitische Relevanz dieser Einsicht sollte jedoch nicht überbewertet werden.

[14] Die Voraussetzung ist im allgemeinen nicht erfüllt, wenn das Format der zugelassenen Verträge beschränkt wird, etwa auf bestimmte Finanzierungsinstrumente oder deterministische Interventionsstrategien. Unter diesen Umständen bieten Nachverhandlungen zusätzliche Flexibilität, die den Bereich möglicher Allokationen auch erweitern kann. Zu dieser Ambivalenz von Nachverhandlungen in dem bekannten Modell kostenträchtiger Zustandsverifikation (Abschnitt 2.4) siehe Bester (1994). Die Flexibilität von Nachverhandlungen kann auch erwünscht sein, wenn nach Vertragsabschluß zusätzliche (nicht kontrahierbare) Informationen bekannt werden. Siehe hierzu u.a. Hart & Moore (1989), Berglöf & von Thadden (1994).

kann, müssen stärkere Verzerrungen in anderer Hinsicht in Kauf genommen werden. Die Parteien werden daher nach Mechanismen suchen, mit denen sie sich auf die Realisation ex ante gewünschter, ex post aber ineffizienter Allokationen verpflichten können. Hier sind viele Möglichkeiten denkbar, die in einer reichhaltigen Literatur ihren Niederschlag gefunden haben. So können die Kosten der Nachverhandlung erhöht werden, indem viele Parteien involviert werden, die ohne zentrale Repräsentation sind. Breit gestreute Schuldscheine erzielen eine solche Wirkung (Rajan (1992)). Darüberhinaus können Parteien eingebunden werden, die in der Lage sind, eine Reputation für 'Sturheit' aufzubauen. Für eine bekannte Bank wäre es zum Beispiel fatal, wenn der Eindruck entstünde, daß säumige Schuldner auf Nachsichtigkeit hoffen dürfen.

Wenn Nachverhandlungen nicht zu verhindern sind, können die Vereinbarungen des zunächst abgeschlossenen Vertrages genutzt werden, um das Ergebis der Nachverhandlungen in die gewünschte Richtung zu lenken. Da der alte Vertrag die Verhandlungsgrundlage bestimmt, setzt er auch den Reservationsnutzen der beteiligten Parteien. In den Ausgangsvertrag können daher Klauseln aufgenommen werden, die nur über ihren Einfluß auf den Verhandlungskompromiß wirksam werden. So kann die Verhandlungsposition der Firma im Fall der Insolvenz durch die Konkursandrohung und zuvor gestellte dingliche Sicherheiten geschwächt werden (Huberman & Kahn (1988), Bester (1994)). Kreditklauseln, welche die Entscheidungsspielräume bei schlechter Performance einengen, werden zunächst schärfer ausfallen, wenn sie in Nachverhandlungen wieder gelockert werden (Berlin & Mester (1992)). Schließlich läßt sich die Kompromißbereitschaft einzelner Finanziers durch eine Stratifizierung der Finanztitel nach Rang und zeitlicher Fälligkeit schmälern (Diamond (1993), Berglöf & von Thadden (1994), Bolton & Scharfstein (1996)).[15]

Im weiteren werden wir unterstellen, daß die Parteien über derartige Selbstbindungsmechanismen verfügen, *ohne* diese im einzelnen zu modellieren. In diesem Sinne charakterisieren wir den Finanzierungsvertrag in der Form, wie ihn Parteien gerne implementieren würden, wenn sie Nachverhandlungen ausschließen könnten. Die Ausblendung der Selbstbindung vereinfacht die Analyse, wird aber auf unserer 'Landkarte' optimaler Finanzierungsverträge auch viele weiße Stellen hinterlassen — gewissermaßen als Pendant der Behandlung von Selbstbindungsmechansimen als 'black–box'.

[15] Im Grunde ist hier ein großer Teil der Literatur über die Ausgestaltung von Konkursverfahren einschlägig (Gertner & Scharfstein (1991)). Allerdings nimmt diese oft die umgekehrte ex–post–Perspektive ein und fragt, wie sich die 'Kosten' des Konkurses durch ein möglichst effizientes Verfahren minimieren lassen (so etwa Hoshi & Kashyap & Scharfstein (1990)). Aus der ex–ante–Perspektive der Finanzierung eines solventen Unternehmens können diese Kosten hingegen strategisch wertvoll sein.

2.2 Sanktionen und Kontrollen

In diesem Abschnitt entwickeln wir ein Modell, in dem sich der optimale Finanzierungsvertrag als Kombination von Kredit– und Beteiligungsfinanzierung darstellen läßt. Damit erhalten wir zugleich eine Lösung des Problems der optimalen Kapitalstruktur. Der Vertrag beruht zum einen auf Sanktionsmöglichkeiten, die sich aus der Existenz illiquiden Vermögens ergeben und zum anderen auf allgemeinen Beschränkungen der Handlungsspielräume, die Abweichungen vom effizienten Verhalten in allen Zuständen unattraktiver machen. Von der Möglichkeit bedingter Interventionen zur Erhöhung der Aneignungskosten wird abgesehen. Die einfache Struktur der Lösung hängt von der Annahme proportionaler Aneigungsverluste ab, durch die ausgeschlossen wird, daß der optimale Vertrag ineffizientes Verhalten in Kauf nimmt. Wir erweitern damit ein Modell, das Diamond (1984) für die Analyse von Finanzintermediation durch Banken entwickelte, um die Möglichkeit der Beteiligungsfinanzierung.

2.2.1 Das Modell

Die wichtigsten Elemente des Modells sind bereits in Abschnitt 2.1 erläutert worden und werden daher hier nur kurz wiederholt. Wir betrachten eine risikoneutrale Firma, die über eine Investitionsgelegenheit verfügt, deren Ertragspotential eine Zufallsvariable $\theta \in [\underline{\theta}, \bar{\theta}] \equiv \Theta, \underline{\theta} \geq 0$ mit kummulierter Wahrscheinlichkeitverteilung F und Dichte f ist. Die Investitionskosten I übersteigen das liquide Firmenvermögen W, so daß die Differenz extern über den Kapitalmarkt finanziert werden muß. Als Gegenleistung erhalten die Finanziers eine Zahlung s nach Abschluß des Projektes. Diese sind risikoneutral und daher lediglich an dem Erwartungswert der Auszahlungen interessiert. Da die Realisation von θ nur durch die Firma beobachtet wird, kann diese sich hiervon einen Teil aneignen. Der zur Aufteilung mit den Finanziers verbleibende Rest ist π. Die Attraktivität der Aneignung kann durch Einschränkungen der Entscheidungsspielräume reduziert werden. Je enger die Restriktionen sind, unter denen die Aneignung stattfindet, desto rigider ist das Kontrollregime, was durch die Variablen $\alpha \in [0, 1]$ gemessen wird. Hinsichtlich des Zusammenhangs von Kontrollregime und Aneignungskosten wird unterstellt:

Annahme 2.1 *Die Aneignungsverluste sind proportional zum angeeigneten Vermögenswert, wobei der Proportionalitätsfaktor die Restriktivität des Kontrollregimes reflektiert:*[16]

$$h(\theta - \pi, \cdot) = \alpha|\theta - \pi|.$$

[16] Zur Vereinfachung der Notation unterstellen wir die gleichen Kosten für die Vortäuschung besserer Erträge. Diese Annahme ist ohne Einfluß auf die Ergebnisse.

Der Verlustfaktor α zeigt an, wie eng die Restriktionen sind. Für $\alpha = 0$ erhalten wir ein sehr freies Kontrollregime, in dem die Verhaltenspielräume so weit gezogen sind, daß potentielle Erträge im Verhältnis eins zu eins konsumiert werden können. Für $\alpha = 1$ hingegen sind die Aneignungsmöglichkeiten so eingeschränkt, daß eine Abweichung vom effizienten Verhalten keine Vorteile mehr verspricht. Die Annahme proportionaler Aneignungsverluste wird in erster Linie aus methodischen Gründen getroffen. Sie vereinfacht die Analyse des optimalen Vertrages und schließt die in der Literatur häufig betrachtete Situation kostenloser Aneignung als Grenzfall mit ein ($\alpha = 0$). Inhaltlich wäre es vorstellbar, daß die Firma einen Teil der Produktion unbeobachtet auf einem Schwarzmarkt verkauft, wobei sie einen Preisabschlag hinnehmen muß. Proportionale Verluste können auch entstehen, wenn einem verbundenen Unternehmen besonders günstige Konditionen eingeräumt werden, dieses dann aber im Weiterverkauf höhere Kosten zu tragen hat oder mangels Reputation Preisnachlässe gewähren muß. Schließlich könnte man sich vorstellen, daß sich eine bestimmte Aneignungsmöglichkeit (mit festen Kosten) über einen gewissen Zeitraum wiederholt ergibt, und die gesamte Aneignung davon abhängt, wie oft die Firma die sich bietenden Gelegenheiten nutzt.[17] Die Einschränkung von Aneignungsmöglichkeiten ist ihrerseits mit Kosten $m(\alpha)$ verbunden. Für diese wird aus technischen Gründen unterstellt, daß $m(0) = 0, m' > 0, m'' > 0, \lim_{\alpha \to 1} m = \infty$.

Neben den Eigenmitteln W verfügt die Firma noch über illiquides Vermögen L. Zur Vereinfachung wird unterstellt, daß dieses Vermögen zwar vorsätzlich vernichtet, nicht aber transferiert werden kann. Diamond (1984) führt als Beispiel das Humankapital des Managers an, welches in zeitraubenden Verhandlungen mit Finanziers zerrieben werden kann. Hier wird jedoch eine Interpretation bevorzugt, die sich an Stiglitz & Weiss (1983) und Bolton & Scharfstein (1990) anlehnt. Unterstellt wird die Existenz firmenspezifischen Vermögens, zu dessen Nutzung eine erneute Finanzierung im Anschluß an den betrachteten Vertrag notwendig ist. Eine Verhinderung der Anschlußfinanzierung vernichtet die entsprechenden Einkommensmöglichkeiten der Firma. Eine solche Sanktion setzt voraus, daß sich die Finanziers glaubhaft darauf verpflichten können, der Firma bei Vorliegen bestimmter Voraussetzungen keine (oder nur eine reduzierte) Refinanzierung zu gewähren. Darüberhinaus müssen auch andere Finanziers daran gehindert werden, in die Lücke zu springen. Hierzu könnten den Finanziers dingliche Zugriffsrechte auf produktionsnotwendige Anlagen oder Rechte eingeräumt werden. Alternativ könnten hohe Rückzahlungsversprechen vereinbart werden, denen Vorrang gegenüber später eingegangenen Verpflichtungen eingeräumt wird. Eine entsprechende Last unbefriedigter alter Forderungen würde die Aufnah-

---

[17]Dieses Argument beruht auf einer Intuition, die in Holmström & Milgrom (1987) explizit modelliert wird. Dort wird gezeigt, daß lineare Teilungsregeln optimal sein können, wenn der Agent die Möglichkeit hat, seine Anstrengungen intertemporal zu optimieren. Allerdings muß in ihrem Modell der Agent seine Entscheidungen unter Unsicherheit treffen.

me neuer Mittel unmöglich machen. Die Wahrscheinlichkeit, mit der die Finanzierung unterbrochen wird und ein Verlust von L eintritt, sei $l \in [0,1]$. Alternativ kann l für den Anteil des illiquiden Vermögens stehen, der geopfert wird.

2.2.2 Optimalität von Kredit– und Beteiligungsfinanzierung

In einer Welt ohne Informationsprobleme, in der Verträge beliebig von θ abhängig gemacht werden könnten, bestünde die optimale Finanzierung darin, in allen Zuständen effizientes Verhalten zu vereinbaren $\pi = \theta$, auf Kontrollen und Beschränkungen sowie auf Bestrafungen ganz zu verzichten $\alpha = 0$, $l = 0$, um die damit verbundenen Kosten m und lL zu vermeiden, und s so zu wählen, daß die erwarteten Auszahlungen den Opportunitätskosten der Kapitalüberlassung entsprechen. Ein solcher Vertrag ist allerdings nicht anreizkompatibel, wenn sich die Firma nach der Beobachtung der Überschüsse θ von diesen einen Teil aneignen kann, und nur der ausgewiesene Gewinn π Vertragsgrundlage sein kann.

Da annahmegemäß nur π, nicht aber θ beobachtet werden kann, muß eine empirisch gehaltvolle Charakterisierung des optimalen Finanzierungsvertrages letztlich Aussagen über die Auszahlung s und die Sanktionswahrscheinlichkeit l als Funktionen von π treffen. Aus analytischer Sicht ist es jedoch zweckmäßiger, zunächst das 'Revelations–Prinzip' zu bemühen, demzufolge jede anreizkompatible Allokation auch als Ergebnis eines direkten anreizkompatiblen Mechanismus implementiert werden kann. Bei diesem wird der Vertrag unmittelbar auf die unbeobachtbare Größe θ abgeschlossen, allerdings in einer Weise, daß es im Interesse der Firma liegt, die Realisation von θ wahrheitsgemäß anzugeben. Um der Notation nicht allzusehr Gewalt anzutun, führen wir für die Auszahlung und die Liquidationswahrscheinlichkeit als Funktionen des unbeobachtbaren Ertragspotentiales θ die Symbolvarianten $s(\theta)$ bzw. $l(\theta)$ ein.

Der Finanzierungsvertrag besteht aus den Elementen $\{\pi(\theta), s(\theta), l(\theta), \alpha\}$. Der zeitliche Ablauf stellt sich damit wie folgt dar:

1. Ein Vertrag wird abgeschlossen, der $\{\pi(\theta), s(\theta), l(\theta), \alpha\}$ festlegt. Anschließend wird α implementiert, wobei Kosten in Höhe von m entstehen.
2. Die Firma beobachtet die Realisation von θ und berichtet $\tilde{\theta}$.
3. Auf dieser Grundlage wird der Abmachung entsprechend π, l und s implementiert.

Angenommen, die tatsächliche Realisation ist θ, dann wird die Firma kein niedrigeres $\tilde{\theta}$ angeben wollen, wenn der Vertrag die folgende Bedingung erfüllt:

$$\theta - s(\theta) - l(\theta)L - \alpha \cdot (\theta - \pi(\theta)) \geq \theta - s(\tilde{\theta}) - l(\tilde{\theta})L - \alpha \cdot (\theta - \pi(\tilde{\theta})) \quad \forall \tilde{\theta} \leq \theta . \tag{2.1}$$

Auf der linken Seite steht das Firmenendvermögen bei Angabe des wahren Wertes, auf der rechten das im Fall der Lüge.[18] Ist die Bedingung mit Gleichheit erfüllt, wird angenommen, daß die Firma den wahren Wert angibt. Darüberhinaus kann nicht mehr verteilt werden als vorhanden ist. Zum Vertragsende erfordert die Vermögensbeschränkung:

$$0 \leq \theta - s(\theta) - \alpha \cdot |\theta - \pi(\theta)|, \quad \forall \theta . \tag{2.2}$$

Wir werden die Lösung des Finanzierungsproblems in mehreren Schritten charakterisieren. Zunächst besteht bei proportionalen Aneignungskosten kein Grund, einen Vertrag abzuschließen, der ineffizientes Verhalten der Firma zuläßt. Es ist immer besser, der Firma das appropriierte Vermögen direkt zur freien Verfügung zu überlassen und die eingesparten Aneignungsverluste an die Finanziers auszuzahlen.

Proposition 2.1 *Bei proportionalen Aneignungskosten sieht der optimale Vertrag ein effizientes Verhalten der Firma vor:*
Annahme 2.1 $\Longrightarrow \pi^*(\theta) = \theta, \forall \theta.$

Dieses Teilergebnis verdeutlicht, wie restriktiv die Annahme proportionaler Aneignungskosten inhaltlich ist. Der optimale Vertrag kann schmerzhafte Sanktionen, kostspielige Restriktionen der Entscheidungsspielräume und, wie in Kapitel 4.3 gezeigt wird, Abweichungen vom optimalen Investitionsniveau vorsehen. Vom erstbesten Verhalten der Firma wird hingegen keinen Grad abgewichen. Technisch erlaubt uns Proposition 2.1, die gerade erst eingeführte Unterscheidung zwischen $\{s, l\}$ und $\{\mathfrak{s}, \mathfrak{l}\}$ wieder fallen zu lassen und den Vertrag unmittelbar in den beobachtbaren Größen zu untersuchen. Der optimale Finanzierungsvertrag ist damit die Lösung des folgenden Programms:

Programm 2.1

$$\max_{s,l} \int_{\underline{\pi}}^{\overline{\pi}} [\pi - s(\pi) - l(\pi)L] f \, d\pi \tag{2.3}$$

u.d.N.

$$\int_{\underline{\pi}}^{\overline{\pi}} s(\pi) f \, d\pi \geq I + m(\alpha) - W \tag{2.3a}$$

$$s(\pi) - s(\tilde{\pi}) \leq \alpha(\pi - \tilde{\pi}) + (l(\tilde{\pi}) - l(\pi))L \quad \forall \pi, \tilde{\pi} < \pi \tag{2.3b}$$

$$s(\pi) \leq \pi \qquad \forall \pi \tag{2.3c}$$

$$l(\pi) \in [0,1]. \tag{2.3d}$$

[18] Mit einer analogen Bedingung läßt sich auch die Angabe übertrieben guter Realisationen ausschließen. Da diese Bedingung für den optimalen Vertrag nicht bindet, wird sie im weiteren immer vernachlässigt.

Die optimale Finanzierung maximiert das erwartete Endvermögen der Firma (2.3) unter der Partizipationsbeschränkung, daß die erwarteten Auszahlungen an die Finanziers die Opportunitätskosten der Finanzierung decken (2.3a). Der Vertrag muß die Anreizkompatibilitätsbedingung (2.3b) und die Vermögensbeschränkung (2.3c) erfüllen, die sich aus (2.1) beziehungsweise (2.2) unter Verwendung von Proposition 2.1 ergeben. Schließlich sind die Sanktionsmöglichkeiten durch das illiquide Vermögen beschränkt. Eine sichere Verhinderung der Refinanzierung am Periodenende und damit die Vernichtung des gesamten illiquiden Vermögens ist die stärkste mögliche Strafe.

Wir leiten die Eigenschaften des optimalen Vertrages in zwei Schritten ab. Zunächst werden das Kontrollregime und damit die Aneignungskosten α als exogen gegeben angesehen. Vorausgesetzt, der externe Finanzierungsbedarf ist hinreichend groß, besteht der optimale Vertrag aus einer Kombination von Darlehens- und Beteiligungsfinanzierung. Mit diesem in der folgenden Proposition festgestellten Resultat kann die Finanzierungsentscheidung insgesamt auf die Wahl eines optimalen Verschuldungsgrades zurückgeführt werden.

Proposition 2.2 *Für eine gegebene Kontrollintensität α besteht die optimale Finanzierung aus einer Kombination von Darlehensfinanzierung mit nominellem Rückzahlungsbetrag D und Beteiligungsfinanzierung mit Auszahlungsanteil α. Wenn der Gewinn π unter den nominellen Rückzahlungsanspruch fällt, erhalten die Finanziers den gesamten Ertrag. Je größer der Kreditausfall, desto höher ist die Wahrscheinlichkeit, daß die Finanzierung unterbrochen wird. Im Solvenzfall wird die Finanzierung mit Sicherheit fortgeführt, und die Finanziers erhalten eine feste Auszahlung in Höhe von D zuzüglich eines Anteils α vom Restgewinn $\pi - D$. Formal:*
Sei $W_o = \int_{\underline{\pi}}^{\overline{\pi}} (\underline{\pi} + \alpha(\pi - \underline{\pi})) f \, d\pi - I - m(\alpha)$ und $\{s^*, l^*\}$ eine Lösung von Programm 2.1 für $W < W_o$, dann $\exists \; D > \underline{\pi}$ so daß:

$$s^*(\pi) = \begin{cases} \pi; & \pi < D \\ D + \alpha(\pi - D); & \pi \geq D \end{cases}$$

$$l^*(\pi) = \begin{cases} (1-\alpha)(D-\pi)/L; & \pi < D \\ 0; & \pi \geq D. \end{cases}$$

Der in Proposition 2.2 charakterisierte Vertrag ist in Abbildung 2.1 illustriert. Die stärker gezeichnete Linie bezeichnet die Auszahlungen an die Finanziers s^*. Im Bereich oberhalb der 45°-Linie würde die Auszahlung die Vermögensbeschränkung (2.3c) verletzen. Für den speziellen Fall der Einheitsverteilung von π können die Flächen als Erwartungswerte interpretiert werden. Die weiße Fläche unterhalb von s^* mißt die erwarteten Auszahlungen an die Finanziers. Die leicht schattierte Fläche rechts markiert das erwartete Endvermögen der Firma, und die dunkel schattierte Fläche links steht für den erwarteten Verlust aus den Unterbrechung der Finanzierung im Insolvenzfall.

Abbildung 2.1: Darlehens– und Beteiligungsfinanzierung als optimaler Vertrag

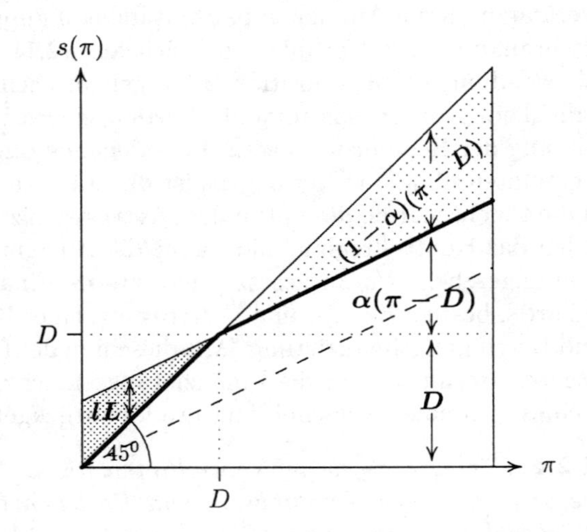

Anhand der Grafik läßt sich auch der Grund für die Optimalität einer Kombination von Kredit– und Beteiligungsfinanzierung illustrieren. Ein gegebenes Kontrollregime erfordert eine Mindeststärke von monetären Anreizen, um effizientes Verhalten sicherzustellen. Ohne die Möglichkeit von Sanktionen ergibt sich daraus eine maximale Steigung der Auszahlungsfunktion von α. Wenn externe Finanzierung nur in einem sehr geringen Umfang aufgenommen werden müßte, könnte die Firma ausschließlich Eigenkapital emittieren. Bei gegebener Kontrollintensität entstehen hierdurch keine zusätzlichen Kosten. Erreicht der abzuführende Gewinnanteil jedoch α, ist eine weitere Steigerung der erwarteten Auszahlungen an die Finanziers auf diese Weise nicht mehr möglich. Diese Finanzierung, mit der die höchste erwartete Auszahlung erreicht wird, ohne auf Sanktionen zurückzugreifen, ist in der Abbildung als gestrichelte Linie eingezeichnet. Eine Parallelverschiebung der Auszahlungsfunktion nach oben ist ebenfalls ausgeschlossen, da hiermit für schlechte Realisationen die Vermögensbeschränkung verletzt würde. Wenn höhere Auszahlungen in guten Zuständen anreizkompatibel sein sollen, muß der Nutzen der Firma in schlechten Zuständen entsprechend reduziert werden. Die Anreizrestriktion wird durch die Gerade mit Steigung α abgebildet. Soweit es das liquide Vermögen der Firma zuläßt, werden höhere Auszahlungen vereinbart. Daraus ergibt sich die Auszahlungsfunktion. Die verbleibende Differenz zur Anreizbedingung muß durch Vernichtung von illiquidem Vermögen geschlossen werden. Der Vertrag ist optimal, weil er bei gegebenem α und erforderlicher Mindestauszahlung die Kosten der Bestrafung minimiert.

Im weiteren werden wir die Relation von D zu α auch als Verschuldungsgrad interpretieren. Es gibt drei Eigenschaften des Vertrages, die eine Interpretation im Sinne von Kredit– und Beteiligungsfinanzierung rechtfertigen:

1. Die Finanzierung und damit die Fortführung der Geschäftstätigkeit wird nur unterbrochen, wenn ein fester und damit darlehensähnlicher Rückzahlungsanspruch nicht befriedigt werden kann. Je größer der Anteil unbefriedigter Forderungen ist, desto wahrscheinlicher wird der Konkurs.
2. Im Fall der Insolvenz haben die Finanziers Anspruch auf das gesamte Firmenvermögen.
3. Im Fall der Solvenz wird die Firma mit Sicherheit refinanziert und die Finanziers erhalten neben der festen Auszahlung einen Anteil des Residualeinkommens.

Damit wird zum einen das typische Auszahlungsprofil einer solchen Finanzierung erklärt: Eine konkav zunehmende Auszahlung an die Kapitalgeber und eine konvex zunehmende Auszahlung an die Entscheidungsträger. Zweitens erklärt das Modell, warum in schlechten Zuständen, als Insolvenzfall interpretiert, Maßnahmen ergiffen werden, die der Firma schaden, ohne den Finanziers entsprechend zu nutzen.

Darüberhinaus gibt es aber auch viele Eigenschaften von Darlehens– und Beteiligungsfinanzierung, die hier unerklärt bleiben. Zunächst einmal bietet das Modell keinen Hinweis darauf, daß der Auszahlungsanspruch der Finanziers tatsächlich in die zwei Einzelansprüche $\min\{\pi, D\}$ und $\min\{0, \alpha(\pi - D)\}$ aufgeteilt werden sollte, oder daß jeweils eine bestimmte Investorengruppe Residualeinkommensbezieher im Solvenz bzw. Insolvenzfall sein sollte. Jede denkbare Aufteilung von s^* in Einzelansprüche ist gleichermaßen vorstellbar. Auch kann das Modell die für Kredit und Eigenkapital typische Allokation von residualen Eingriffsrechten (Eigenkapitalgeber im Solvenzfall, Kreditgeber im Insolvenzfall) nicht erklären.

Diese mangelnde Erklärungskraft darf aber nicht vorschnell als Schwäche des Ansatzes ausgelegt werden. Wir hatten unterstellt, daß sich die beiden Vertragsparteien ex ante auf die Durchführung von Maßnahmen festlegen können, die sie ex post gern vermeiden würden. Eine solche Festlegung auf ex post ineffiziente Allokationen ist aber nur möglich, wenn Nachverhandlungen ausgeschlossen werden können und (eine Gruppe) der Finanziers motiviert werden kann, die Sanktion tatsächlich umzusetzen. Die Unterstellung einer Selbstbindungsmöglichkeit ist daher nur akzeptabel, wenn der resultierende Vertrag genügend Freiheitsgrade hat, die hierfür noch genutzt werden können. Wie bereits in Abschnitt 2.1.5 angedeutet, muß die Annahme, daß eine solche Selbstbindung 'irgendwie' möglich ist, 'weiße Flecken' in der Theorie optimaler Finanzierungsverträge hinterlassen. Die in Abbildung 2.1 illustrierte Auszahlung an die Investoren ist ein solcher. Das Modell kann eben nur deren Lage und Umrisse liefern.

2.2.3 Der Verschuldungsgrad

Bei einem exogen fixierten α wird der optimale Vertrag die Möglichkeiten der Beteiligungsfinanzierung immer vollständig ausschöpfen. Damit ergibt sich eine feste Relation zwischen den Eigenkapitalanteilen der externen Finanziers (*outside equity*) und denen der Entscheidungsträger in der Firma (*inside equity*). Infolgedessen ist Kreditfinanzierung die marginale Finanzierungsquelle, und die Kapitalstruktur ergibt sich trivial aus dem Finanzierungsbedarf. Bis zu einem gewissen Grad mag dies für die tagtäglichen Finanzierungsentscheidungen durchaus zutreffen. Typischerweise puffern kurzfristige Kredite unvorhergesehene Liquiditätsentwicklungen. Eine grundsätzliche Betrachtung des Finanzierungsproblems wäre jedoch zu eng angelegt, wenn gezielte Änderungen der Kapitalstruktur, wie Aktienemission oder *leveraged buyouts* nicht berücksichtigt würden. Um die optimale Kapitalstruktur zu bestimmen, benutzen wir nun Proposition 2.2 und formulieren das Vertragsproblem in den Instrumenten $\{\alpha, D\}$:

Programm 2.2

$$\max_{\alpha,D} \quad (1-\alpha)\int_{\underline{\pi}}^{\overline{\pi}} (\pi - D)\, dF \tag{2.4}$$

u.d.N.

$$\int_{\underline{\pi}}^{D} \pi\, dF + \int_{D}^{\overline{\pi}} (D + \alpha(\pi - D))\, dF - m(\alpha) \geq I - W. \tag{2.4a}$$

Um eine spätere Bezugnahme zu erleichtern, definieren wir an dieser Stelle das erwartete Endvermögen der Firma $\mathcal{W}(\alpha, D; F)$ (der Maximand in (2.4)) und das erwarte Nettoendvermögen der Firma $\mathcal{V}(\alpha, D; F)$ (die linke Seite von (2.4a)).

Sei $W_o = I - \underline{\pi}$ das Schwellenvermögen der Firma, unterhalb dessen eine Finanzierung durch risikolose Darlehen nicht mehr möglich ist, λ der Lagrange–Multiplikator der Partizipationsbeschränkung, und $\{\alpha^*, D^*, \lambda^*\}$ die Lösung von Programm 2.2 für $W < W_o$. Vorausgesetzt, daß $1 > (1-\alpha^*)(D^* - \underline{\pi})/L$, was hier angenommen wird, dann ist dies auch die Lösung von Programm 2.1. In diesem Fall bindet (2.3d) nicht, und die anderen Beschränkungen sind konstruktionsbedingt eingehalten. Dann lassen sich die Implikationen bezüglich der optimalen Kombination von Kredit– und Beteiligungsfinanzierung wie folgt zusammenfassen:

Proposition 2.3 *Die Firma finanziert sich durch Darlehen und Eigenkapital,* $\alpha^* > 0$, $\underline{\pi} < D^* < \overline{\pi}$. *Agency–Kosten treiben einen Keil zwischen die Kosten interner und externer Finanzierungsmittel,* $\lambda^* = 1/(1 - F(D^*)) > 1$. *Die optimale Kapitalstruktur ist determiniert durch die bindende Partizipationsbeschränkung und:*[19]

[19] E[|] bezeichnet den bedingten Erwartungswert.

$$F(D)(1 - F(D)) \cdot (\mathrm{E}[D - \pi|\pi < D] + \mathrm{E}[\pi - D|\pi > D]) = m'(\alpha). \quad (2.5)$$

Wenn die Eigenmittel im Verhältnis zum Investitionsbedarf hoch sind ($W > W_o$), finanziert sich die Firma ausschließlich durch risikolose Kredite ($D \leq \underline{\pi}$). Kann der Finanzierungsbedarf hierdurch allein nicht gedeckt werden, werden risikobehaftete Kredite und Beteiligungskapital aufgenommen. Die damit verbundenen Agency–Kosten verteuern die externen Mittel zusätzlich. Könnte eine Einheit externer Finanzierung durch interne Mittel ersetzt werden, würde sich das erwartete Endvermögen um mehr als eine Einheit erhöhen. In diesem Sinne sind interne Finanzierungsmittel 'billiger' als externe. Bezüglich der beiden Möglichkeiten externer Finanzierung ergibt sich jedoch keine eindeutige Rangfolge.

Ausfallbedrohter Kredit wird nur aufgenommen, weil es die Partizipationsbeschränkung so erfordert. Der marginale Ertrag ist die Erhöhung der Auszahlungen in guten Zuständen. Die Kosten bestehen in der steigenden Sanktionswahrscheinlichkeit bei niedrigen Erträgen. Die Nachteile einer Ausweitung der Beteiligungsfinanzierung bestehen in marginalen Kosten der Kontrollen und Rigiditäten, die zur Erhöhung der Aneignungskosten in Kauf zu nehmen sind (m'). Diesen stehen aber zweierlei Erträge gegenüber. Wie Kredit erhöhen sie die Auszahlungen in guten Zuständen (der Term $\mathrm{E}[\pi - D|\pi > D]$ in Gleichung (2.5)). Zum anderen verringern sich die Sanktionsnotwendigkeit in schlechten Zuständen (der Term $\mathrm{E}[D - \pi|\pi < D]$). Theoretisch ergibt sich damit die Möglichkeit, daß die Firma netto aus einer Erhöhung von α Gewinn ziehen könnte. Dies tritt allerdings nur bei einem Verschuldungsgrad ein, der so hoch ist, daß die erwarteten Sanktionsverluste größer sind als die für den Solvenzfall erwarteten Firmenüberschüsse. In diesem Fall würde die Firma jedoch auf die Durchführung des Vorhabens verzichten. Wenn das erwartete Endvermögen der Firma mit dem optimalen Vertrag jedoch positiv ist, gilt $\mathcal{W}_\alpha < 0$. Mit dieser Vorzeichenrestriktion werden wir später in der Lage sein, eindeutige komparativ statische Ergebnisse für den optimalen Verschuldungsgrad abzuleiten. Damit liefert uns das Modell einen konsistenten und zugleich bequemen Rahmen für die weitere Analyse. Nicht nur, daß Kredit– und Beteiligungsfinanzierung tatsächlich optimale Finanzierungsinstrumente sind, wir erhalten auch eine innere Lösung für die optimale Kapitalstruktur, die sich durch die Bedingungen erster Ordnung charakterisieren läßt.[20]

---

[20] In Chang (1992) wird ebenfalls eine Kombination von Kredit und Beteiligungskapital als optimale Finanzierung abgeleitet. Die 'Mechanik' des Modells ist jedoch eine gänzlich andere. Die Vereinbahrung eines festen Rückzahlungsbetrages dient als Mechanismus, mit dem eine Restrukturierung des Unternehmens in einem ganz bestimmten Umweltzustand erzwungen werden kann.

2.3 Verhaltensineffizienz und aktive Finanziers

Die Annahme proportionaler Aneignungsverluste lädt zu einer Verallgemeinerung geradezu ein. Auch wissen wir aus Proposition 2.1, daß ineffizientes Verhalten der Entscheidungsträger bei proportionalen Aneignungskosten keine Eigenschaft optimaler Verträge sein kann. Wir werden daher in diesem Abschnitt Bedingungen betrachten, unter denen optimale Finanzierungsverträge durch ineffizientes Verhalten charakterisiert sind. Darüberhinaus führen wir bedingte Interventionen der Finanziers ein, die bislang unberücksichtigt blieben. Um das Modell überschaubar zu halten, betrachten wir das Regime zustandsunabhängiger Beschränkungen und Kontrollen als exogen gegeben und unterstellen, daß kein illiquides Vermögen existiert (entsprechend werden α und L in der Notation unterdrückt).

2.3.1 Das Modell

Es erscheint plausibel anzunehmen, daß Statuskonsum am Arbeitsplatz, die aus unproduktiven Liebhaberprojekten gezogene Befriedigung oder die Begünstigung von befreundeten Kollegen unter abnehmenden Grenznutzen leidet. Auch bei einer vertragswidrigen Vermögensaneignung werden die Kosten von Bewertungsmanipulationen, Fälschungen der Buchhaltung etc. ab einem gewissen Punkt überproportional zunehmen. Mit zunehmender Abweichung vom erstbesten Verhalten, wird die Differenz zwischen dem Vermögensverlust und dem Geldwertäquivalent des daraus gezogenen Nutzens immer größer. Wir unterstellen daher eine konvexe Aneignungskostenfunktion.[21] Die Intensität bedingter Interventionen wird gemessen durch die Variable $\beta(\pi) \in [1, \bar{\beta}]$, wobei $\beta = 1$ anzeigt, daß die Finanziers passiv bleiben. Die Kosten der Interventionen werden in der Variablen $k(\beta)$ erfasst.

Wir ersetzen die Annahme 2.1 des vorangegangenen Abschnitts durch:

Annahme 2.2
$h(\theta - \pi, \beta) = a(|\theta - \pi|)\beta(\pi)$ *mit*
(i) $0 \leq a'\bar{\beta} < 1, \quad a'' > 0, \quad a''' \leq 0 \;\; \forall \pi \neq \theta$ *und*
(ii) $k(1) = 0,\; k' > 0,\; k'' > 0,\; k(\bar{\beta}) = \infty.$

Die Unterstellung eines multiplikativen Zusammenhangs von a und β ist nur durch die technischen Vereinfachungen gerechtfertigt, die sich hieraus

[21] Natürlich gibt es auch plausible Gegenbeispiele. Das Prestige, welches aus dem Aufbau von Firmenimperien gezogen wird, kann in gewissen Bereichen zunehmende Skalenerträge aufweisen. Ein absolut gesehen kleiner Größenzuwachs, der einen zum Branchenprimus befördert, bringt vielleicht einen größeren Prestigegewinn als der gleiche Zuwachs weiter unterhalb in der Größenhierarchie. In diesem Fall würden die Aneigungskosten in gewissen Bereichen unterproportional zunehmen und an bestimmten Stellen Sprungstellen aufweisen. Da es sich hierbei eher um eine Ausnahme handeln dürfte, wird diese Möglichkeit nicht weiter betrachtet.

ergeben. Sie erlaubt uns, die optimale Aneignung und die Bestimmung externer Interventionen weitgehend unabhängig voneinander zu untersuchen. Bezüglich der Steigung von a wird nicht ausgeschlossen, daß marginale Aneignungsverluste auch für sehr geringe Mengen positiv sind. In diesem Fall ist a an der Stelle null nicht differenzierbar, aber die rechts– (und linksseitige) Ableitung existieren, mit $\lim_{x \to 0} a'(x) > 0$. $a'\bar{\beta} < 1$ gewährleistet, daß sich auch bei intensivster Intervention der Finanziers ein globales Anreizproblem ergibt. Schließlich ist $a''' \leq 0$ hinreichend dafür, daß a''/a' in $\theta - \pi$ abnimmt. Die Annahme wird später benötigt, um gewisse Vorzeichen eindeutig zu determinieren.

Da die Finanziers für $\beta = 1$ passiv bleiben entstehen auch keine Interventionskosten, entsprechend gilt $k(1) = 0$. $k' > 0$ erlaubt es uns den Fall passiver Finanziers als Randlösung zu betrachten während $k(\bar{\beta}) = \infty$ sicherstellt, daß die obere Grenze für die Interventionsintensität nicht erreicht wird.

Wenn der Finanzierungsvertrag ineffizientes Verhalten nicht ausschließt und damit ein Auseinanderfallen von π und θ ermöglicht, stellt sich die Frage, wie weit der realisierte Ertrag unter $\underline{\theta}$ fallen kann. Für diese untere Grenze nehmen wir ohne Einschränkung der Allgemeinheit an: $\underline{\pi} = 0$. Schließlich erweist es sich als notwendig, eine qualitative Einschränkung der betrachteten Verteilungsfunktionen einzuführen.

Annahme 2.3 : *$1 - F$ ist log–konkav, was äquivalent zu einer nicht abnehmenden Hazard–Rate ist: $d(f/(1-F))/d\theta \geq 0$.*

Die Eigenschaft der Log–Konkavität wird für die zweiten Ordnungsbedingungen und komparativ statische Überlegungen benötigt. Sie kann als eine Art stochastisches Pendant zur Hypothese abnehmenden Grenzerträge verstanden werden. Mit ihr wird gewährleistet, daß mit zunehmendem θ die Aussicht auf Zusatzerträge schwindet. Genauer, der bedingte Erwartungswert von zusätzlichen Erträgen $E[\theta - \hat{\theta} | \theta \geq \hat{\theta}]$ nimmt mit zunehmendem Ertragsniveau $\hat{\theta}$ ab.[22]

2.3.2 Das Finanzierungsproblem

Die beobachtbaren Größen des Finanzierungsvertrages sind die Auszahlungsfunktion $s(\pi)$ und die Interventionsfunktion $\beta(\pi)$. Diese induzieren ein gewisses Aneignungsverhalten der Firma, welches annahmegemäß nicht beobachtbar ist. Dennoch sind sich die Parteien natürlich über die Auswirkungen im klaren und werden diese bei der Vertragsgestaltung korrekt antizipieren. Die nächstliegende Vorstellung ist daher, daß die Parteien über die vereinbarten Auszahlungs– und Interventionsprofile $\{s(\pi), \beta(\pi)\}$ indirekt das Verhalten der Firma steuern. Aus analytischen Gründen werden wir jedoch wiederum

[22] Eine detaillierte Diskussion der Log–Konkavität findet sich bei Bagnoli & Bergstrom (1989). Zu allgemeineren Konkavitätsmaßen siehe Caplin & Nalebuff (1991a). Die hier benötigten Implikationen sind im Anhang 6.4 erläutert.

zunächst den direkten anreizkompatiblen Vertrag untersuchen, in dem die unbeobachtbare Zufallsgröße θ direkt zur Vertragsgrundlage gemacht wird, wobei die Anreizkompatibilitätsbedingung gewährleistet, daß es im besten Interesse der Firma liegt, die Realisation von θ wahrheitsgemäß anzugeben. Damit wird der Vertrag über die Variablen $\{s(\theta), \beta(\theta), \pi(\theta)\}$ abgeschlossen.

Im vorangegangenen Abschnitt konnten wir die optimalen Verträge ohne jegliche a–priori Einschränkungen über deren Form ableiten. Nun werden wir uns auf die Klasse stückweise kontinuierlicher Funktionen beschränken und optimale Kontrolltheorie zur Charakterisierung des Vertrages heranziehen. Hierzu sind allerdings eine Reihe von Umformungen erforderlich.

Zunächst einmal ist a an der Stelle null u.U. nicht differenzierbar. Aus technischen Gründen führen wir daher die Beschränkung:

$$0 \leq \theta - \pi(\theta) \tag{2.6}$$

ein und betrachten nur die rechtsseitige Ableitung. Weiter ist es zweckmäßig, im Optimierungsproblem die Auszahlungen s durch das Endvermögen der Firma w zu ersetzen. Wenn die Firma θ wahrheitsgemäß angibt, ergibt sich w als:

$$w(\theta) \equiv \theta - s(\theta) - a(\theta - \pi(\theta))\beta(\theta). \tag{2.7}$$

Die dazugehörige Auszahlung an die Finanziers ist:

$$V(\theta) \equiv s(\theta) - k(\beta(\theta)) = \theta - w(\theta) - a(\theta - \pi(\theta))\beta(\theta) - k(\beta(\theta)).$$

Angenommen, die Firma gibt bei einer Realisation von θ ein (möglicherweise falsches) $\tilde{\theta}$ an. In diesem Fall erzielt sie den Vermögensendwert:

$$\tilde{w}(\theta, \tilde{\theta}) \equiv \theta - s(\tilde{\theta}) - a(\theta - \pi(\tilde{\theta}))\beta(\tilde{\theta}).$$

Mit dieser Definition von $\tilde{w}(\theta, \tilde{\theta})$ kann die zu (2.1) äquivalente Anreizkompatibilitätsbedingung geschrieben werden als:

$$w(\theta) \geq \tilde{w}(\theta, \tilde{\theta}), \qquad \forall \tilde{\theta}, \theta. \tag{2.8}$$

Um diese globale Restriktion in ein der Kontrolltheorie zugängliches Format zu bringen, werden wir sie durch eine erste Ordnungsbedingung und weitere Nebenbedingungen ersetzen, die zusammen gewährleisten, daß die Angabe der Wahrheit immer die optimale Strategie ist.[23]

Aus den Definitionen von w und $\tilde{w}$ folgt, daß $w(\theta) \equiv \tilde{w}(\theta, \theta)$ und daher $w'(\theta) = \tilde{w}_\theta(\theta, \theta) + \tilde{w}_{\tilde{\theta}}(\theta, \theta)$. Weiter definieren wir eine Hilfsvariable $g(\theta) \equiv \tilde{w}_{\tilde{\theta}}(\theta, \theta)$ und erhalten:

[23]Das Transformationsverfahren geht zurück auf Guesnerie & Laffont (1984). Eine vereinfachte Darstellung findet sich in Laffont (1989). Unsere Analyse hat viele Parallelen zu Maggi & Rodríguez-Clare (1995).

$$w'(\theta) = 1 - a'(\theta - \pi(\theta))ß(\theta) + g(\theta). \tag{2.9}$$

Die Firma maximiert $\tilde{w}(\theta, \tilde{\theta})$ durch die Wahl von $\tilde{\theta}$, und die Anreizbedingung erfordert, daß θ der Maximierer ist.

Betrachten wir zunächst den Fall, in dem die Beschränkung (2.6) nicht bindet, also $\pi < \theta$ gilt. Die erste Ordnungsbedingung für die Angabe von θ ist $\tilde{w}_{\tilde{\theta}}(\theta, \theta) = -s' + a'ß\pi' - aß' = 0$, bzw. $g(\theta) = 0$. Die zweite Ordnungsbedingung erfordert $\tilde{w}_{\tilde{\theta}\tilde{\theta}}(\theta, \theta) < 0$. Da die erste Ordnungsbedingung für alle θ erfüllt sein muß, und daher den Status einer Identität hat, gilt $\frac{d}{d\theta}\tilde{w}_{\tilde{\theta}}(\theta, \theta) = \tilde{w}_{\tilde{\theta}\tilde{\theta}}(\theta, \theta) + \tilde{w}_{\tilde{\theta}\theta}(\theta, \theta) = 0$. Die zweite Ordnungsbedingung ist daher erfüllt, wenn $\tilde{w}_{\tilde{\theta}\theta}(\theta, \theta) \geq 0$ bzw.:

$$0 \leq a''(\theta - \pi(\theta))\pi'(\theta) - a'(\theta - \pi(\theta))ß'(\theta). \tag{2.10}$$

Diese Restriktion ist wiederum erfüllt, wenn $\pi' \geq 0$ und $ß' \leq 0$, weshalb sie auch als Monotonie–Bedingung bezeichnet wird.

Nun betrachten wir ein Intervall, auf dem die aus technischen Gründen eingeführte Bedingung (2.6) mit Gleichheit erfüllt ist, für das also $\theta = \pi$ gilt. Es ist notwendig und hinreichend, daß $\tilde{w}_{\tilde{\theta}}(\theta, \theta) \geq 0$ ist, woraus für die Hilfsvariable $g(\theta) \geq 0$ folgt. Damit können wir die Anreizbedingung (2.8) durch die Bedingungen (2.9) und (2.10) und

$$0 \leq g(\theta), \qquad 0 = (\theta - \pi(\theta))g(\theta)$$

ersetzen.

Aus der Anreizbedingung (2.9) folgt, daß das Endvermögen der Firma in θ zunimmt, $w'(\theta) > 0$. Für einen anreizkompatiblen Vertrag ist die Vermögensbeschränkung daher erfüllt, wenn gewährleitet ist, daß sie an der unteren Grenze erfüllt ist.

Durch Zusammenfassen all dieser Schritte erhalten wir das folgende Kontrollproblem mit der Zustandsvariablen w den Kontrollvariablen π, $ß$ und der technischen Hilfsvariablen g.

Programm 2.3

$$\max_{w(\theta), \pi(\theta), ß(\theta)} \int_{\underline{\theta}}^{\bar{\theta}} w(\theta)\, dF \tag{2.11}$$

u.d.N.

$$0 \leq \int_{\underline{\theta}}^{\bar{\theta}} [\theta - k(ß(\theta)) - w(\theta) - a(\theta - \pi(\theta))ß(\theta)]\, dF - (I - W) \quad (2.11a)$$

$$w'(\theta) = 1 - a'(\theta - \pi(\theta))ß(\theta) + g(\theta) \quad (2.11b)$$

$$0 = (\theta - \pi(\theta))g(\theta) \quad (2.11c)$$

$$0 \leq g(\theta) \quad (2.11d)$$

$$0 \leq a''(\theta - \pi(\theta))\pi'(\theta) - a'(\theta - \pi(\theta))ß'(\theta). \quad (2.11e)$$

$$0 \leq \theta - \pi(\theta) \qquad \forall\, \theta \in \Theta \quad (2.11f)$$

$$0 \leq \pi(\theta) \qquad \forall\, \theta \in \Theta \quad (2.11g)$$

und Anfangs– und Endbedingungen:

$$w(\underline{\theta}) \geq \underline{\theta} - a(\underline{\theta} - \pi(\underline{\theta}))ß(\underline{\theta}), \qquad w(\bar{\theta}) \;\; \textit{frei}. \quad (2.11h)$$

Wie bereits im vorhergehenden Abschnitt ergibt sich ein kritischer Schwellenwert des Anfangsvermögens W_o, bei dessen Unterschreitung eine Finanzierung ohne Agency–Kosten nicht mehr möglich ist: $W_o = a'(0) \int_\Theta \theta dF$. Der Lagrange–Multiplikator der Partizipationsbeschränkung (2.11a) ist λ.

2.3.3 Ineffizientes Firmenverhalten

Wir untersuchen die Eigenschaften des optimalen Vertrages wiederum in mehreren Einzelschritten. Zunächst sei unterstellt, daß externe Eingriffe durch die Finanziers gänzlich unterbleiben, also $ß = 1$ gilt. In diesem Fall kann der Vertrag nur Kompromisse in bezug auf die Verhalteneffizienz der Firma eingehen, wobei wir uns auch für die Randlösungen interessieren.

Proposition 2.4 *Wenn Interventionen der Finanziers unterbleiben und der Erwartungswert der geforderten Auszahlungen hinreichend hoch ist, können drei Ertragsbereiche unterschieden werden. In einem (möglicherweise leeren) Bereich der schlechtesten Realisationen eignet sich die Firma den gesamten Ertrag an, entsprechend gehen die Finanziers leer aus. In einem mittleren Bereich steigt die Auszahlung bei sinkender Aneignung mit zunehmenden Erträgen stark an. In einem (möglicherweise degenerierten) Bereich der besten Erträge verhält sich die Firma effizient, und die Auszahlung steigt mit konstanter Rate.*
Aus den Annahmen 2.2, 2.3 sowie $ß = 1$ und $W < W_o$ folgt, daß die Lösung von Problem 2.3 die folgende Form besitzt: $g(\theta) = 0$ und

$$\left.\begin{array}{r} \pi = 0 \\ s = 0 \end{array}\right\} \quad \textit{für} \quad \theta \in [\underline{\theta}, \max\{\check{\theta}, \underline{\theta}\}],$$

$$\left.\begin{array}{r} \pi < \theta,\ \pi' > 1 \\ s'(\theta) = a'(\theta - \pi) \cdot \pi' \end{array}\right\} \quad \textit{für} \quad \theta \in (\max\{\check{\theta}, \underline{\theta}\}, \hat{\theta}),$$

$$\left.\begin{array}{r} \pi = \theta \\ s'(\theta) = a'(0) \end{array}\right\} \quad \textit{für} \quad \theta \in (\hat{\theta}, \bar{\theta}].$$

Auf dem Intervall $[\check{\theta}, \hat{\theta}]$ ist π implizit definiert durch:

$$f(\theta)a'(\theta - \pi)\lambda = (1 - F(\theta))a''(\theta - \pi)(\lambda - 1). \tag{2.12}$$

$\check{\theta}$ und $\hat{\theta}$ sind die Lösungen von (2.12) für $\pi = 0$ bzw. $\theta - \pi = 0$.

Die Vertragseigenschaften werden durch den schon bekannten Zielkonflikt bestimmt. Um die Partizipationsbeschränkung der Finanziers zu erfüllen, müssen hohe Auszahlungen erreicht werden. Da bei schlechter Ertragslage aufgrund der Vermögensbeschränkung nicht viel ausgezahlt werden kann, müssen die Auszahlungen mit steigenden Erträgen rasch anwachsen. Je mehr vom zusätzlichen Ertrag an die Finanziers abgeführt werden muß, desto stärker wird der Anreiz zur ineffizienten Vermögensaneignung. Da wir Sanktionen und Interventionen gedanklich ausgeschlossen haben, ist die Aneignung nicht immer vermeidbar. Die damit verbundenen Kosten 'lohnen' sich bei niedrigen Erträgen mehr als bei guten. Angenommen, wir erhöhen die Aneignung bei θ um einen marginalen Betrag und halten dabei den Erwartungsnutzen der Firma konstant. Die Kosten sind fa' multipliziert mit dem Schattenpreis externer Mittel λ. Gemäß der Anreizbedingung (2.11b) erlaubt dies eine Erhöhung der Auszahlungen um a'' nicht nur an der Stelle θ sondern für alle besseren Realisationen, die mit Wahrscheinlichkeit $(1 - F)$ eintreten. Der Nettowert dieser Transfers ist $(\lambda - 1)$, die Differenz zwischen dem Schattenpreis externer Mittel und dem Grenznutzen des Einkommens. Gemäß Gleichung (2.12) wird π so gewählt, daß die Grenzkosten der Aneignung dem Grenzgewinn der damit ermöglichten Steigerung der Auszahlungen entsprechen. Die Gleichung kann umformuliert werden zu:

$$\frac{f(\theta)}{1 - F(\theta)} = \frac{a''(\theta - \pi)}{a'(\theta - \pi)}(1 - \frac{1}{\lambda}).$$

Aus Annahme (2.2) folgt, daß die rechte Seite mit zunehmender Aneignung $(\theta - \pi)$ abnimmt. Die Log–Konkavität von $(1 - F)$ (Annahme 2.3) impliziert, daß die linke Seite in θ monoton zunimmt. Um Gleichheit herzustellen muß $\theta - \pi(\theta)$ mit steigendem θ abnehmen. Da der Gewichtungsfaktor der Kosten im Verhältnis zum Gewichtungsfaktor der Erträge zunimmt, läßt die Hebelwirkung der Aneignung mit zunehmendem Ertrag nach, und entsprechend kleiner wird die Abweichung vom erstbesten Verhalten.

Die Proposition 2.4 charakterisiert die Zusammenhänge zwischen dem potentiellen Ertrag θ, eine Variable, die annahmegemäß unbeobachtbar sein soll, und den beobachtbaren Größen Auszahlung und realisierter Ertrag. Empirisch gehaltvoll sind daher nur deren Implikationen für den Zusammenhang zwischen den beiden beobachtbaren Größen selbst, also das Auszahlungsprofil $s(\pi)$.

Korollar 2.1 *Die Zahlungen an die beiden Parteien nehmen in den realisierten Erträgen strikt zu. Für sehr hohe Erträge sind sie linear. Ansonsten*

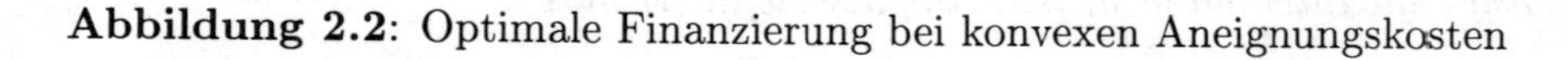

Abbildung 2.2: Optimale Finanzierung bei konvexen Aneignungskosten

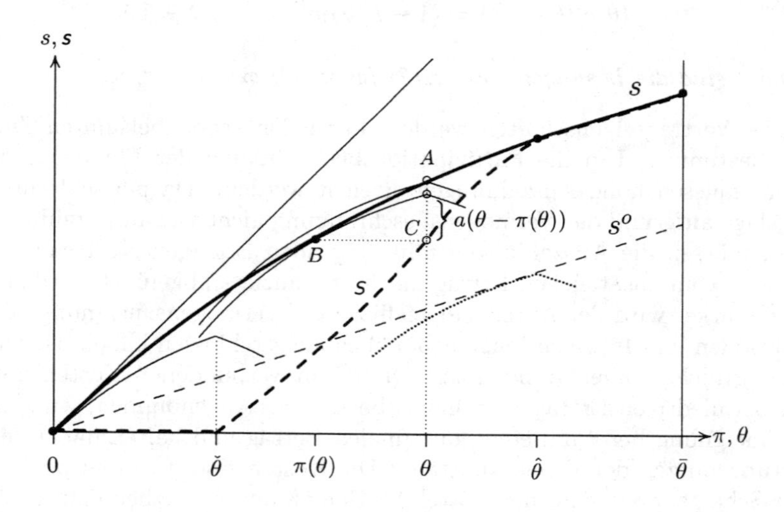

ist das Einkommen der Firma streng konvex und dementsprechend die Auszahlungen an die Finanziers streng konkav.
$\exists\, \hat{\pi} \in (\underline{\theta}, \bar{\theta})$, *so daß:*

$$s'(\pi) = a'(\theta - \pi) > a'(0),\ s''(\pi) < 0 \qquad \textit{für } \pi < \hat{\pi}$$
$$s'(\pi) = a'(0),\ s''(\pi) = 0 \qquad \textit{für } \pi > \hat{\pi}\,.$$

Auch diese Ergebnisse lassen sich grafisch einfach illustrieren. In Abbildung 2.2 sind Auszahlungsfunktionen und die zustandsabhängigen Indifferenzkurven der Firma dargestellt. An der Abszisse sind zunächst die potentiellen Erträge θ abgetragen. Darüberhinaus lassen sich aber auch die Werte der realisierten Erträge $\pi(\theta)$ abbilden. Die dünn gestrichelte Gerade s^o mit Steigung $a'(0) > 0$ steht für die höchsten Auszahlungen, die ohne Effizienzverluste erreichbar sind. Die punktierte Kurve stellt die dazugehörige Indifferenzkurve der Firma für $\hat{\theta}$ dar. Wenn Aneignung auch bei kleinen Beträgen ineffizient ist, haben die Indifferenzkurven einen Knick an der Stelle des potentiellen Ertrages. Tiefer liegende Indifferenzkurven repräsentieren ein höheres Endvermögen für die Firma. Da mit diesem Auszahlungsplan kein Anreiz für Aneignung verbunden ist, gibt es keinen Unterschied zwischen s^o und s^o.

Wenn die Partizipationsbeschränkung mit diesem Vertrag nicht erfüllt werden kann, müssen die Auszahlungen gesteigert werden. Die verstärkt eingezeichnete Kurve $s(\pi)$ stellt eine mögliche Auszahlungsfunktion dar, die nur um den Preis ineffizienter Aneignung vereinbart werden kann. Angenommen, die Firma beobachtet ein Ertragspotential θ. Wenn sie dieses tatsächlich realisieren würde, erhielte sie $\theta - s(\theta)$, was in der Abbildung dem Punkt

A entspricht. Durch Aneignung des Betrages $\theta - \pi(\theta)$ bewegt sie sich zum Punkt B, wo sie ihre Zielfunktion maximiert. Obwohl ihr beobachtbares Einkommen dort mit $\pi(\theta) - s(\pi(\theta))$ kleiner ist, wird sie durch den Gewinn aus der Aneignung mehr als entschädigt. Die damit für θ effektiv erzielte Auszahlungsfunktion $s(\theta)$ ist als gestrichelte Linie eingezeichnet. Der mit der Aneignung verbundene Verlust läßt sich ablesen an der Differenz zwischen der Zahlung, die die Firma bei effizientem Verhalten zu B indifferent machen würde, und der tatsächlich erzielten Auszahlung bei C.

Die Konkavität des optimalen Auszahlungsprofils, und damit einhergehend die Konvexität des Einkommens der Firma, paßt grundsätzlich zu der im vorangegangenen Abschnitt abgeleiteten Kredit- und Beteiligungsfinanzierung. Allerdings läßt sich das optimale Auszahlungsprofil mit einer einfachen Kombination der beiden Instrumente nicht mehr implementieren. Möglichkeiten der Annäherung an den gekrümmten Verlauf der Kurve bieten naturgemäß die 'Zwischenformen', etwa Vorzugsaktien und Genußscheine. Eine weitere Möglichkeit, ein solches Auszahlungsprofil praktisch zu implementieren, besteht darin, die Entscheidungsträger innerhalb der Firma neben Aktienanteilen mit Call–Optionen zu kompensieren.[24] Wie unser Einführungsbeispiel der Anreizentlohnung bei General Dynamics gezeigt hat, läßt sich der gekrümmte Verlauf durch die Kombination von Optionen mit unterschiedlichen Ausübungspreisen annähern (vergleiche Abbildung 1.1). Während eine Finanzierung durch Vorzugsaktien/Genußscheine und Vergütungspläne mit Aktienoptionen gut zu diesem Modell passen, steht eine Finanzierung durch Call–Optionen im Widerspruch zu dieser Theorie. Tatsächlich spielen isolierte Optionen für die Unternehmensfinanzierung praktisch keine Rolle. Sie werden jedoch im Zusammenhang mit der Kreditaufnahme etwa bei Optionsschuldverschreibungen und Wandelschuldverschreibungen eingesetzt. Mit diesen Instrumenten ergibt sich ein in bestimmten Bereichen konvexes Auszahlungsprofil für die Finanziers, welches mit dem hier vorgestellten Anreizproblem nicht erklärt werden kann.

In dem Zielkonflikt zwischen Mindestauszahlung und Verhaltensanreizen sind auch die Randlösungen von Interesse. Bei hohem Ertragspotential ($\theta > \hat{\theta}$) schließt der optimale Vertrag ineffiziente Aneignung aus. Nur für den Fall $a'(0) = 0$ degeneriert das Intervall, in dem erstbestes Verhalten implementiert wird, zum Punkt $\{\bar{\theta}\}$.[25] Von diesem Grenzfall einmal abgesehen, ist die empirisch beobachtbare Auszahlungsfunktion s bei hohen Erträgen linear. Dies läßt sich sowohl bei den Finanzierungsinstrumenten als auch den Vergütungsmustern regelmäßig beobachten. Damit liefert das Modell auch

---

[24]Ein ähnliches Resultat wird in Chiesa (1992) abgeleitet, der explizit die die Kompensation mittels Optionen betrachtet. In unserem Einperiodenmodell ohne Dividendenzahlung und Stimmrechtsproblematik entsprechen Aktien aus analytischer Sicht ohnehin einer Optien auf den Kauf der Firma, wobei der Ausübungspreis dem nominellen Rückzahlungsbetrag der Kredite entspricht.

[25]In der Terminologie der Prinzipal–Agent Modelle wird diese Eigenschaft auch als '*no distortion at the top*' bezeichnet.

eine mögliche Begründung für die Tatsache, daß die Ausübungspreise bei Optionsvergütungen üblicherweise nicht allzuweit von den Marktwerten entfernt liegen. Es sei daran erinnert, daß auch im Zuge der Vergütungsneuordnung bei General Dynamics die alten durch die Kursentwicklung weitgehend entwerteten Optionen durch neue mit marktnäheren Basispreisen ersetzt wurden.

Wenn die Nicht–Negativitätsbedingung (2.11g) bindet, existiert ein Bereich niedriger Ertragspotentiale, in dem sich die Firma alles aneignet und keine Zahlungen mehr an die Finanziers leistet. Selbst wenn die Verteilung der Ertragspotentiale F ohne Massepunkte ist, würde sich ein solcher für die realisierten Erträge π bei null bilden. Einem Beobachter könnte sich der Eindruck aufdrängen, daß im Insolvenzfall 'zu häufig' kein Vermögen mehr vorzufinden ist. In der Tat werden in Deutschland etwa drei Viertel der Konkursanträge mangels Masse abgewiesen. Hinzu kommen Insolvenzen, bei denen die Masselosigkeit bereits absehbar und auf ihre Feststellung gleich verzichtet wurde (App (1995)). Natürlich kann hier nicht behauptet werden, daß dieser Anteil im Sinne einer vermuteten Verteilung von θ zu häufig ist. Im Rahmen der Diskussion über die Reform des Insolvenzrechtes spielten jedoch Klagen über Konkursverschleppungen, die Plünderung konkursbedrohter Unternehmen durch gezielte Vermögensverschiebungen etc. eine wichtige Rolle (Uhlenbruck (1983)). Natürlich sind diesen Verhaltensweisen rechtliche Grenzen gesetzt. Es erscheint jedoch realistisch, davon auszugehen, daß juristische Sanktionsmöglichkeiten aufgrund der hier unterstellten Beobachtbarkeitsprobleme nur ein unzureichender Ersatz für die in schlechten Umweltzuständen erodierenden materiellen Anreize sein können.

Das vorliegende Modell erklärt, warum ein solches Verhalten eine Implikation optimaler Finanzierungverträge sein kann. Insbesondere bei kleinen Unternehmen dürfte der Mangel an illiquidem Vermögen und der hohe Aufwand aktiver Interventionen durch die Kapitalgeber dazu führen, daß schlechte Anreize bei widrigen Umweltbedingungen als kleineres Übel in Kauf genommen werden.

Diese Ergebnisse zur Anreizwirkung konvexer Auszahlungsprofile werfen auch ein neues Licht auf die seit Jensen & Meckling (1976) verbreitete Hypothese, daß ein hoher Verschuldungsgrad gut für die Leistungsanreize ist (die wir als Aneignungsproblem interpretiert haben), aber zu exzessiver Risikobereitschaft führen kann. Hiergegen ist einzuwenden, daß eine Substitution von Beteiligungsfinanzierung durch ausfallbedrohte Kreditfinanzierung keineswegs einer eindeutigen Verbesserung der Leistungsanreize gleichkommt. Die Verbesserung in guten Umweltzuständen, in denen die Entscheidungsträger nun mit einem höheren Anteil an einer Steigerung der Erträge partizipieren, geht mit einer Vergrößerung des Bereiches von Umweltzuständen einher, in dem Insolvenz eintritt und die Anreize für effizientes Verhalten besonders schlecht sind. Jensen & Meckling (1976) mogeln sich um diesen Trade–Off herum, indem sie die Leistungsanreize der Kreditfinanzierung unter der Annahme diskutieren, diese sei sicher. In diesem Fall bestimmt der Verschuldungsgrad nur die Steigung der Auszahlungsfunktion — nicht jedoch ihre Konvexitätseigenschaften. Die Risikoanreizwirkung setzt dagegen gerade voraus, daß Kredit ausfallbedroht, und damit die Auszahlungsfunktion konkav und die Kompensation der Entscheidungsträger konvex ist. Insofern ist der Zielkonflikt zwischen Leistungs– und Risikoanreizen unter inkonsistenten Annahmen abgeleitet. Unsere Ergebnisse machen deutlich, daß allein die Notwendigkeit der Bereitstellung von Leistungsanreizen zu einer inneren Lösung für die Kapitalstruktur führen würde. Allerdings läßt sich das optimale Auszahlungsprofil mit einer einfachen Kredit– und Beteiligungsfinanzierung im allgemeinen nicht implementieren.

2.3.4 Zustandsabhängige Interventionen

Der in Proposition 2.4 beschriebene Kontrakt zeichnet sich durch schwache finanzielle Anreize in schlechten Umweltzuständen aus. Es ist daher zu erwarten, daß die Finanziers von der Möglichkeit einer Erhöhung von Aneignungskosten gerade in diesen Situationen verstärkt Gebrauch machen und von kostspieligen Interventionen in besseren Zuständen zunehmend Abstand nehmen werden. Um diese Frage zu klären, wenden wir uns erneut dem Optimierungsproblem 2.3 zu. Wobei wir β nicht länger exogen fixieren, sondern als zu optimierendes Instrument betrachten. Zur Vereinfachung beschränken wir uns allerdings auf einen Bereich $\Theta_0 \subseteq \Theta$, für den der optimale Vertrag durch die Bedingungen erster Ordnung charakterisiert wird.

Proposition 2.5 *Während die Auszahlungen mit dem Ertragspotential θ ansteigen, nehmen ineffiziente Aneignung und kostspielige Interentionen ab. Für $\theta \in \Theta_0$ folgt aus den Annahmen 2.2, 2.3:*

$$\pi' > 1; \quad \beta' < 0; \quad s'(\theta) = a'\beta\pi' - \beta' a > 0.$$

β ist implizit definiert durch

$$f\lambda(k' + a) = (1 - F)a'(\lambda - 1), \tag{2.13}$$

und π löst (2.12).

Wie schon die Abweichung von effizientem Verhalten auf Seiten der Firma, balanciert auch die optimale Intervention der Finanziers die lokalen Kosten einer Erhöhung von s, die linke Seite von (2.13), gegen die Nettogewinne der erhöhten Auszahlung in allen besseren Zuständen, die rechte Seite von (2.13), an der Grenze aus. Aufgrund der Monotonie von π können wir auch dieses Ergebnis in den beobachtbaren Variablen ausdrücken.

Korollar 2.2 *Die Auszahlungen an die Finanziers s nehmen im realisierten Ertrag π zu, während die Interventionen der Finanziers β abnehmen:*

$$\beta'(\pi) < 0; \qquad s'(\pi) = a'\beta - \beta' a > 0.$$

Für einen negativen Zusammenhang zwischen Performance und Interventionswahrscheinlichkeit gibt es klare empirische Belege. So findet zum Beispiel Kaplan (1994a) und Kaplan (1994b), daß die Berufung von Externen in den Aufsichtsrat und personeller Wechsel in der Unternehmensführung mit niedrigen Erträgen und schlechter Kursentwicklung korreliert sind. Interessanterweise ist dieser Zusammenhang bei den ansonsten recht unterschiedlichen Systemen der Unternehmenskontrolle in den U.S.A. auf der einen und in Deutschland und Japan auf der anderen Seite ähnlich stark ausgeprägt. Noch massiver werden die Interventionen bei Insolvenz, wie Gilsons (1990) Untersuchung von 111 Aktiengesellschaften, die in Konkurs geraten waren oder zur Abwendung der Insolvenz Umschuldungsverhandlungen geführt haben, dokumentiert. Die Studie belegt einen hohen Personalaustausch in Management und Aufsichtsrat und die verbreitete Nutzung von Kreditklauseln, mit denen die Entscheidungsspielräume des Unternehmens in der Investitionspolitik erheblich beschnitten werden. So verloren jeweils mehr als die Hälfte der Aufsichtsratsmitglieder und Vorstandsvorsitzenden ihre Positionen. Kreditklauseln umfassen die Vorgabe finanzieller Kennziffern (Working Capital, Current Ratio, Nettovermögen und Verschuldungsgrad), Beschränkungen der Finanzierungsaktivität, Begrenzungen der Investitionstätigkeit nach ihrer Höhe und Art (bis hin zu einem Genehmigungsvorbehalt für größere Vorhaben). Die Eingriffe beziehen sich weiter auf den Transfer von Firmenvermögen, dessen Verkauf zum Teil erzwungen, teilweise unter Genehmigungsvorbehalt gestellt wird. Schließlich geben Finanziers für einzelne Ausgabearten, etwa für allgemeine Verwaltungsaufgaben, Obergrenzen vor und greifen selbst in Personalentscheidungen ein. Parallel zu dieser aktiveren Rolle der 'externen' Finanziers findet eine Konzentration des Aktienbesitzes bei einigen Hauptaktionären — häufig Banken — zu Lasten der alten 'Insider' statt.

Mit dem zusätzlichen Instrument β können wir nicht mehr sicher sein, daß die Auszahlungen in den realisierten Erträgen unbedingt konkav sein müssen. Dies würde erfordern, daß $s''(\pi) = a''\beta(1/\pi' - 1) + a'\beta' - a'\beta'(1/\pi' - 1) - a\beta''$ negativ ist. Aufgrund von $1/\pi' < 1$ haben alle Terme das gewünschte Vorzeichen, außer dem letzten, der unbestimmt ist. Leider können wir keine intuitiven Bedingungen für die Funktionen (a, k, F) anbieten, die gewährleisten würden, daß β'' positiv ist.

In dem hier betrachteten Modell trifft die Firma ihre Entscheidung unter Sicherheit. In Abschnitt 3.5 werden wir kurz die Möglichkeit betrachten, daß die Firma nach Abschluß des Vertrages, aber vor der Realisation von θ, die stochastischen Eigenschaften der Verteilung F im Sinne eines *Mean–Preserving–Spread* manipuliert (Risikoanreizproblem). Da die Firma annahmegemäß risikoneutral ist, sind für ihre diesbezüglichen Präferenzen allein die Eigenschaften des Finanzierungsvertrages verantwortlich. Die induzierte Risikopräferenz hängt jedoch nicht nur vom Auszahlungsprofil ab. Neben der 'offiziellen' Auszahlung geht schließlich auch das angeeignete Vermögen in die Zielfunktion der Firma ein. Differenzieren der Anreizbedingung (2.9) ergibt (zur Erinnerung $g = 0$):

$$w''(\theta) = -a'' \cdot (1 - \pi')ß - a'ß' > 0, \quad \forall \theta > \max\{\breve{\theta}, \underline{\theta}\},$$

woraus unter Verwendung von Proposition 2.4 folgt:

Korollar 2.3 *Das durch Aneignung und Auszahlung erzielte Firmenendvermögen ist lokal konvex im potentiellen Ertrag, es sei denn, die Nichtnegativitätsbedingung (2.11g) bindet und die Firma eignet sich den gesamten Ertrag an:*

$$w''(\theta) \begin{cases} > 0 & \theta > \max\{\breve{\theta}, \underline{\theta}\} \\ < 0 & \theta < \max\{\breve{\theta}, \underline{\theta}\}. \end{cases}$$

Wenn der optimale Vertrag der Firma auch in den schlechtesten Umweltzuständen noch Auszahlung an Finanziers vorsieht, dann ist w global konvex und das bekannte Risikoanreizproblem entsteht. Die Firma wird jeden *Mean–Preserving–Spread* strikt bevorzugen, und daher in gewissem Umfang auch eine Verringerung des Erwartungswertes in Kauf nehmen. Eignet sich die Firma in schlechten Zuständen jedoch den potentiellen Ertrag vollständig an, sind ihre Präferenzen hinsichtlich eines *Mean–Preserving–Spread* der Verteilung F unbestimmt.

2.4 Kostenträchtige Zustandsverifikation

Die Arbeit von Townsend (1979), der erstmalig Bedingungen für die Optimalität einer reinen Kreditfinanzierung formuliert hat, markiert den Beginn der systematischen Analyse der optimalen Ausgestaltung von Finanzierungsinstrumenten (*security design*). Frühere Beiträge hatten die Fragestellung auf die Kombination exogen gegebener Instrumente beschränkt. Die Arbeit hat auch deshalb einen nachhaltigen Einfluß auf spätere Untersuchungen gehabt, weil das einfache Ergebnis das Modell zu einem bequemen 'Baustein' für die Analyse weiterführender Fragen machte.[26]

Zentral für den Ansatz ist die Möglichkeit, den wahren Projektwert unter Aufbringung gewisser Kosten zu verifizieren. Mit der Verifikation wird die Informationsasymmetrie aufgehoben, was dahingehend interpretiert wird, daß die Anreizkompatibilitätsbedingung zwischen verifizierten Zuständen nicht mehr beachtet werden muß. Wird auf eine Verifikation verzichtet, kann sich der Agent den Projektertrag hingegen ungehindert im Verhältnis 1 : 1 aneignen. In diesem Sinne kombiniert das Modell die kostenträchtige Zustandsverifikation (*costly state verification* CVS) mit der Hypothese eines freien — im

[26] Eine Erweiterung des Modells auf zwei Perioden findet sich bei Chang (1990). Als Baustein wird der Ansatz u.a. in Seward (1990), Williamson (1986), Williamson (1987) verwendet. Eine ausführliche Diskussion des Modells findet sich bei Nippel (1994).

Sinne von nicht kontrahierbarem — Cash–flow. Da die Aneignung mit keinerlei Kosten verbunden ist, entspricht sie jedoch nicht ganz der Vorstellung, die mit *free–cash–flow* (FCF) üblicherweise verknüpft wird. Diese beinhaltet eben auch, daß die Mittel an die Kapitalmärkte zurückgegeben oder als Einkommen ausgezahlt werden sollten, da andere Verwendungen ineffizient sind.

Gelegentlich wird in der Literatur der Eindruck erweckt, als ob die auf Anreizen basierenden Prinzipal–Agent–Modelle und solche, die auf der Unbeobachtbarkeit des Projektwertes beruhen, recht unvergleichliche ökonomische Situationen behandeln. Hier wird nun eine Reinterpretation des CSV–FCF–Modells vorgeschlagen, die auf der expliziten Modellierung von Aneignungskosten beruht. Damit kann gezeigt werden, daß sich das Modell als spezielle Variante des bisher untersuchten Anreizproblems darstellen läßt. Dies erlaubt zum einen den Vergleich der Ansätze anhand der unterschiedlichen Annahmen über die Kosten der Aneignung und die Möglichkeiten ihrer Beeinflussung. Zum anderen verdeutlicht das Vorgehen auch gewisse Schwächen des CSV–FCF Ansatzes, die ihn zur Analyse von Finanzierungsproblemen nur bedingt geeignet erscheinen lassen.

2.4.1 Das Modell

Wir stellen uns 'Verifikation' als einen zustandsabhängigen Eingriff der Finanziers vor, der die Attraktivität der Aneignung des Projektwertes reduziert. In enger Anlehnung an die ursprüngliche Interpretation könnten wir uns die Bestellung eines externen Prüfers denken, der gerichtsverwertbare Informationen über das vorhandene Ertragspotential liefert. Bei Vorliegen dieser Informationen können im Fall des Vertragsbruchs 'außerökonomische Sanktionen' Anwendung finden, mit denen die vertragswidrige Aneignung von Vermögen unattraktiv gemacht wird. Häufig wird 'Verifikation' auch dahingehend interpretiert, daß sich die Finanziers Zugriff auf das Vermögen verschaffen und dieses dann beliebig aufteilen können. Alternativ und im Fall von Finanzierungsverträgen vielleicht etwas näherliegend, können wir unter der Intervention alle zustandsabhängigen Eingriffe der Finanziers in die Entscheidungskompetenzen der Firma verstehen, mit denen die Aneignungskosten soweit erhöht werden, daß sich ineffizientes Verhalten unter keinen Umständen mehr lohnt. Wir werden daher die Begriffe Verifikation und Intervention in diesem Abschnitt synonym verwenden.

Wenn wir diese Überlegung im Rahmen von Sanktionen oder Aneignungskosten formalisieren wollen, muß eine Annahme getroffen werden, wie hoch die Nachteile bei einer Differenz zwischen θ und π im Fall der Intervention sind. In dieser Hinsicht läßt der CVS–Ansatz wenig Spielraum. Dort wird unterstellt, daß für zwei Zustände θ_1 und θ_2, für die eine Verifikation erfolgt, beliebige (mit der Vermögensbeschränkung kompatible) Auszahlungen vereinbart werden können. Da θ_1 und θ_2 ihrerseits beliebig nahe beieinander liegen können, müssen fixe Aneignungskosten (Sanktionsverluste) vorliegen, die mindestens so hoch sind wie die Spannweite möglicher Auszahlungen.

Weiter wird unterstellt, daß die Intervention nur in deterministischer Weise erfolgen kann. Wir behalten für die Intervention der Finanziers die Variable β bei, beschränken diese jedoch nun auf zwei Realisationen: $\beta \in \{0, \bar{\beta}\}$, wobei $\bar{\beta}$ für die Verifikation steht. Mit einem deterministischen Interventionsschema spielt die genaue Höhe der Aneignungskosten keine Rolle mehr, vorausgesetzt, sie sind hinreichend hoch, um Aneignung im Fall einer Intervention sicher auszuschließen. Zur Vereinfachung werden wir daher unterstellen, daß die Aneignungskosten für $\beta = \bar{\beta}$ unendlich hoch sind. Für den Fall, daß keine Intervention stattfindet, greifen wir auf die Annahme proportionaler Aneignungsverluste aus Abschnitt 2.2 und den damit verbundenen zustandsunabhängigen Kontrollen und Beschränkungen zurück. Wie schon erwähnt, schließt dies die kostenlose Aneignung als Spezialfall $\alpha = 0$ ein. Diese Überlegungen lassen sich in der folgenden Annahme über die Aneignungskosten zusammenfassen:

Annahme 2.4

$$h(\theta - \pi, \beta, \alpha) = \begin{cases} \alpha|\theta - \pi| & \textit{für} \quad \beta = 0 \\ \infty & \textit{für} \quad \beta = \bar{\beta}, \pi \neq \theta \\ 0 & \textit{sonst.} \end{cases}$$

Die Kosten der zustandsabhängigen Intervention k werden von den Finanziers getragen und entstehen nur, wenn $\beta = \bar{\beta}$. Die Kosten der mit α verbundenen allgemeinen Einschränkungen und Kontrollen sind wiederum $m(\alpha)$.

2.4.2 Die Finanzierungsinstrumente

Unter diesen Umständen besteht der Finanzierungsvertrag aus einer Auszahlungsfunktion s, einer Menge von Zuständen $A \equiv \{\theta \subseteq \Theta \quad | \quad \beta(\theta) = \bar{\beta}\}$, für die die Kapitalgeber aktiv intervenieren und der Intensität des Kontrollregimes α. Das Komplement zu A sei P, für das die Finanziers passiv bleiben. Da wir bereits wissen, daß der optimale Vertrag keine ineffiziente Vermögensaneignung zulassen wird (Proposition 2.1), kann der Vertrag direkt in den beobachtbaren Größen charakterisiert werden.

Die Aneignungskosten wurden gerade so bestimmt, daß die Firma nie $\pi \in A$ wählt, es sei denn $\theta = \pi$. Damit vereinfacht sich die Anreizbedingung zu:

$$s(\pi) - s(\tilde{\pi}) \leq \alpha(\pi - \tilde{\pi}), \quad \forall \tilde{\pi} < \pi, \ \tilde{\pi} \in P, \ \pi \in \Theta \tag{2.14}$$

Wenn die Bedingung verletzt ist, würde sich die Aneignung von $\pi - \tilde{\pi}$ lohnen, sobald $\theta > \pi$ ist.

Programm 2.4

$$\max_{s(\pi),A,\alpha} \int_{\underline{\pi}}^{\overline{\pi}} [\pi - s(\pi)]\, dF \tag{2.15}$$

u.d.N.

$$\int_{\underline{\pi}}^{\overline{\pi}} s(\pi)\, dF - \int_A k(\bar{\beta})\, dF - m(\alpha) \geq I - W \tag{2.15a}$$
$$s(\pi) \leq s(\tilde{\pi}) + \alpha(\pi - \tilde{\pi}), \quad \forall \tilde{\pi} \leq \pi;\ \tilde{\pi} \in P \tag{2.15b}$$
$$s(\pi) \leq \pi\,. \tag{2.15c}$$

Die weiteren Schritte sind analog zum Vorgehen in Abschnitt 2.2. Zunächst betrachten wir α als exogen gegeben.

Proposition 2.6 *Für ein gegebenes Kontrollregime α besteht die optimale Finanzierung aus einer Kombination von Kreditfinanzierung mit nominellem Rückzahlungsbetrag D und Beteiligungsfinanzierung mit Auszahlungsanteil α. Wenn der Gewinn π unter den nominellen Rückzahlungsanspruch fällt, intervenieren die Finanziers, anderenfalls bleiben sie passiv.*
Sei $\{s^*, \beta^*\}$ eine Lösung von Programm 2.4 für $W < W_o$, dann $\exists\ D > \underline{\pi}$ so daß:

$$\beta^*(\pi) = \begin{cases} \bar{\beta}; & \pi < D \\ 0; & \pi \geq D \end{cases}$$
$$s^*(\pi) = \begin{cases} \pi; & \pi < D \\ D + \alpha(\pi - D); & \pi \geq D\,. \end{cases}$$

Der optimale Vertrag ist in Abbildung 2.3 illustriert. Offensichtlich ergibt sich ein reiner Kreditvertrag, wie er in Townsend (1979) und Gale & Hellwig (1985) abgeleitet wurde, für den Grenzfall $\alpha \to 0$. Die qualitativen Eigenschaften des Auszahlungsprofils entsprechen denen des Vertrages in Abschnitt 2.2. Entsprechend ähnlich ist die Begründung für eine Interpretation des Vertrages als Kombination von ausfallbedrohtem Kredit und Beteiligungsfinanzierung. Wiederum werden die Finanziers nur aktiv, wenn ein fester, daher kreditähnlicher Rückzahlungsanspruch nicht erfüllt wird. Allerdings besteht ihre Aktion nun, je nach Interpretation von β, in der Verifikation des Ertrages oder aber in Maßnahmen zur Erhöhung der Aneignungskosten.

Ein wesentlicher Unterschied zu den bedingten Sanktionen bzw. Interventionen der vorangegangenen Abschnitte besteht darin, daß die Intensität der Intervention selbst nicht optimal gewählt ist. Wird die Intervention als Verifikation interpretiert, findet dies seinen Ausdruck darin, daß eine zustandsabhängige Überprüfung deterministisch, also entweder gar nicht oder mit Sicherheit stattfindet, und eine Prüftechnik eingesetzt wird, die den wahren Zustand fehlerfrei ermittelt. Es erscheint nicht sehr plausibel, daß die Finanziers in allen Fällen von Insolvenz die gleiche kostpielige Maßnahme

Abbildung 2.3: Finanzierung bei proportionalen Grenzkosten und deterministischen Interventionen

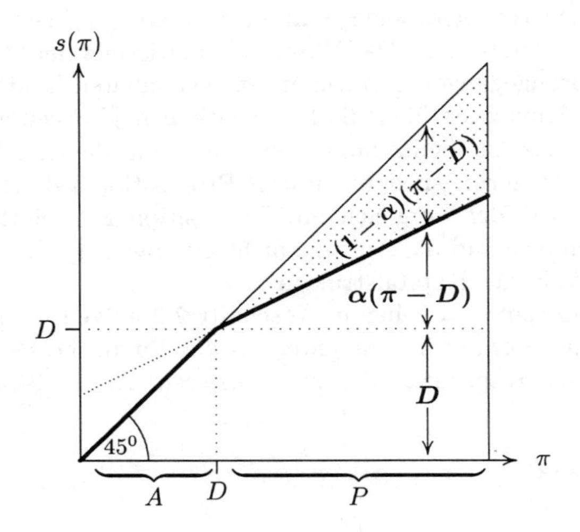

ergreifen. Zu erwarten wäre, daß es eine Rolle spielt, ob ein fest vereinbarter Rückzahlungsanspruch nur knapp oder weit verfehlt wird.

Eine spezifische Schwäche des Verifikationsansatzes ist nun, daß dieser Mangel nicht leicht zu beheben ist — etwa durch die Zulassung einer stochastischen Überprüfung. Neben der Sanktion, die ergriffen wird, wenn eine vertragswidrige also zu niedrige Auszahlung aufgedeckt wird, muß der Vertrag auch spezifizieren, ob und wie Vertragskonformität durch eine Belohnung zu honorieren ist. Wie Border & Sobel (1987) zeigen, wird bei Sanktionsmöglichkeiten, die durch das Vermögen beschränkt sind, die Anreizwirkung der kostspieligen Überprüfung durch eine Belohnung verstärkt (ebenso Mookherjee & Png (1989)).[27] Gleichzeitig nimmt die Überprüfungswahrscheinlichkeit mit steigendem Projektwert ab. Da die Überprüfung für den optimalen Vertrag immer eine vertragskonforme Auszahlung ergibt, liegt die Verifikation ex post im Interesse der Firma. Dies verträgt sich nicht gut mit ihrer Interpretation als Konkurs. In Finanzierungsmodellen wird eine stochastische Verifikation daher in der Regel ausgeschlossen.[28]

[27]Bei unbeschränkten Sanktionen würden optimale Verträge bei Risikoneutralität unendlich hohe Sanktionen mit gegen null gehender Wahrscheinlichkeit der Überprüfung vorsehen. Die Anreizwirkung hängt nur vom Erwartungswert der Sanktion im Fall des Vertragsbruchs ab, die Kosten der Überprüfung können auf diese Weise beliebig verringert werden.

[28]Eine Ausnahme ist die Arbeit von Bernanke & Gertler (1989).

2.4.3 Die Kapitalstruktur

Die bisherigen Überlegungen verdeutlichen, daß es keine Trennung zwischen einem Beobachtbarkeitsproblem und einem Anreizproblem gibt. Beide sind nur zusammen vorstellbar. Der Unterschied zwischen dem CSV–Ansatz und den in den vorangegangenen Abschnitten behandelten Modellen liegt im wesentlichen in Annahmen über die Interventionsmöglichkeiten und deren Folgen für die Anreize zu ineffizientem Verhalten. Für die Charakterisierung der optimalen Finanzierungsinstrumente in Proposition 2.6 erweisen sich diese Unterschiede, wie der Vergleich mit Proposition 2.2 zeigt, noch als unbedeutend. Dennoch sind die Ansätze nicht gleichwertig, wie die im folgenden betrachtete Wahl der Kapitalstruktur zeigt.

Ganz analog zum Vorgehen in Abschnitt 2.2 nutzen wir die Kenntnis der optimalen Finanzierungsinstrumente, um das Finanzierungsproblem auf die Bestimmung der Kapitalstruktur zu reduzieren. An die Stelle des Problems 2.2 tritt nun:

Programm 2.5

$$\max_{\alpha,D} \int_D^{\overline{\pi}} (\pi - D)(1-\alpha)\, dF \tag{2.16}$$

u.d.N.

$$\int_{\underline{\pi}}^{D} (\pi - v(\bar{\beta}))\, dF + \int_D^{\overline{\pi}} (D + \alpha(\pi - D))\, dF - m(\alpha) \geq I - W \tag{2.16a}$$

Für das sich eine innere Lösung wie folgt charakterisieren läßt:

Proposition 2.7 *Die optimale Kapitalstruktur muß zwischen den Grenzkosten zustandsunabhängiger Restriktionen und den zusätzlichen Kosten einer Ausdehnung des Interventionsbereiches abwägen. Konvexität von m und Logkonkavität von $1-F$ sind jedoch nicht hinreichend für die zweiten Ordnungsbedingungen.*
Sei $\{\alpha^*, D^*\}$ eine innere Lösung von Programm 2.5 für $W < W_o$, dann muß gelten:

$$k(\bar{\beta}) f(D) \frac{\mathrm{E}[(\pi - D)|\pi \geq D]}{1-\alpha} = m'(\alpha), \tag{2.17}$$

$$\frac{m''}{m'} + \frac{m'}{kf}\left(f + (1-F)\frac{f'}{f}\right) > \frac{2}{1-\alpha}. \tag{2.18}$$

Die Kapitalstruktur ist optimal gewählt, wenn die Grenzkosten zustandsunabhängiger Restriktionen (die rechte Seite von Gleichung (2.17)) den gewichteten marginalen Interventionskosten entsprechen, wobei der Gewichtungsfaktor die relative Bedeutung von Kredit– und Beteiligungsfinanzierung im Solvenzfall reflektiert und die marginalen Interventionskosten den Kosten einer marginalen Erhöhung der Konkurswahrscheinlichkeit entsprechen.

Eine innere Lösung für die optimale Kapitalstruktur ergibt sich bereits aus schwachen Annahmen über $\lim_{\pi \to \underline{\pi}} f(\pi)$. Für die zweite Ordnungsbedingung (2.18) ist die Konvexität von m selbst in Verbindung mit der Log–Konkavität von $(1 - F)$ jedoch nicht hinreichend. (Letzteres gewährleistet, daß der Term in der großen Klammer positiv ist.) Es erfordert also stärkere Annahmen als im Sanktionsmodell des Abschnittes 2.2, um ein lokales Minimum auszuschließen.

Der Trade–Off zwischen Kredit– und Beteiligungsfinanzierung stellt sich bei der unterstellten Mindeststärke der im Konkursfall erfolgenden Interventionen anders dar, als wenn diese fein dosiert nur in dem für die Anreizkompatibilität erforderlichen Ausmaß ergriffen werden können. Wie zuvor bestehen die marginalen Kosten einer Ausdehnung der Beteiligungsfinanzierung aus den Nachteilen der notwendigen Verschärfung zustandsunabhängiger Restriktionen. Ausgedrückt in der erwarteten Auszahlung für die Finanziers wird der marginale Ertrag der Beteiligungsfinanzierung kleiner, wenn der Verschuldungsgrad bereits sehr hoch ist, einfach weil der Solvenzbereich für den die Auszahlung erhöht wird, immer kleiner wird.[29]

Was nun im Vergleich zum Sanktionsmodell des Abschnittes 2.2 fehlt, sind die eingesparten Sanktionskosten im Insolvenzfall. Die Interventionskosten werden von den zustandsunabhängigen Restriktionen nicht berührt. Ähnliches gilt auf der Kostenseite für die Kreditfinanzierung. Der marginale Ertrag der Kreditfinanzierung, wiederum gemessen in der Auszahlung an die Finanziers, entspricht dem des Sanktionsmodells. Dort stiegen die marginalen Kosten jedoch proportional zur bereits erreichten Insolvenzwahrscheinlicheit $(1 - F(D))$, weil die Sanktionen über den gesamten Insolvenzbereich erhöht werden mußten. Hier hingegen werden die marginalen Kosten maß-

[29]Dieser Effekt führt dazu, daß ein Verschuldungsniveau $\bar{D} < \bar{\pi}$ existiert, bei dem eine marginale Steigerung der geforderten Auszahlungen die zusätzlichen Verifikationskosten nicht mehr decken können. Der Nettoertrag der Finanziers ist nicht monoton in D. Damit ergibt sich ein maximaler Verschuldungsgrad, der niedriger ist als ohne Verifikationskosten.

Dieser Zusammenhang wird in Williamson (1987) als Kreditrationierung interpretiert. Dort wird reklamiert, daß dieses Ergebnis (im Gegensatz zum Rationierungsresultat von Stiglitz & Weiss (1981) ohne die Annahme eines *moral hazard* Problems abgeleitet wurde. Dies erscheint nach unserer Interpretation des Modells ausgesprochen zweifelhaft. Vielmehr ist mit der Annahme kostenloser Aneignung von Projektvermögen gerade eine so extreme Form des Anreizproblems unterstellt, daß der optimale Vertrag keine Kompromisse bezüglich der Anreize eingehen kann.

geblich von $f(D)$ bestimmt. Wenn es, wie im Verifikationsmodell unterstellt, eine Mindeststärke für konditionale Intervention gibt, dann kann es sinnvoll sein, sich entweder stärker auf gezielte Interventionen oder aber auf allgemeine Restriktionen zu verlassen und entsprechend entweder stärker auf Kredit– oder auf Beteiligungsfinanzierung zurückzugreifen.

Die Möglichkeit der Existenz von mehreren jeweils lokal optimalen Kapitalstrukturen hat einen gewissen Reiz. Sie könnte erklären, warum Firmen unter vergleichbaren Umständen einen unterschiedlichen Verschuldungsgrad wählen und warum geringfügige Änderung im Firmenumfeld oft keine spürbaren, manchmal aber auch massive Veränderungen in der Kapitalstruktur auslösen. Als Baustein für die Modellierung weitergehender Probleme, wie dem in Kapitel 5 angesprochenen Zusammenhang zwischen Finanzierung und strategischer Produktmarktinteraktion, eignet sich der Ansatz allerdings weniger, zumindest, wenn das Kapitalstrukturproblem nicht ausgeklammert werden soll.

2.5 Robuste Eigenschaften anreizkompatibler Finanzierungsverträge I

Agency–Modelle der Unternehmensfinanzierung unterstellen ein aus asymmetrischer Informationsverteilung resultierendes Anreizproblem zwischen den externen Finanziers (Outsidern) und den Entscheidungsträgern (Insidern). Letzteres können Manager, Firmengründer oder auch Mehrheitseigner sein — wir haben hier vereinfachend von der 'Firma' gesprochen. In Abschnitt 2.1 wurde ein Modellrahmen entwickelt, in dem das Anreizproblem als kostspielige Vermögensaneignung abgebildet wurde. Durch eine entsprechende Interpretation der Aneignungsmechansimen und damit verbundenen Aneignungskosten ließen sich viele der in der Literatur untersuchten Anreizprobleme in einem gemeinsamen Rahmen untersuchen. Die Ausblendung der Details des Anreizproblems erlaubte es uns, optimale Finanzierungsarrangements *ohne* a–priori Einschränkungen des Vertragsformates aus fundamentalen Annahmen über die zur Verfügung stehenden Eingriffs– und Sanktionsinstrumente abzuleiten.

Bei allen Unterschieden im Detail lassen sich vier wichtige Gemeinsamkeiten festhalten:

1. Das Endvermögen der Firma und die Auszahlungen an die Finanziers nehmen mit dem Unternehmenserfolg zu.
2. Die Auszahlung an die Finanziers ist konkav im Ertrag, das Endvermögen der Firma ist (schwach) konvex im Ertrag (linear im Sanktionsmodell).

3. Im Fall schlechter Erträge weicht der optimale Vertrag besonders stark von einer erstbesten Lösung ab (*distortion at the bottom*). Dieses kann sich in besonderen Eingriffen ausdrücken, mit denen die Finanziers das Anreizproblem entschärfen. Solche Maßnahmen können 'Strafcharakter' haben (Kündigung des Managements, Firmenzerschlagung im Konkursverfahren) oder aber Mißbrauchsmöglichkeiten beschneiden (externe Evaluation, Beschränkung der Verfügungsgewalt über produktive Ressourcen etc). Es kann sich aber auch in besonders schlechten Anreizen ausdrücken, die dazu führen, daß sich die Firma im Fall widriger Umstände zunehmend ineffizient verhält.
4. Die mit Strafen, Kontrollen oder verzerrten Entscheidungen verbundenen Effizienzverluste treiben einen Keil zwischen die Kosten interner und externer Finanzierung.

Diese qualitativen Ergebnisse gelten grundsätzlich für alle der auf Seite 29f aufgelisteten Formen des Anreizproblems. Die Erfolgsbeteiligung des Entscheidungsträgers, hier der Firma, folgt in naheliegender Weise aus der Notwendigkeit von Leistungsanreizen. Die Konvexität ergibt sich aus der Vermögensbeschränkung. Bei schlechter Ertragslage kann objektiv nicht viel an die Finanziers gezahlt werden. Um im Erwartungswert Auszahlungen zu erreichen, die hinreichen, um die Finanziers für die Kapitalüberlassung zu kompensieren, müssen die Auszahlungen bei guter Ertragslage entsprechend hoch ausfallen. Je rascher die Auszahlung mit zunehmendem Ertrag steigt, desto magerer muß jedoch die Zunahme des Einkommens des Entscheidungsträgers ausfallen. Dieser Anstieg ist daher zwangsläufig mit einem Verzicht auf monetäre Leistungsanreize verbunden. Die Inkaufnahme der resultierenden Effizienzverluste lohnt sich eher bei niedrigen Erträgen, da der Bereich besserer Realisationen, für den die Auszahlungen erhöht werden, größer ist.

Die spezielle Form der Auszahlungsfunktion kann auch als Rangfolge der Vermögensansprüche ausgelegt werden. Mit zunehmendem Projektvermögen werden vorangig die Forderungen der Finanziers erfüllt. Der Anspruch des Entscheidungsträgers ist dagegen nachrangig. Allerdings ist die Rangfolge mit der Ausnahme einer reinen Kreditfinanzierung nicht absolut.

Die Unterschiede zwischen den Modellen bezogen sich auf die Interpretation der in schlechten Zuständen hingenommenen Verzerrungen. Bei konvexen Aneignungsverlusten führen die dürftigen monetären Anreize dazu, daß die Firma die ohnehin geringen Vermögenswerte 'plündert'. Dem kann durch zustandsabhängige Maßnahmen entgegengewirkt werden. Wenn illiquides Vermögen existiert, können schlechte Ergebnisse sanktioniert werden, was von Plünderung abschreckt. Alternativ oder ergänzend können aktive Interventionen der Finanziers die Dispositionsfreiheit der Firma beschränken und damit die Plünderung erschweren.

In dem Maße, wie externe Finanziers aktiv in die Unternehmensführung intervenieren und Entscheidungskompetenz an sich ziehen, werden sie selbst zu Entscheidungsträgern, wenn auch annahmegemäß weniger kompetenten. In guten Zuständen liegt die Kontrolle des Projektes in den Händen der Firma. In schlechten Zuständen geht die Kontrolle zunehmend auf die Finanziers über. In den Modellen der vorangegangenen Abschnitte wurde unterstellt, daß die Interventionen der Finanziers l ex ante kontrahierbar und $k(l)$ die minimalen Kosten der Intervention sind. Dies erlaubte uns, ein Delegationsproblem in Reinform zu analysieren. Wenn die Aktivität der Finanziers nicht kontrahierbar ist und ineffiziente Entscheidungen zu Vermögensverlusten führen, stellt sich ein zusätzliches Anreizproblem. Für ihre Aufgabe, die Verhinderung ineffizienter Vermögensaneignung durch die 'alten' Insider, müssen sie ihrerseits durch finanzielle Anreize motiviert werden. Dieser Aufgabe müssen sie in schlechten Zuständen verstärkt nachkommen, in denen die finanziellen Anreize für die Firma schlecht sind. Da schwache Anreize für die Firma zwangsläufig gute Anreize für die Finanziers sind, 'passen' die Anreizsysteme grundsätzlich zueinander. Allerdings ist zu vermuten, daß die optimale Teilungsregel markanter zwischen den beiden Regimen unterscheidet als die in Abschnitt 2.3 abgeleitete.

Darüberhinaus stellt sich ein Anreizproblem zwischen den Finanziers, wenn diese die Aufgaben an eine Gruppe delegieren müssen. Um eine Ausdünnung der finanziellen Anreize zu verhindern, müßte die Gruppe klein sein und für schlechtere Realisationen zu Residualeinkommensbeziehern gemacht werden. Natürlich kann diese Abstimmung von Eingriffsrechten und Residualeinkommensbezug wiederum an der Diskrepanz zwischen Vermögen und Entscheidungskompetenz scheitern, womit wir für die Gruppe der Finanziers intern ein ähnliches Delegationsproblem wie zwischen der Firma und den Finanziers erhalten.

Es ist zu erwarten, daß die Lösung dieses Problems der gleichen Intuition folgt. Wiederum sollte der Einkommensanspruch des aktiven Finanziers als Entscheidungsträger dem der passiven Finanziers gegenüber nachrangig sein. Gerät dies in Konflikt mit einer Vermögensbeschränkung, müßte in noch schlechteren Zuständen der drittbeste Entscheidungsträger intervenieren, um die sich verschlechternden Anreize des zweitbesten zu kompensieren. Damit läßt sich aus dem hier untersuchten Anreizproblem die Rangfolge unterschiedlicher Finanztitel und die dazugehörigen residualen Eingriffsrechte erklären.

Das Anreizproblem bei aktiven Finanziers wird in einer Reihe von jüngeren Beiträgen zum Design von Finanzkontrakten und der Allokation von Kontrollrechten explizit modelliert. In Zender (1991) verhindert eine Vermögensbeschränkung, daß ein Finanzier der Residualeinkommensbezieher in allen Zuständen wird. Allerdings sind beide Finanziers gleichermaßen zur Führung des Unternehmens geeignet. Daher werden zwei Ertragsbereiche unterschieden, für die jeweils einer der beiden passiv bleibt und ein fixes Einkommen bezieht. Der andere übernimmt die Unternehmensführung und hat als Residualeinkommensbezieher erstbeste Anreize. Der Kontrollübergang wird durch die Nichterfüllung einer festen und damit kreditähnlichen Zahlungspflicht ausgelöst.[30] Noch einen Schritt weiter gehen Dewatripont & Tirole (1994), die Manager, Aktionäre und Kreditgeber als potenielle Entscheidungsträger betrachten. Da eine Ertragsbeteiligung den Managern bereits erstbeste Anreize setzt, sind ihre Interessen mit denen der Aktionäre in perfekte Übereinstimmung gebracht, was die Passivität dieser Gruppe von Finanziers erklärt. Bei Insolvenz können den Managern jedoch keine finanziellen Anreize mehr geboten werden. Entsprechend müssen die Kreditgeber aktiv intervenieren, wofür sie auch zu Residualeinkommensbeziehern werden.

[30] In einer ähnlicher Argumentation leiten Aghion & Bolton (1992) die Optimalität des Kreditvertrages als Mittel zur Allokation von Kontrollrechten ab. Bei Chang (1992) dient Insolvenz als Auslösemechanismus für eine Restrukturierung des Unternehmens.

2.6 Beweise

Beweis von Proposition 2.1

Wir zeigen, daß sich ein zulässiger Vertrag mit $\pi(\theta) < \theta$ (auf einer nicht-degenerierten Teilmenge von Θ) durch einen anderen Vertrag mit $\hat{\pi}(\theta) = \theta$ ersetzen läßt, der alle Restriktionen erfüllt und die Finanziers besser stellt ohne die Firma schlechter zu stellen. Die Anreizkompatibilitätsbedingung (2.1) läßt sich schreiben als:

$$\begin{aligned} \theta - s(\theta) - \alpha \cdot (\theta - \pi(\theta)) \quad &\geq \quad \tilde{\theta} - s(\tilde{\theta}) - \alpha \cdot (\tilde{\theta} - \pi(\tilde{\theta})) \\ &\quad - (l(\tilde{\theta}) - l(\theta))L + (1 - \alpha)(\theta - \tilde{\theta}). \end{aligned}$$

Die Vermögensbeschränkung (2.2) verlangt, daß die Ausdrücke in der ersten Zeile nicht negativ werden. Angenommen: $\pi(\theta) < \theta$, dann könnten wir den Vertrag ersetzen durch einen Vertrag mit: $\hat{\pi}(\theta) = \theta$ und $\hat{s}(\theta) = s(\theta) + \alpha \cdot (\theta - \pi(\theta))$. Der Vertrag $\{\hat{s}, \hat{\pi}\}$ erfüllt die Anreizbedingung und die Vermögensbeschränkung. Er stellt die Finanziers besser, da die Auszahlungen strikt höher sind. Die Firma ist indifferent zwischen beiden Verträgen, da die Auszahlung nur um die vermiedenen Aneignungsverluste erhöht werden. Damit ist $\{\hat{s}, \hat{\pi}\}$ Pareto–superior. □

Beweis von Proposition 2.2

Angenommen, es existiert ein Vertrag $\{\tilde{s}, \tilde{l}\}$, für den $\tilde{s}$ sich von s^* auf einer Teilmenge $\tilde{\Pi}$ mit $\int_{\tilde{\Pi}} dF \neq 0$ unterscheidet. Da die Vermögensbeschränkung für $\pi \leq D$ bindet, muß ein $\pi_0 \in [D, \bar{\pi}]$ existieren, für daß $\tilde{s}(\pi_0) > s^*(\pi_0)$, anderenfalls wäre die Partizipationsbeschränkung verletzt. Um die Anreizbedingung zu erfüllen, muß dann aber die Abbruchwahrscheinlichkeit l erhöht werden, mindestens um $(\tilde{s}(\pi_0) - s^*(\pi_0))/L$ für alle $\pi \in [\underline{\pi}, D]$. Es gilt daher $\tilde{l} > l^*$ für $[\underline{\pi}, D]$. Zugleich kann es nicht kleiner sein für $[D, \bar{\pi}]$. Daher sind die erwarteten Kosten des Finanzierungsabbruches strikt größer mit $\{\tilde{s}, \tilde{l}\}$. Da die erwarteten Auszahlungen an die Finanziers nicht kleiner sind, ist der Vertrag schlechter. □

Beweis von Proposition 2.3

Die Bedingungen erster Ordnung für eine optimale innere Lösung sind:

$$\begin{aligned} 0 &= (1 - \alpha)(\lambda(1 - F(D)) - 1) \\ 0 &= (\lambda - 1) \int_D^{\bar{\pi}} (\pi - D) dF - \int_{\underline{\pi}}^D (\pi - D) dF - \lambda m'(\alpha). \end{aligned}$$

Aus der ersten erhält man $\lambda = 1/(1 - F(D))$. Einsetzen in die zweite Bedingung und Umstellen ergibt:

$$0 = [F(D)(1 - F(D))] \left(\frac{\int_D^{\bar{\pi}} (\pi - D) dF}{(1 - F(D))} - \frac{\int_{\underline{\pi}}^D (\pi - D) dF}{F(D)} \right) - m'(\alpha),$$

was unmittelbar zu (2.5) führt. Die zweite Ordnungsbedingung für ein Maximum ist mit:

$$(\mathcal{V}_D)^2 \lambda m''(\alpha) + (\mathcal{V}_\alpha)^2 \lambda f(D)(1-\alpha) > 0$$

erfüllt. □

Vorbereitende Überlegungen zu den Propositionen 2.4, 2.5 und 3.2

Wir werden bei der Analyse der Risikoaversion in Abschnitt 3.2 eine vereinfachte Variante dieses Modells noch einmal betrachten. Um Wiederholungen in Kapitel 3 zu vermeiden, wird bereits an dieser Stelle eine Nutzenfunktion der Firma $U(w)$ mit $U' > 0$ eingeführt. An die Stelle der Zielfunktion $\int_\Theta w(\theta)\, dF$ tritt damit $\int_\Theta U(w(\theta))\, dF$.

Zunächst definieren wir

$$\begin{aligned} \mathcal{L} &= U(w)f + \lambda[\theta - k(ß) - w - a(\theta-\pi)ß - I]f \\ &\quad + \psi[1 - a'(\theta-\pi)ß + g] + \mu_1[\theta-\pi] + \mu_2[\theta-\pi]g, \end{aligned}$$

wobei λ, μ_1, μ_2 die Lagrange–Multiplikatoren der Beschränkungen (2.11a), (2.11f), (2.11c) und ψ die Kozustandsvariable für (2.11b) bezeichnen.

Wenn wir die Monotoniebedingung (2.11e) zunächst unberücksichtigt lassen und für $ß$ eine innere Lösung unterstellen, ist die Lösung von Programm 2.3 durch die folgenden (zusätzlichen) Bedingungen charakterisiert:

$$0 \geq \lambda f a' ß + \psi a'' ß - \mu_1 - \mu_2 g, \quad 0 = [\lambda f a' ß + \psi a'' ß - \mu_1 - \mu_2 g] \cdot \pi, \tag{2.19}$$

$$0 = -\lambda f(k' + a) - \psi a', \tag{2.20}$$

$$0 \leq \psi + \mu_2(\theta - \pi), \quad 0 = [\psi + \mu_2(\theta-\pi)]g, \tag{2.21}$$

$$0 \leq \mu_1, \qquad 0 = (\theta - \pi)\mu_1\,, \tag{2.22}$$

die Kozustandsgleichung

$$\psi' = (\lambda - U')f\,, \tag{2.23}$$

und die Transversalitätsbedingung:

$$0 \geq \psi(\underline{\theta}), \quad 0 = [w(\underline{\theta}) - (\underline{\theta} - a(\underline{\theta} - \pi(\underline{\theta}))ß(\underline{\theta}))] \cdot \psi(\underline{\theta})\,, \tag{2.24}$$

$$0 = \psi(\bar{\theta})\,. \tag{2.25}$$

Zur Vereinfachung der Notation definieren wir:

$$
\begin{aligned}
EU' &\equiv E[U'] = \int_{\underline{\theta}}^{\bar{\theta}} U'(w(\tau))dF(\tau), \\
EU'_-(\theta) &\equiv E[U'(w(\tau))|\tau \leq \theta] = \int_{\underline{\theta}}^{\theta} U'(w(\tau))dF(\tau)/F(\theta), \\
EU'_+(\theta) &\equiv E[U'(w(\tau))|\tau > \theta] = \int_{\theta}^{\bar{\theta}} U'(w(\tau))dF(\tau)/(1 - F(\theta)).
\end{aligned}
$$

Integration von (2.23) liefert

$$
\begin{aligned}
\psi &= \lambda F - \int_{\underline{\theta}}^{\theta} U'(w(\tau))dF(\tau) + K \\
&= F(\lambda - EU'_-) + K\,. \qquad (2.26)
\end{aligned}
$$

Bewertung an den Stellen $\underline{\theta}$ und $\bar{\theta}$ ergibt:

$$\psi(\underline{\theta}) = K, \qquad 0 = \lambda - EU' + K\,. \qquad (2.27)$$

Beweis von Proposition 2.4

Für den hier betrachteten Fall der Risikoneutralität gilt: $U'' = 0$ und daher $EU' = EU'_- = U'$. Um die Formeln des Textes zu erhalten, ist U' darüberhinaus auf eins zu normieren. Wir unterstellen, daß die Vermögensbeschränkung bei $\underline{\theta}$ bindet,[31] woraus folgt, daß $\psi(\underline{\theta}) < 0$. Aus (2.24) erhalten wir $K = U' - \lambda < 0$. Substitution von K in (2.26) ergibt:

$$\psi(\theta) = (1 - F(\theta))(U' - \lambda) < 0, \quad \forall \theta < \bar{\theta}\,. \qquad (2.28)$$

Aus technischen Gründen war g in die Anreizkompatibilitätsbedingung eingeführt worden, um Randlösungen bei $\pi = \theta$ Rechnung zu tragen. Für $\pi = \theta$ folgt wegen $\psi(\underline{\theta}) < 0$ aus (2.21):

$$g(\theta) = 0. \qquad (2.29)$$

Für $\pi < \theta$ folgt das gleiche aus (2.11c)

Ersetzen von ψ in (2.19) ergibt für $\pi > 0$:

$$0 = a' ß f \lambda - a'' ß(1 - F)(\lambda - U') - \mu_1\,. \qquad (2.30)$$

Wegen $ß = 1.$ und $\mu_1 = 0$ für $\pi < \theta$ erhalten wir (2.12).

Steigung von π.. Die Vernachlässigung der Monotoniebedingung (2.11e) ist nur zulässig, wenn sie durch die Lösung des vereinfachten Programms nicht verletzt wird. Dies erfordert ($\pi' \geq 0$). Hier zeigen wir, daß $\pi' > 1$ für alle

[31] Für $W > W_o$ bindet lediglich die Partizipationsbeschränkung und $\lambda = U'$. In diesem Fall $\psi \equiv 0$ und es folgt aus (2.30), daß $\mu_1 > 0 \Longrightarrow \pi = \theta \quad \forall \theta$.

$\theta \in (\check{\theta}, \hat{\theta})$. Da $\pi' = 0$ für $\theta < \check{\theta}$ und $\pi' = 1$ für $\theta > \hat{\theta}$ gilt, ist damit auch gezeigt, daß die Monotoniebedingung erfüllt ist.

Wir definieren $L_\pi \equiv a'f - a''(1-F)(1-U'/\lambda)$. Da $L_\pi \equiv 0$ für $\theta \in (\check{\theta}, \hat{\theta})$ folgt $\pi' = -L_{\pi\theta}/L_{\pi\pi}$. Die Annahme 2.2 gewährleistet, daß

$$L_{\pi\pi} = a'''(1-F)(1-U'/\lambda) - a''f < 0,$$

wie dies auch die zweite Ordnungsbedingung erfordert. Mit Hilfe von $L_{\pi\theta} = a'f' + fa''(1-U'/\lambda) - L_{\pi\pi}$ kann π' umgeschrieben werden zu

$$\pi' = 1 + \frac{a'f' + fa''(1-U'/\lambda)}{-L_{\pi\pi}}.$$

Die Behauptung ist bewiesen, wenn wir zeigen, daß

$$\frac{f'}{f} + \frac{a''}{a'}(1-U'/\lambda) > 0.$$

$L_\pi = 0$ impliziert

$$\frac{a''}{a'}(1-U'/\lambda) = \frac{f}{1-F},$$

und Substitution ergibt

$$\frac{f'}{f} + \frac{f}{1-F} > 0,$$

wobei das Vorzeichen aus der Annahme der Log–Konkavität (2.3) folgt.

Eigenschaften von s.. Die Ergebnisse bezüglich der Steigung von $s(\theta)$ erhält man durch Differenzieren der Identität (2.7) und Substitution mit Hilfe von (2.11b). □

Beweis von Korollar 2.1

Da $\pi'(\theta) > 1$ für $\theta > \check{\theta}$ kann die Funktion invertiert werden, womit wir $\theta(\pi)$, $\pi \in (0, \bar{\theta}]$ erhalten, mit $\theta' = 1/\pi' < 1$. Einsetzen in die Identität (2.7) und Differenzieren ergibt:

$$s' = \theta' \cdot (1 - w' - a') + a'.$$

Durch Subtitution mit (2.11b) erhält man:

$$s' = a' > 0; \qquad s'' = a'' \cdot (\theta' - 1) < 0.$$

□

Beweis von Proposition 2.5

Wenn für ß eine innere Lösung optimal ist, ergibt sich aus 2.20 in Kombination von (2.28) unmittelbar Gleichung (2.13). Die zweite Ordnungsbedingung ist erfüllt, da:

$$\begin{aligned}\mathcal{L}_{ßß} &= -\lambda f k'' < 0 \\ \mathcal{L}_{ß\pi} &= \lambda f a' + \psi a'' = 0 \quad \text{aufgrund von} \quad \mathcal{L}_{\pi} = 0.\end{aligned}$$

Letzteres impliziert, daß die Ergebnisse bezüglich π aus Proposition 2.4 weiterhin Gültigkeit haben. Für $ß' < 0$ müssen wir zeigen, daß:

$$\mathcal{L}_{ß\theta} = -\lambda f'(k' + a) - \psi' a' - \mathcal{L}_{ß\pi} < 0.$$

Umstellen und Substitution mit Hilfe von (2.20) ergibt:

$$\mathcal{L}_{ß\theta} = -\lambda(k' + a)\left(f' + \frac{f^2}{1 - F}\right) < 0,$$

wobei das Vorzeichen wiederum aus der Annahme 2.3 folgt. □

Beweis von Proposition 2.6

Für den Beweis ist es zweckmäßig, den Vertrag durch die Auszahlungsfunktion und den Bereich aktiver Intervention zu bestimmen $\{s^*, A^*\}$. Wenn wir die mit der Intervention verbundenen Kosten außer acht lassen, kann jede mögliche Aufteilung des erwarteten Projektvermögens mit einem Vertrag der in Proposition 2.6 beschriebenen Form durch eine entsprechende Wahl von D realisiert werden. Es genügt daher zu zeigen, daß jeder andere Vertrag $\{\hat{s}, \hat{A}\}$, der im Erwartungswert beiden Seiten die gleichen Auszahlungen gewährt, mit höheren Interventionskosten verbunden ist.

Da die Vermögensbeschränkung im Interventionsbereich bindet, muß gelten, daß $\hat{s} \leq s^* \quad \forall \pi \in A^*$. Wenn sich die beiden Auszahlungen (auf einer nicht degenerierten Teilmenge) unterscheiden und gleichzeitig gilt, daß $\int_{\underline{\pi}}^{\overline{\pi}} \hat{s}\, dF = \int_{\underline{\pi}}^{\overline{\pi}} s^*\, dF$ dann $\exists\, \pi_1 \in P^*$, mit $\hat{s}(\pi_1) > s^*(\pi_1)$. Aufgrund der Vermögensbeschränkung gilt $\hat{s}(D) \leq s^*(D) = D$. Wegen $s^*(\pi_1) - D = \alpha(\pi_1 - D)$ existiert $\epsilon > 0$, sodaß $\hat{s}(\pi_1) - (D + \epsilon) > \alpha(\pi_1 - (D + \epsilon))$. Um eine Verletzung der Anreizbedingung zu vermeiden, müssen alle $\pi \in [D, D + \epsilon)$ auch Elemente von $\hat{A}$ sein, woraus folgt, daß $\hat{A} \supset A^*$.

Wenn sich die Auszahlungen nicht unterscheiden, dann gilt $\hat{A} \supseteq A^*$, weil der Verzicht auf Intervention für ein $\pi \in A^*$ die Anreizbedingung verletzen würde. Wenn also $\{\hat{s}, \hat{A}\}$ nicht von der in Proposition 2.6 beschriebenen Form ist, existiert ein Vertrag der Form $\{s^*, A^*\}$, der beiden Seiten die gleiche erwartete Auszahlung bietet und mit niedrigeren Interventionskosten verbunden ist. □

Beweis von Proposition 2.7

Die Gleichung (2.17) folgt aus den ersten Ordnungsbedingungen für die optimale Wahl von α und D. Für den zweiten Ausdruck substituieren wir in der Determinante der geränderten Hesseschen Matrix ($|\bar{H}|$) die Lagrangevariablen mit Hilfe der ersten Ordnungsbedingungen. Umstellen liefert:

$$\text{sign } |\bar{H}| = \text{sign } \left(\frac{m''}{m'} - \frac{2}{1-\alpha} + \frac{m'}{kf} \left(f + (1-F)\frac{f'}{f} \right) \right).$$

□

3. Risikoaversion und Ex–ante–Informationsasymmetrie

3.1 Einleitung

Im vorangegangenen Kapitel haben wir recht unterschiedliche Varianten des Finanzierungsproblems betrachtet. Dennoch sind die Eigenschaften, die wir als 'robust' für optimale Finanzierungsverträge abgeleitet haben, an Annahmen geknüpft, die wir durchgängig beibehalten haben. Hierzu gehören vor allem:

1. Die Firma ist risikoneutral.
2. Die Firma fällt die Entscheidung über ihr Verhalten erst, nachdem sie die Realisation der Umweltvariablen θ beobachtet hat. Die Vermögensaneignung findet also unter Sicherheit statt.
3. Zum Zeitpunkt des Vertragsabschlusses sind beide Seiten gleich gut informiert.

In diesem Kapitel soll untersucht werden, wie 'robust' unsere Ergebnisse bei weiteren Modifikationen hinsichtlich der Zielfunktion und der Informationsstruktur sind.

Die Einführung von Risikoaversion erfordert nur eine geringe Änderung der Modelle. Wir werden daher in Abschnitt 3.2 für alle drei Vertragsvarianten prüfen, welche Auswirkungen eine entsprechende Veränderung der Zielfunktion für die qualitativen Ergebnisse hat.

Bescheidener sind unsere Absichten in bezug auf eine Veränderung der Informationsannahmen. Bislang sind wir von der folgenden zeitlichen Abfolge der Ereignisse ausgegangen:

1. Vertragsabschluß,
2. Firma beobachtet den Umweltzustand,
3. Firma trifft ihre Entscheidung über Aneignung.

Eine mögliche Variation der Informationsannahme besteht darin, den gedanklichen Ablauf durch 'Vertauschen' der Schritte 2 und 3 zu ändern. Wir erhalten die Reihenfolge:[1]

1. Vertragsabschluß,

---

[1] Für eine ausführliche Analyse der beiden Informationsannahmen siehe Sobel (1993).

2. Firma trifft Entscheidung,
3. Umweltzustand realisiert sich und determiniert in Abhängigkeit von der zuvor getroffenen Entscheidung den Ertrag.

Damit stellen wir die Grundstruktur des Vertragsproblems nicht in Frage. Nach wie vor handelt es sich um ein *hidden action* Problem. Allerdings muß die Firma ihre Entscheidung nun unter Unsicherheit treffen. Dies wirft die Frage auf, welchen Einfluß ihr Verhalten auf die Verteilung der Gewinne hat. Bislang konnte die Firma durch ineffizientes Verhalten das Projektvermögen nur schmälern. Bei Verzicht auf Aneignung waren die Verteilungsfunktionen von θ und π gleich, anderenfalls war die von π schlechter im Sinne des Kriteriums stochastischer Dominanz erster Ordnung. In enger Anlehnung an die Ausgangsmodelle könnte man sich daher vorstellen, daß die 'Leistung' der Firma darin besteht, die Verteilung der Gewinne im Sinne dieses Kriteriums zu verbessern. Diese Variante wird in der Literatur häufig als 'Leistungsanreizproblem' bezeichnet. Alternativ hierzu kann man sich vorstellen, daß die Entscheidung der Firma vor allem die Streuung der Rückflüsse beeinflußt. Ein 'Risikoanreizproblem' erhält man, wenn die Firma die Gewinnverteilung im Sinne stochastischer Dominanz zweiter Ordnung verbessern kann. Wir werden auf die in der Literatur zu diesem klassischen Principal–Agent–Problem abgeleiteten Ergebnisse in Abschnitt 3.4 jedoch nur kurz eingehen.

Wenn wir im Ausgangsmodell die Schritte 1 und 2 austauschen, erhalten wir die folgende Sequenz:

1. Firma beobachtet Umweltzustand,
2. Vertragsabschluß,
3. (Firma trifft Entscheidung) Ertrag realisiert sich.

Nun wird der Finanzierungsvertrag bereits unter asymmetrischer Information abgeschlossen — eine Situation, die oft auch als *hidden information* Problem bezeichnet wird. Es würde den Rahmen dieser Arbeit sprengen, die vielfältigen Anwendungsmöglichkeiten dieses Ansatzes auf das Finanzierungsproblem Revue passieren zu lassen. Wir werden uns daher in Abschnitt 3.3 darauf beschränken, einige wesentliche Überlegungen am Beispiel der Wahl der optimalen Kapitalstruktur soweit zu skizzieren, daß wir in den folgenden Kapiteln unsere aus dem Delegationsmodell abgeleiteten Ergebnisse zur Investitionspolitik und zum Wettbewerbsverhalten mit denen aus der Signalisierungsliteratur vergleichen können.

3.2 Risikoaversion des Entscheidungsträgers

In den vorangegangenen Abschnitten hatten wir durchgängig unterstellt, daß der informierte Entscheidungsträger, unsere Firma, risikoneutral sei. Damit erhalten wir eine Zielfunktion, die linear im Endvermögen ist, was die Untersuchung ungemein erleichtert. Leider ist die Annahme sachlich schwer zu rechtfertigen. Als eine unmittelbare Annahme über Präferenzen ist sie offensichtlich unplausibel. Die meisten Menschen beweisen durch ihr Verhalten, daß sie große Vermögensrisiken meiden. Das übliche Rechtfertigungsargument für die kontrafaktische Annahme ist daher, daß bei hinreichender Vermögensdiversifizierung bezüglich spezifischer Risiken approximativ Risikoneutralität gilt. Dieses Argument kann hier allerdings nicht bemüht werden. So ist das Humankapital der Entscheidungsträger in der Firma im allgemeinen schlecht diversifiziert. Darüberhinaus ist es gerade aufgrund der untersuchten Delegationsprobleme sinnvoll, deren gesamtes liquides Vermögen W in die Unternehmung einzubringen, um die externe Finanzierung und die damit verbundenen Agency–Kosten auf ein Minimum zu reduzieren. Formal kommt dies in der Tatsache zum Ausdruck, daß der Schattenpreis von W größer als eins ist, sobald die Anreizbedingung bindet.

Hieran kann ein weiterer — aus methodischer Sicht vielleicht noch gravierenderer — Einwand geknüpft werden. Für ein niedriges Anfangsvermögen ist eine Finanzierung ohne Agency–Kosten nicht möglich. Eine Erhöhung des Anfangsvermögens um eine Einheit steigert daher das erwartete Endvermögen um mehr als eine Einheit. Ist das Anfangsvermögen jedoch erst einmal so hoch, daß eine Restfinanzierung ohne weitere Verzerrungen möglich ist, steigen Anfangsvermögen und erwartetes Endvermögen im Verhältnis eins zu eins. Das erwartete Endvermögen ist daher mindestens über einen gewissen Bereich eine konkave Funktion des Anfangsvermögens.[2] Stellt man sich nun vor, daß unsere Finanzierungsperiode in eine Sequenz von Finanzierungsverträgen eingebettet ist, dann ist das 'Endvermögen' der untersuchten Periode natürlich das 'Anfangsvermögen' der Folgeperiode, in der sich das Finanzierungsproblem in qualitativ ähnlicher Form stellen wird. Wenn das für die Folgeperiode erwartete Endvermögen, wie erläutert, eine konkave Funktion des Anfangsvermögens der Folgeperiode ist, dann wird ein vorausschauender Akteur dies bereits zu Beginn der betrachteten Finanzierungsperiode antizipieren. Die Zielfunktion der Firma wird daher konkav im Periodenendvermögen sein, selbst wenn ihre Wertschätzung für das Vermögen am 'Ende aller Tage' tatsächlich linear ist.[3]

[2]Dies wird sehr schön bei Gertler (1992) in einem Modell herausgearbeitet, in dem die Agency–Kosten aus einer Unterauslastung der Produktionskapazität in schlechten Umweltzuständen resultieren. Zwar modelliert Gertler (1992) eine Sequenz von Perioden. Da die Finanzierungsverträge jedoch den gesamten Zeitraum umfassen, ergeben sich im Vergleich zu einer einzigen Periode qualitativ keine großen Unterschiede.

[3]Natürlich ist diese Argumentation etwas heuristisch. So bleibt u.a. unbeantwortet, warum in einem solchen dynamischen Kontext überhaupt wiederholt Verträge mit fester Länge abgeschlossen werden, was diese Länge bestimmt etc. Auf der anderen Seite ist mir aber auch kein dynamisches Finanzierungsmodell bekannt, in dem diese Überlegung entkräftet würde. Im Rahmen des informationsökonomischen Ansatzes in der Finanzierungstheorie sind die meisten mehrperiodigen Analysen im Kern statische Modelle, die einer einmaligen Entscheidungssituation im Rahmen einer gedachten zeitlichen Sequenz von qualitativ unterschiedlichen Teilentschei-

In den folgenden Abschnitten wird deshalb geprüft, welche Modifikationen sich in den bislang vorgestellten Varianten des Anreizproblems durch die Annahme der Risikoaversion ergeben. Hierzu modifizieren wir die Analyse, indem wir unterstellen, die Firma maximiere den Erwartungswert einer 'Nutzenfunktion' $U(w)$ mit $U' > 0$, $U'' < 0$, wobei w das realisierte Endvermögen ist.

3.2.1 Sanktionen bei Risikoaversion

In Abschnitt 2.2 hatten wir ein Modell betrachtet, indem sich die Frage nach der optimalen Kapitalstruktur in einer klaren und konsistenten Weise beantwortet ließ. Konsistent deshalb, weil eine Kombination von Kredit– und Beteiligungsfinanzierung tatsächlich die optimale Art der Finanzierung unter den getroffenen Annahmen war. Der Ansatz beruht auf allgemeinen Einschränkungen der Entscheidungskompetenz, die zu proportionalen Aneignungskosten führen, und auf zustandsabhängigen Sanktionsmöglichkeiten, welche sich aus der Existenz illiquiden Vermögens ergeben.

Bei proportionalen Aneignungskosten kann in einer Situation mit ineffizienter Aneignung das Endvermögen beider Seiten erhöht werden, *ohne* Einkommen zwischen verschiedenen Zuständen umzuverteilen (siehe Beweis zu Proposition 2.1). Für die Anreizbedingung ist eben nur die Höhe des Endvermögens des Entscheidungsträgers, nicht aber dessen Zustandekommen (Auszahlung versus Aneignung) entscheidend. Daher gilt auch bei Risikoaversion, daß der optimale Vertrag kein ineffizientes Verhalten zulassen wird. Wir erhalten damit eine nur geringfügig modifizierte Variante des Optimierungsproblems (2.1)

Programm 3.1

$$\max_{s,l} \int_{\underline{\pi}}^{\overline{\pi}} U(\pi - s(\pi) - l(\pi)L) f \, d\pi \tag{3.1}$$

u.d.N. (2.3a), (2.3b), (2.3c), (2.3d).

Für ein beliebig gegebenes α wurde in Proposition 2.2 festgestellt, daß die optimale Finanzierung einer Kombination von Kredit– und Beteiligungsfinanzierung entspricht, wobei in einem unteren Bereich die Anreizbedingung durch die 'Vernichtung' illiquiden Vermögens gewährleistet wird. Das Endvermögen der Firma setzt sich zusammen aus dem verbleibenden illiquiden Vermögen zuzüglich ihres Anteils am Projektertrag. Es steigt linear in π mit Steigung $(1 - \alpha)$. Bei gegebenem α ist dies der minimale Anstieg des Firmenendvermögens, der zwischen zwei beliebigen Punkten möglich ist, ohne

dungen mehr Detailstruktur vermitteln. Eine 'dynamische' Theorie im engeren Sinne sollte darüberhinaus die zeitliche Interaktion zwischen strukturell gleichen Entscheidungssituationen erfassen. Ansätze hierzu finden sich etwa bei Holmström & Milgrom (1987) und Dye (1988).

die Anreizbedingung zu verletzen. Jeder andere Vertrag, der der Firma im Erwartungswert das gleiche Endvermögen gewährt, muß daher ein Auszahlungsprofil haben, welches die Wahrscheinlichkeitsverteilung des Firmenvermögens im Sinne eines *mean preserving spread* riskanter macht.

Proposition 3.1 *Auch bei Risikoaversion der Firma zeichnet sich der optimale Finanzierungsvertrag durch die in Proposition 2.2 genannten qualitativen Eigenschaften aus.*

Im Rahmen dieses Modells kann die Annahme der Risikoneutralität als Vereinfachung angesehen werden, die ohne Einfluß auf die wesentlichen qualitativen Merkmale der Finanzierungsentscheidung ist. Insbesondere läßt sich das optimale Zahlungsprofil als Kombination von Darlehens- und Beteiligungsfinanzierung interpretieren, und zur ex post ineffizienten Sanktion wird nur gegriffen, wenn der Projektertrag die Erfüllung einer festen Verpflichtung unmöglich macht.

3.2.2 Anreize und Risikoaversion

Es wurde bereits deutlich, daß das Bestreben, die Firma gegen Vermögensrisiken zu versichern, und die Notwendigkeit der Erfüllung der Partizipationsbeschränkung bezüglich des Zahlungsprofils s in die gleiche Richtung wirken. Beide favorisieren ein s, das so steil ansteigt, wie mit der Anreizbedingung vereinbar ist. Nun wenden wir uns dem Modell aus Abschnitt 2.3 zu, bei dem die Anreizbedingung zu Lasten der Verhaltenseffizienz erfüllt wurde. Der optimale Finanzierungsvertrag implizierte dürftige Einkommensanreize im Bereich niedriger Erträge, so daß die Firma bei geringem Projektvermögen dieses durch gezielte Plünderung weiter schmälerte. Als Gegensteuerung konnten die Finanziers ihrerseits zu kostspieligen Interventionen zwecks Beschränkung der Aneignungsmöglichkeiten greifen.

In Abschnitt 2.3.3 sind wir ausführlich auf mögliche Randlösungen eingegangen, die wir nun jedoch zur Vereinfachung außer Betracht lassen wollen. Im Anhang zu diesem Kapitel wird gezeigt, daß die aus technischen Gründen eingeführte Hilfsvariable wiederum verschwinden wird ($g = 0$). Weiter konzentrieren wir uns auf die Verhaltensverzerrung auf Seiten der Firma und unterstellen, daß die Finanziers in allen Zuständen passiv bleiben ($\beta = 1$). Damit erhalten wir folgende vereinfachte Version des Problems 2.3:[4]

[4]Dieses Problem ist äquivalent zu dem Modell kostspieliger Falsifikation von Lacker & Weinberg (1989). Dort liegt die Betonung allerdings auf Bedingungen, unter denen vom erstbesten Verhalten nicht abgewichen wird.

Programm 3.2

$$\max_{w(\theta),\pi(\theta)} \int_{\Theta} U(w(\theta))\, dF \tag{3.2}$$

u.d.N.

$$0 \leq \int_{\Theta} [\theta - w(\theta) - a(\theta - \pi(\theta))]\, dF - (I - W) \tag{3.2a}$$

$$w'(\theta) = 1 - a'(\theta - \pi(\theta)) \tag{3.2b}$$

$$0 \leq a''(\theta - \pi(\theta))\pi'(\theta) \tag{3.2c}$$

und Anfangs– und Endbedingungen:

$$w(\underline{\theta}) \geq \underline{\theta} - a(\underline{\theta} - \pi(\underline{\theta})), \qquad w(\bar{\theta}) \ \textit{frei.} \tag{3.2d}$$

Um den Effekt der Risikoaversion möglichst klar herauszuarbeiten, wird unterstellt, daß die Vermögensbeschränkung für den optimalen Vertrag nicht bindet. Es wäre also möglich, die Verzerrung des Verhaltens durch eine Erhöhung der Auszahlung bei gleichzeitiger Verringerung ihrer Steigung zu mindern. Ohne Risikoaversion wäre der optimale Vertrag damit weitgehend unbestimmt (der Fall $W > W_o$). Die (marginalen) Agency–Kosten sind damit auf das Versicherungsmotiv zurückzuführen.

Sei $\tilde{\pi}$ eine Lösung des Problems 3.2 allerdings unter Außerachtlassung der Monotoniebeschränkung (3.2c). Im Anhang wird gezeigt, daß das Vorzeichen von $\tilde{\pi}'$ für $\tilde{\pi} < \theta$ durch

$$\operatorname{sign}\left(\frac{d(f/F)/d\theta}{f/F} - \frac{d(a''/a')/d\theta}{a''/a'} - \frac{F}{f}\frac{a''}{a'}\frac{U'}{E[U']}\right) \tag{3.3}$$

gegeben ist. In diesem Ausdruck hat nur der zweite Term das für die Monotoniebedingung erforderliche Vorzeichen (aufgund von Annahme 2.2). Der dritte Term ist negativ und der erste Term ist ebenfalls negativ, wenn F log–konkav ist. Dies ist bei der unterstellten Log–konkavität von $1 - F$ 'oft' der Fall.[5] Im allgemeinen wird die Lösung von Programm 3.2 daher Intervalle aufweisen, auf denen die Monotoniebedingung bindet. Glücklicherweise kann das folgende Teilresultat abgeleitet werden, ohne die Monotoniebedingung explizit zu berücksichtigen.

Proposition 3.2 *Wenn die Risikoaversion hinreichend stark und die Aneignungskosten hinreichend konvex sind, eignet sich die Firma einen Teil des Projektertrages in einem mittleren Bereich der Realisationen an.*
Vorausgesetzt $a'(0)/a''(0)$ ist klein genug, dann existiert eine nichtleere Teilmenge Θ_m, so daß:

[5] Viele Beispiele für Funktionen mit log–konkavem $(1 - F)$ 'erben' diese Eigenschaft von ihrer Dichte f. Log–Konkavität der Dichte ist hinreichend für die Log–Konkavität sowohl von F als auch $1 - F$. Zu weiteren Einzelheiten siehe Anhang 6.4.

$$\pi < \theta; \quad s' = a'\pi' \quad \textit{für } \theta \in \Theta_m$$
$$\pi = \theta; \quad s' = a'(0) \quad \textit{sonst.}$$

Für $a'(0)/a''(0) > 0$ *gilt:* $\inf \Theta_m > \underline{\theta}$, $\sup \Theta_m < \bar{\theta}$. *Wenn für* $\theta \in \Theta_m$ *die Monotoniebedingung (3.2c) nicht bindet, wird* π *implizit definiert durch*

$$fE[U']\frac{a'}{a''} = F(1-F)(EU'_- - EU'_+), \tag{3.4}$$

wobei $EU'_-(\theta) \equiv E[U'(w(\tau))|\tau \leq \theta]$, $EU'_+(\theta) \equiv E[U'(w(\tau))|\tau > \theta]$ *für die bedingten erwarteten Grenznutzen stehen.*

Wir erhalten also ein qualitativ anderes Resultat als im Falle der Risikoneutralität. Bei Risikoaversion kommt es in einem mittlerem Bereich zu der Abweichung vom erstbesten Verhalten. Die Intuition für dieses Ergebnis läßt sich an der Gleichung (3.4) verdeutlichen, die aus der ersten Ordnungsbedingung für eine innere Lösung von π folgt. Auf der rechten Seite haben wir den erwarteten Nutzengewinn aus einer marginalen Umverteilung von Endvermögen von guten zu schlechten Zuständen, wenn der Erwartungswert des Endvermögens konstant gehalten wird. Dieser Gewinn wird größer, je unterschiedlicher die bedingten erwarteten Grenznutzen sind, mit anderen Worten je stärker das Endvermögen in θ variiert. Nähert man sich jedoch den schlechtesten Realisationen, wird Vermögen zunehmend von 'besseren' Zuständen genommen, die selbst ein unterdurchschnittliches Endvermögen gewähren. Ähnlich entfällt mit Annäherung an die besten Zustände ein zunehmender Anteil der Einkommenssteigerung auf relativ 'schlechtere', aber absolut überdurchschnittlich gute Realisationen. Daher verschwinden die Gewinne aus einer Verbesserung der Risikoteilung, wenn wir uns den Grenzen nähern. Auf der linken Seite von (3.4) finden wir die mit dem erwarteten Grenznutzen gewichteten Kosten der zusätzlichen Aneignung, die für die Glättung des Endvermögens an einem bestimmten Punkt in Kauf genommen werden müssen. Wenn diese Kosten hinreichend klein sind, wird der optimale Vertrag ineffizientes Verhalten zur Verbesserung der Risikoteilung hinnehmen. Sind die marginalen Kosten der Aneignung immer strikt positiv, ist das Verhalten der Firma sowohl im Bereich der schlechtesten als auch der besten Realisationen effizient *'no distortion at the bottom and the top'*. Die Inkaufnahme von Ineffizienzen zwecks Verbesserung der Risikoteilung lohnt sich in der Mitte der Verteilung am ehesten.

3.2.3 Risikoaversion im Verifikationsmodell

In Abschnitt 2.4 hatten wir für die optimalen Finanzierungsinstrumente bei kostenträchtiger Verifikationsmöglichkeit ein ganz ähnliches Ergebnis abgeleitet wie in Abschnitt 2.2 für das Sanktionsmodell. In beiden Fällen hatte sich eine Kombination von Darlehens– und Beteiligungsfinanzierung als optimal erwiesen.

Programm 3.3

$$\max_{s(\pi),A,\alpha} \int_{\underline{\pi}}^{\bar{\pi}} U(\pi - s(\pi))\, dF \tag{3.5}$$

u.d.N (2.15a), (2.15b), (2.15c).

Die folgende Proposition zeigt, daß sich im Fall der Risikoaversion markante Unterschiede zwischen den beiden Varianten des Finanzierungsproblems ergeben.

Proposition 3.3 *Wenn die Finanziers passiv bleiben, erhalten sie und die Firma jeweils eine feste Auszahlung (D beziehungsweise w_2) und konstante Anteile des Restes (α beziehungsweise $1-\alpha$). Wie zuvor intervenieren die Kapitalgeber nur, wenn die festen Forderungen nicht erfüllt werden können. In diesem Fall werden die Investoren zum Residualeinkommensbezieher und die Firma erhält eine feste Auszahlung w_1. (Leider) ist diese größer als die feste Auszahlung im Solvenzfall:*
Sei $\{s^*, \beta^*\}$ eine Lösung von Programm 3.3, dann $\exists\ D > \underline{\pi}$, w_1, w_2 so daß:

$$\beta^*(\pi) = \begin{cases} \bar{\beta}; & \pi < D + w_2 \\ 0; & \pi \geq D + w_2 \end{cases}$$

$$s^*(\pi) = \begin{cases} \pi - w_1; & \pi < D + w_2 \\ D + \alpha(\pi - D - w_2); & \pi \geq D + w_2 \end{cases},$$

wobei entweder $w_1 \geq w_2 = 0$ oder $w_1 > w_2 > 0$.

Der in Proposition 3.3 beschriebene Vertrag wird in Abbildung 3.1 illustriert. Bei Risikoaversion würde die erstbeste Versicherung der Firma ein konstantes Endvermögen in allen Zuständen gewähren ($s' = 1$). Wenn die Kapitalgeber passiv bleiben, bringt uns eine Auszahlung mit der Steigung der Anreizrestriktion (α) so nahe an die erstbeste Lösung wie möglich. Jede andere anreizkompatible Teilungsregel, die die Finanziers nicht schlechter stellt, würde der Firma ein stochastisches Endvermögen bescheren, dessen Verteilung ein *mean preserving spread* der optimalen Regel wäre. Sobald die Finanziers intervenieren, wird die Anreizkompatibilitätsrestriktion praktisch aufgehoben und die erstbeste Versicherung vereinbart. Sich mit weniger zufrieden zu geben, wäre nicht sinnvoll, da die marginalen Kosten einer Verbesserung der Versicherung null sind.

Im Solvenzfall läßt sich das Firmenendvermögen interpretieren als eine Kombination zwischen einer festen Grundkompensation w_2 zuzüglich einer Erfolgsbeteiligung, die einem Anteil $(1-\alpha)$ des Eigenkapitals entspricht. Dieses ist ein plausibles Teilergebnis, wenn wir uns unter dem Entscheidungsträger in der Firma das Topmanagement vorstellen, dessen Entlohnung in der Regel aus einer solchen Kombination von Grundgehalt und erfolgsabhängigen Komponenten (Bonuszahlungen, Aktienanteilen, Call–Optionen etc.)

Abbildung 3.1: Risikoaversion im Verifikationsmodell

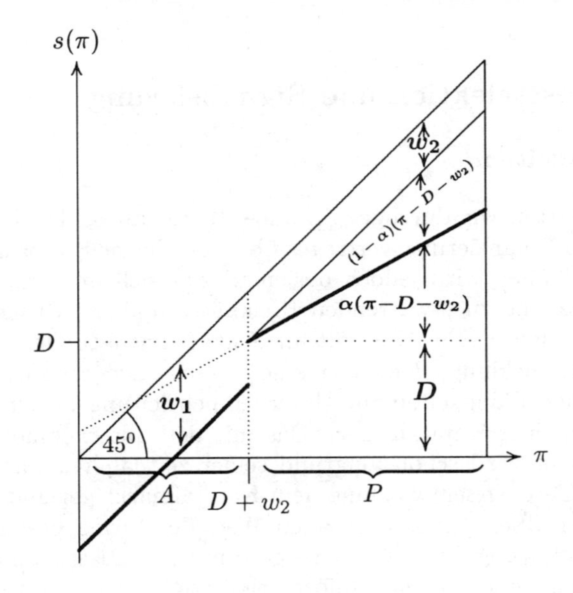

besteht. Allerdings sieht der optimale Vertrag auch eine Grundzahlung im Konkursfall vor, die darüberhinaus höher ist als die im Solvenzbereich. Dies hat zur Folge, daß die Firma in einigen Zuständen, in denen sie der Insolvenz nur knapp entgeht, schlechter gestellt ist als im Insolvenzfall.

Unter den getroffenen Annahmen zeigt sich der Zielkonflikt zwischen dem Versicherungsbedarf und den Kosten der Intervention nur in den festen Kompensationsanteilen der Firma w_1 und w_2. Wenn die Auszahlung an die Firma im Solvenzfall immer höher wäre als im Insolvenzbereich, dann wäre ihr für den Fall der Solvenz erwarteter Grenznutzen kleiner als der für den Insolvenzfall erwartete. Durch eine Erhöhung von w_1 bei gleichzeitiger Verringerung von w_2 könnte die Partizipationsbeschränkung der Finanziers eingehalten und die Risikoteilung ohne zusätzliche Agency–Kosten verbessert werden. Die Diskontinuität an der Stelle $D + w_2$, auf die auch Gale & Hellwig (1985) hinweisen, ist eine Implikation der Annahme, daß Verifikation zu unendlich hohen Aneignungskosten führt. Für das unglückliche Ergebnis eines in einem gewissen Intervall fallenden Firmenendvermögens sind weit schwächere Annahmen hinreichend. Es genügt, wenn die Intervention den Proportionalitätsfaktor der Aneignungskosten (strikt) größer als eins werden läßt. Damit ist eine erstbeste Versicherung bei Intervention im Prinzip möglich. Allerdings ergäbe sich statt der Sprungstelle ein Übergangsbereich mit steil ansteigender Auszahlungsfunktion, in dem trotz Intervention die Anreizbedingung binden würde.[6]

3.3 Selbstselektion und Signalisierung

3.3.1 Einleitung

Bislang hatten wir durchgängig unterstellt, daß beide Marktseiten bei Abschluß des Finanzierungsvertrages über die gleichen Informationen verfügen. In vielen Fällen wird jedoch derjenige, der sich um eine Finanzierung bemüht, über die zu erwartenden Rückflüsse und die Risiken des Vorhabens besser informiert sein. Dies gilt für einen Firmengründer, der den Stand der Produktentwicklung, den Wert einer Geschäftsidee und nicht zuletzt seine persönlichen Fähigkeiten zur Unternehmensleitung besser einschätzen kann als ein externer Kapitalgeber. Das mit der Unternehmensleitung betraute Management wird schon aufgrund seiner zeitnäheren Information über die laufende Geschäftsentwicklung dem Kapitalmarkt gegenüber einen Informationsvorteil über den momentanen Wert der Firma besitzen. Auch in unserem Einführungsbeispiel hatte der zum CEO auserkorene William Anders Gelegenheit, einen solchen Informationsvorsprung zu erwerben. Bei einem Grundgehalt von 550.000 $ hatte er als Vize–CEO das ganze Jahr 1990 hindurch Zeit, sich bei freiem Zugang zu allen internen Informationen der Firma mit der Lage des Unternehmens und seiner Tochterfirmen intensiv vertraut zu machen. Erst auf diese Weise präpariert, schlug er nach Amtsübernahme Anfang 1991 dem 'Compensation Committee' seinen 'anreizorientierten' Entlohnungsplan vor.

Damit eröffnet sich eine Möglichkeit der Interpretation der 'Erfolgsstory', die eine skeptischere Note trägt als die von Dial & Murphy (1995) favorisierte. Angenommen, Anders hätte im Zuge seiner Warmlaufphase den Eindruck gewonnen, das Unternehmen sei am Kapitalmarkt unterbewertet. Statt ein üppiges Festhonorar für seine Arbeit zu fordern, für das die Schmerzgrenze sicher schnell erreicht gewesen wäre, schlägt er einen erfolgsabhängigen Entlohnungsplan vor, dessen Wert, legt man die pessimistische Zukunftseinschätzung der schlechter informierten Komitee–Mitglieder zugrunde, bescheiden klingt. Die später erzielten Vermögensgewinne wären in dieser Lesart ohnehin wahrscheinlich gewesen, und die 'erfolgsabhängige Kompensation' nur ein cleverer 'Trick', um sich daran einen unverschämt großen Anteil zu sichern.

Natürlich ist das Argument in dieser einfachen Form nicht tragfähig. Es unterstellt schließlich ein Gehalts–Komitee, das nicht nur schlechter informiert, sondern darüberhinaus auch noch naiv ist. Ein rationaler Verhandlungspartner hätte den 'Braten riechen' und aus dem von Anders angebotenen

[6] Zu der Möglichkeit stochastischer Verifikation für den Fall der Risikoaversion siehe Mookherjee & Png (1989).

Zahlungsprofil Rückschlüsse auf seine Informationen über den tatsächlichen Firmenwert ziehen müssen. Dies bedeutet allerdings nicht, daß die Interpretation jeglicher Substanz entbehrt. Vielmehr zeigen die in diesem Abschnitt skizzierten Selektionsmodelle, daß die Ambivalenz der Interpretation von Anreizverträgen generisch ist.

Gemeinsam ist diesen Finanzierungsmodellen, daß der 'Insider' bereits vor Vertragsabschluß ein Signal τ beobachtet, das ihm zusätzliche Informationen über die Wahrscheinlichkeitsverteilung F des beobachtbaren Gewinns liefert.[7] Es ist üblich, von Firmen, die unterschiedliche Beobachtungen gemacht haben, als Firmen verschiedenen Typs zu sprechen. Um die Analyse auf das Problem der Vertragsgestaltung bei asymmetrischer Information zu fokussieren, werden wir von Anreizproblemen absehen und unterstellen, daß sich π nach Vertragsabschluß ohne jedes weitere Zutun realisiert. Die folgende Sequenz ergibt sich aus den Vertragsmodellen des Kapitels 2 durch Vertauschen der ersten beiden Ereignisse und der vereinfachenden Weglassung einer Entscheidung der Firma:

1. τ wird von der Firma beobachtet,
2. Festlegung der Finanzierungskonditionen,
3. π realisiert sich und wird gemäß Finanzierungsvertrag geteilt.

Zum ersten Punkt muß spezifiziert werden, welcher Art der Informationsvorteil ist. Hierzu stellen uns vor, daß die Verteilung F durch τ parametrisiert wird, wobei als Konvention ein höheres τ für 'bessere' Verteilungen stehen soll. Weiter unten werden wir Annahmen über $F(\pi;\tau)$ treffen, mit denen sich die Vorstellungen, daß bessere Firmen höhere Ertragserwartungen haben oder weniger risikoreich sind, formalisieren lassen.

Bezüglich der Festlegung der Finanzierungskonditionen sind in der Literatur im wesentlichen zwei Ansätze verfolgt worden. Der erste betrachtet wie bisher eine isolierte Partnerschaft, wobei häufig angenommen wird, daß der Finanzier die Verhandlungsmacht besitzt. In diesem Fall können wir auch von einem Problem *monopolistischer Selektion* sprechen. Der zweite Ansatz versucht demgegenüber das Vertragsgleichgewicht auf einem kompetitiven Finanzierungsmarkt zu charakterisieren, wobei noch einmal unterschieden werden kann zwischen Analysen, in denen die uninformierten Finanziers die Verträge vorschlagen — man spricht auch von *kompetitiver Selektion* — und solchen, in denen die informierten Firmen initiativ werden — der *Signalisierung* im engeren Sinne.

Wir werden im nächsten Abschnitt die Beziehung zwischen diesen Ansätzen skizzieren. Dabei soll begründet werden, warum wir uns im weiteren auf den zweiten Ansatz, der von kompetitiven Kapitalmärkten ausgeht, beschrän-

[7] Man beachte den Wechsel in der Notation. Im Kapitel 2 bezeichnete F die Wahrscheinlichkeitsverteilung des potentiellen Projektvermögens von θ. Diese viel nur dann mit der Verteilung von π zusammenfiel, wenn sich die Firma von θ in keiner Situation etwas aneignete.

ken und darüberhinaus die Unterscheidung zwischen Selektions– und Signalisierungsmodellen bewußt herunterspielen. In Abschnitt 3.3.3 bestimmen wir die optimale Kapitalstruktur im Gleichgewicht eines Marktes mit asymmetrischer Informationsverteilung. Hierbei unterstellen wir risikoneutrale Firmen und beschränken den Finanzierungsvertrag auf das Auszahlungsprofil, wie es durch unterschiedliche Kombinationen von Kredit– und Beteiligungsfinanzierung gestaltet werden kann. Das Investitionsvolumen wird als exogen gegeben unterstellt und eine Besicherung durch illiquides Vermögen ausgeschlossen. Unter diesen Umständen kann die Kapitalstruktur nicht erfolgreich zur Signalisierung eingesetzt werden. In Abschnitt 3.3.4 werden die Signalisierungsmöglichkeiten erläutert, wenn die Firmen risikoavers sind bzw. illiquides Vermögen in den Finanzierungsvertrag einbezogen werden kann.

3.3.2 Monopolistische Selektion, Signalisierung und Wettbewerb

Monopolistische Selektion versus Konkurrenz

In Anlehnung an unser Einführungsbeispiel könnten wir uns die Vertragsfindung als bilateralen Verhandlungsprozeß unter asymmetrischer Information vorstellen. Wenn wir in dieser Verhandlung der uninformierten Seite, also im GD–Beispiel dem Gehalts–Komitee die gesamte Verhandlungsmacht geben, erhalten wir folgende Situation: In Vertretung der Finanziers unterbreitet das Gehalts–Komitee dem Manager ein einmaliges Angebot, das dieser entweder annehmen oder ablehnen kann. Im Unterschied zu einer Situation mit symmetrischer Information kann es allerdings optimal sein, ein ganzes Menü von Verträgen anzubieten, aus dem sich der besser informierte Manager dann den für ihn günstigsten aussucht. Anhand der Wahl des Vertrages würde das Komitee auf die Information des Managers zurückschließen können. In diesem Sinne selektiert das Vertragsangebot die Manager gemäß ihres Typs. Selbst wenn dieser Rückschluß unvollständig bleibt, etwa weil der Manager auch bei unterschiedlicher Informationslage den gleichen Vertrag präferiert, würden die Finanziers den durchschnittlichen Wert jedes Vertrages korrekt antizipieren.

In dieser speziellen Interpretation ergeben sich durch die neue Informationsannahme vergleichsweise geringe Veränderungen in der modelltechnischen Analyse. Die Optimierungskalküle des Kapitels 2 müßten dahingehend umformuliert werden, daß nun das erwartete Endvermögen des Finanziers maximiert wird. Dieser kreiert mit den ihm zur Verfügung stehenden Vertragsparametern unterschiedlich konditionierte Verträge, die jeweils auf verschiedene Realisation von τ zugeschnitten sind. Die Anreizkompatibilitätsbedingung verlangt nun, daß es tatsächlich im Interesse der Firma liegt, den ihr zugedachten Vertrag aus dem Gesamtangebot zu wählen. Diese Selbstselektionsbedingung tritt an die Stelle der Restriktion, daß nur solche unbeobachtbaren Handlungen vereinbart werden können, deren Durchführung im eigenen Interesse der Firma liegt. Nach wie vor muß die Vermögensbeschränkung der Firma (ex post) erfüllt sein. Allerdings wäre die ex–ante–Partizipationsbeschränkung für die Firma nicht mehr exogen durch die Marktkonditionen gegeben. Vielmehr ergäbe es sich aus dem Optimierungskalkül selbst, für welche Realisationen von τ überhaupt Finanzierungsverträge abgeschlossen würden. Dennoch bleiben wesentliche qualitative Ergebnisse von diesen Modifikationen des Optimierungskalküls unberührt. Insbesondere würde sich oft die Situation ergeben, daß beim optimalen Menü von Verträgen der erwartete Gewinn des monopolistischen Finanziers für Verträge, die (im Durchschnitt) von besseren Typen gewählt werden, höher ist als bei Verträgen, die schlechtere Typen attrahieren.

Genau dieses Ergebnis der auf monopolistischer Selektion beruhenden Modelle begründet Zweifel an einer breiten Anwendungsmöglichkeit in der Finanzierungstheorie. Schließlich lassen sich derartige Gewinnunterschiede nicht mit der Möglichkeit konkurrierender Finanzierungsmöglichkeiten vereinbaren. Die Konkurrenz hätte einen Anreiz, ausschließlich solche Verträge anzubieten, die von Typen gewählt werden, die besonders hohe Gewinne in Aussicht stellen. Der Wettbewerb der Finanziers um die jeweils gewinnträchtigsten Firmen müßte dazu führen, daß in einem Konkurrenzgleichgewicht alle Finanzierungsverträge, auch wenn sie von unterschiedlichen Typen gewählt werden, den Finanziers die gleichen Gewinnerwartungen bieten. Auch hätten die besseren Firmen einen Anreiz, ihrerseits alternative Finanzierungsarrangements zu suchen, mit denen die Extragewinne der Finanziers auf das bei schlechteren Typen zu erwartende Niveau gesenkt werden.

Gegen diese Kritik läßt sich einwenden, daß Informationsprobleme auch Ansatzpunkte für eine Erklärung von endogenen Wettbewerbsbeschränkungen auf den Kapitalmärkten bieten. Einer gängigen These zufolge reduzieren die in einer stabilen Firma–Hausbank gesammelten Erfahrungen die Informationsungleichheiten und schaffen daher partnerspezifische Renten, die einen Wechsel zu einer anderen Bank erschweren. Der jeweils dominante Finanzier könnte seinen Kunden dann ein Menü von Finanzierungsverträgen anbietet, das so ausgestaltet ist, daß sich Firmen mit unterschiedlichen Ertragserwartungen selbst selektieren. Allerdings gilt die Wettbewerbsbeschränkung beiderseitig. Auch Banken müßten bei Neukunden die ausgeprägteren Unsicherheiten einkalkulieren. Sie begründet daher nicht, warum der Informationsvorsprung allein der Bank zum Vorteile gereichen sollte. Selbst in einer von der Konkurrenz abgeschirmten Finanzierungsbeziehung können sich die Kapitalgeber nicht unbedingt besser als ihr informierter Partner auf ein Eröffnungsangebot versteifen und eventuelle Gegenangebote ignorieren. Eine Theorie, die auf eine fest etablierte Hausbank–Firma–Beziehung oder die Vergütungsregelungen für ein bereits eingestelltes Management zugeschnitten ist, sollte daher für den allgemeinen Fall eines Verhandlungsproblems unter asymmetrischer Information formuliert werden.[8]

[8]In Vertragsverhandlungen unter symmetrischer Information spielt die Verhandlungsmacht für die qualitativen Eigenschaften des Vertrages keine große Rolle. Bei

Wir werden diesen Ansatz im weiteren nicht weiter verfolgen und uns auf den Fall kompetitiver Finanzierungsmärkte beschränken. Für solche sehen wir es als charakteristisch an, daß die Finanziers bei rationaler Antizipation der Selektionsentscheidung der Firmen für alle im Gleichgewicht angebotenen Verträge die gleichen Gewinnerwartungen hegen. Diese, in der Regel als 'Null–Gewinnbedingung' formulierte Restriktion, hat in den Vertragsmodellen des Kapitels 2 keine analytische Entsprechung.[9] Dort mußten Partizipationsbeschränkungen nur im Erwartungswert erfüllt sein. Die Tatsache, daß der optimale Vertrag den Finanziers bei besseren Umweltzuständen θ höhere Auszahlungen gewährte, war unproblematisch, da zum Zeitpunkt der Realisation von θ bereits ein verbindlicher Vertrag vorlag.

Kompetitive Selektion versus Signalisierung

Offensichtlich spielt es in einem bilateralen Verhandlungsproblem eine entscheidende Rolle, welche der beiden Seiten sich durch ein Eröffnungsangebot mit strategischem Selbstbindungswert die Verhandlungsmacht sichern kann. Welche Rolle kommt der Vertragsinitiierung nun in einem kompetitiven Markt zu? Intuitiv sollte es keine große Rolle spielen, welche Seite in einem kompetitiven Markt den Finanzierungsvertrag vorschlägt. Selbst, wenn sich ein einzelner Anbieter an seine Offerte binden könnte, was eher unplausibel ist, würde das nichts nutzen, da nur eine kollektive Selbstbindung von strategischem Vorteil sein könnte. Diese wird jedoch durch die Annahme der Konkurrenz ausgeschlossen. Daher können Offerten immer auch mit Gegenofferten beantwortet werden. Wenn strategische Selbstbindung keine Rolle spielt, was ist dann der Unterschied zwischen der Modellierung als Selektionsproblem, in dem die Finanziers als uninformierte Seite die Verträge anbietet, und der Modellierung als Signalisiserungsspiel, in dem die besser informierten Firmen aktiv werden?

Es ist seit den frühen Arbeiten von Rothschild & Stiglitz (1976) und Wilson (1977) bekannt, daß für bestimmte Parameterkonstellationen ein Nash–Gleichgewicht nicht existiert, wenn die uninformierte Marktseite ihre besser informierten Partner mittels entsprechend zugeschnittener Verträge selektiert. In diesem Fall kann für jedes Angebot von Verträgen ein neues Arrangement gefunden werden, das seinem Anbieter bei korrekt antizipiertem

---

asymmetrischer Information gilt dies nicht unbedingt. Dies wird deutlich, wenn man den gegenteiligen Extremfall unterstellt und der besser informierten Partei die Verhandlungsmacht zuspricht. Nun wird die Trennung zwischen bilateraler Verhandlung und kompetitivem Markt wieder unscharf. Die Firma würde, auch wenn sie an einen bestimmten Finanzier gebunden wäre, versuchen, diesen auf seinen Reservationsnutzen zu drücken, der vom Typ der Firma unabhängig ist. Was der Finanzier erhält, wenn er keinen Vertrag abschließt, kann nicht von der Qualität der Firma abhängen, die das abgelehnte Angebot unterbreitet hat. Da die Firmen dabei der Informationsbeschränkung des Finanziers Rechnung tragen müssen, erhält man ein Problem, daß praktisch äquivalent ist zur Signalisierung in einem kompetitiven Kapitalmarkt.

[9] Zu den Wohlfahrtsimplikationen dieser Bedingung siehe Gale (1996).

Selektionsverhalten der Firmen Extragewinne verspricht. Ein Pool–Vertrag, der von unterschiedlichen Typen gewählt wird, kann durch einen Trennungsvertrag 'angegriffen' werden, der sich die Rosinen aus dem Pool herauspickt. Umgekehrt lädt jeder Trennungsvertrag, der die Typen zu unterschiedlichen Konditionen finanziert, zu einem abweichenden Pool–Vertrag ein, der bei eingesparten Signalisierungskosten für viele Typen attraktiver ist.

In der Selektionsvariante können rationale Vermutungen der Finanziers über die Typen, die einen vom Gleichgewicht abweichenden Vertrag wählen würden, gemäß dem Kriterium der Teilspielperfektheit zwingend durch Rückwärtsinduktion abgeleitet werden. Bei gegebenen Vertragsangeboten wird ein abweichender Vertrag *alle* Firmen attrahieren, die ihn den anderen Kontrakten gegenüber präferieren. Der relative Anteil einzelner Typen muß anhand der Bayes–Regel auf der Grundlage der a–priori Wahrscheinlichkeiten ermittelt werden.

Nach meinem Dafürhalten handelt es sich bei der oben skizzierten Möglichkeit der Nichtexistenz eines Vertragsgleichgewichtes in reinen Strategien um ein tatsächliches ökonomisches Problem. Es erscheint mir durchaus vorstellbar, daß Informationsasymmetrien unter unglücklichen Umständen den Kapitalmarkt elementarer struktureller Stabilitätseigenschaften berauben können. Für diesen Fall bietet eine statische Gleichgewichtsanalyse eben lediglich die Erkenntnis, daß ein teilspielperfektes Nash–Gleichgewicht nicht existiert. Für ein Verständnis des Marktprozesses müßte die Analyse angereichert werden. Ansatzpunkte hierfür könnten Kosten der Einführung neuer Verträge, lokal begrenzte Informationen über die Art der angebotenen Verträge, temporäre Bindungen an einmal gemachte Angebote etc. bieten, aus denen sich vielleicht eine endogene Dynamik der Vertragsgestaltung ergibt.[10] Dieser Weg wird hier jedoch nicht beschritten. Diese Arbeit beschränkt sich weiterhin auf einen statischen Kapitalmarkt mit einperiodigen Finanzierungs-

[10] In diese Richtung weisen auch die in Reaktion auf die mögliche Nichtexistenz des Nash–Gleichgewichtes vorgeschlagenen alternativen Gleichgewichtskonzepte. So läßt Wilsons (1977) E2–Gleichgewicht nur solche Abweichungen von einem Vertragsangebot zu, die auch dann profitabel bleiben, wenn alle infolge des neuen Vertrages unprofitabel gewordenen Kontrakte zurückgezogen werden. Das Kriterium erschwert es, Vertragsangebote durch das Herauspicken von Rosinen zu destabilisieren. Im Ergebnis erhält man das separierende Vertragsangebot, wenn dieses auch ein Nash–Gleichgewicht ist. Ist dieses jedoch instabil, wird ein alle Typen vereinigender Vertrag als Gleichgewicht gestützt. Als ein Vorteil dieses Kriteriums kann es angesehen werden, daß ein einzelner Typ mit niedriger Qualität nicht den Nutzen von sehr vielen Guten abrupt reduzieren kann. Alternativ hierzu hat Riley (1979) ein 'reaktives Gleichgewicht' vorgeschlagen, demzufolge ein Vertragsangebot ein Reaktionsgleichgewicht ist, wenn keine Abweichung möglich ist, die nicht ihrerseits durch einen zusätzlichen Vertrag unprofitabel gemacht werden kann. Mit diesem Konzept werden Abweichungen, die mehrere Typen attrahieren, dem 'Rosinenpicken' ausgesetzt und daher Trennungsverträge immunisiert. Insgesamt haben sich diese Konzepte jedoch nicht durchsetzen können. Es erscheint wenig aussichtsreich, die explizite Analyse der Dynamik von Vertragsangeboten durch neue Gleichgewichtskonzepte zu ersetzen.

verträgen. In diesem Rahmen bleibt die Möglichkeit, die Existenz eines Nash–Gleichgewichtes zu unterstellen und gegebenfalls die Parameterrestriktionen zu benennen, die eine solche Annahme rechtfertigen.[11]

Unterstellt man, daß die informierten Firmen Angebote für Finanzierungsverträge machen, die von den Finanziers dann entweder akzeptiert oder ignoriert werden können, erhält man ein 'Signalisierungmodell' im engeren Sinne. Die Firmen signalisieren ihren Typus bereits durch ihre Offerten und nicht erst bei der Vertragsannahme. Natürlich müssen sie dabei die Reaktionen der Finanziers rational antizipieren. Diese entscheiden wiederum auf der Grundlage rational gebildeter Vermutungen über die Typen von Firmen, die hinter den angebotenen Verträgen stehen. Daher müssen die Firmen ihren Angeboten bereits eine Prognose über die Vermutungen der Finanziers zugrundelegen. Ein Gleichgewicht besteht aus einem Vertragsangebot und einem System von Vermutungen über die Typen, die bestimmte Verträge anbieten, wobei die aus dem Rationalitätsgebot folgenden Konsistenzbedingungen in der Definition des 'Perfekten Bayesianischen Gleichgewichtes' (PB–Gleichgewicht) zusammengefaßt werden.[12]

Die Kriterien des PB–Gleichgewichtes sind relativ schwach, so daß in der Signalisierungsvariante zumeist eine Fülle von PB–Gleichgewichten existiert, selbst wenn in der Selektionsvariante kein Nash–Gleichgewicht existiert. Dies folgt aus den Unterschieden beider Modellvarianten hinsichtlich der Vermutungen über Verträge, die in einem möglichen Gleichgewicht nicht angeboten werden, also den Abweichungen, die testen, ob ein bestimmtes Angebot von Verträgen stabil ist. In der Selektionsvariante lassen sich diese, gemäß dem Auswahlkriterium der Teilspielperfektheit, durch Rückwärtsinduktion eindeutig festlegen. In der Signalisierungvariante fällt es dagegen schwer, der Rationalität von Vermutungen für Ereignisse, die im Gleichgewicht mit der Wahrscheinlichkeit null eintreten, Restriktionen aufzuerlegen. Im allgemeinen lassen sich daher viele PB–Gleichgewichte durch Vermutungen stützen, die für alle möglichen abweichenden Verträge einfach unterstellen, daß diese ausschließlich von den schlechtesten Typen vorgeschlagen werden. Bei dieser pessimistischen Interpretation muß die Reaktion der Finanziers auf eine Abweichung entsprechend negativ ausfallen, weshalb sie sich für die Firmen erst gar nicht lohnt.

Da die Uneindeutigkeit von Gleichgewichten ähnliche Interpretationsschwierigkeiten aufwirft wie die Nichtexistenz, sind *refinement*–Kriterien zur Auswahl von PB–Gleichgewichten vorgeschlagen worden, die den für Abweichungen zulässigen Vermutungen Beschränkungen auferlegen, und damit Gleichgewichte ausschließen, die auf 'unplausibel pessimistischen' Vermutungen beruhen. Gemeinsam ist diesen Kriterien, daß die Plausibilität der Ver-

[11]In Riley (1985) werden die Bedingungen für die Existenz von Gleichgewichten ausführlich diskutiert. Sie beziehen sich auf das Verhältnis der marginalen Signalisierungskosten und die a–priori–Verteilung der verschiedenen Typen.

[12]Für eine präzise Definition siehe Fudenberg & Tirole (1991)

mutung durch eine Art Vorwärtsräsonieren der Finanziers getestet wird: 'Angenommen, ich würde den abweichenden Vertrag annehmen, welcher Typ von Firmen hätte dann ein Interesse gehabt ihn vorzuschlagen'. Offensichtlich entspricht die Vorwärtsinduktion in der Signalisierungsvariante der Rückwärtsinduktion in der Selektionsvariante. Damit gewinnen die Verfeinerungskriterien für die Gleichgewichtsauswahl in der Signalisierungsvariante etwas vom 'Biß' der Teilspielperfektheit der Selektionsvariante zurück.

Vergleichsweise schwach in dieser Hinsicht ist das 'intuitive Kriterium' von Cho & Kreps (1987), welches verlangt, daß bei der Interpretation einer Abweichung keine Wahrscheinlichkeit auf Typen gelegt werden darf, die für alle möglichen Interpretationen und die entsprechend optimal gewählten Reaktionen im Gleichgewicht einen höhere Auszahlung erhalten. Für diese Typen ist die 'Abweichung' eine strikt dominierte Strategie. In der praktischen Anwendung hat das Kriterium für eine Abweichung von einem Trennungsvertrag häufig keinen Biß. Daher kann ein separierendes Gleichgewicht weiterhin durch eine pessimistische Interpretation einer Abweichung gestützt werden. Es greift jedoch im Falle einer separierenden Abweichung von einem Pool–Vertrag. Hier ist der Angriff auf die 'Rosinen' zugeschnitten und daher für die schlechten Typen sehr unattraktiv. Zumindest für einen Teil der möglichen Trennungsverträge läßt sich daher die extrem pessimistische Vermutung: 'nur die Allerschlechtesten schlagen die Abweichung vor', ausschließen. Damit kann die Abweichung selbst nicht mehr ausgeschlossen werden, womit wiederum der Gleichgewichtskandidat scheitert. Tendenziell unterstützt das Kriterium daher separierende Gleichgewichte, wo solche in der Selektionsvariante nicht existieren.[13]

Das perfekte sequentielle Gleichgewicht von Grossman & Perry (1986) verfolgt die Idee der Vorwärtsinduktion noch einen Schritt weiter. Wie auch Gertner & Gibbons & Scharfstein (1988) schlagen sie vor, die für abweichende Verträge zulässigen Vermutungen auf solche zu beschränken, die auf den a–priori Wahrscheinlichkeiten beruhen. In der Terminologie von Gertner & Gibbons & Scharfstein (1988) darf für ein Gleichgewicht kein abweichender Vertrag existieren, der eine *konsistente Interpretation* erlaubt. Eine konsistente Interpretation ergibt sich, wenn die Vermutung über die relativen Anteile der verschieden Typen unter Zugrundelegung der a–priori Wahrscheinlichkeit und der Bedingung ermittelt wird, daß sich die Typen durch die Abweichung

[13] Ähnliche Ergebnisse allerdings aufgrund recht unterschiedlicher Überlegungen erhält man mit dem 'D1–Kriterium' (Banks & Sobel (1987), Ramey (1996)). Dieses verlangt, daß bei der Interpretation einer Abweichung kein Gewicht auf Typen τ_G gelegt werden darf, wenn andere Typen τ_B existieren, die einen 'stärkeren' Anreiz für diese Abweichung haben. Wobei 'stärker' bedeutet, daß τ_B für alle möglichen Reaktionen immer streng besser gestellt sind als im Gleichgewicht, wenn τ_G nur streng oder schwach besser gestellt sind. Praktisch darf damit bei einem Pooling–Angriff kein Gewicht auf gute Typen gelegt werden, da diese zwar besser gestellt werden als im Gleichgewicht, dies aber auch für die schlechten gilt. Es lassen sich dann (nicht–optimale) Reaktionen finden, bei denen die guten gerade indifferent, die schlechten jedoch noch immer strikt besser gestellt wären.

(schwach) besser stellen. Mit dieser Bedingung erhält man die Nichtexistenz eines verfeinerten Gleichgewichtes in der Signalisierungsvariante genau dann, wenn in der dazugehörigen Selektionsvariante kein Nash–Gleichgewicht existiert.[14]

Die Unterschiede zwischen den beiden Ansätzen liegen hauptsächlich in den Annahmen, die für die Existenz eines eindeutigen Gleichgewichtes erforderlich sind. In der Selektionsvariante müssen Annahmen über die a–priori Verteilung der Typen gemacht werden. In der entsprechenden Signalisierungsvariante kann dies vermieden werden, wenn man bereit ist, Refinement–Kriterien zur Gleichgewichtsauswahl heranzuziehen, die den zulässigen Vermutungen Plausibilitätsbeschränkungen auferlegen, die bezüglich der a–priori Verteilung invariant sind. Meine Sympathien tendieren hier eher zu dem Kriterium von Grossman & Perry (1986) und Gertner & Gibbons & Scharfstein (1988), das den a–priori Wahrscheinlichkeiten eine Rolle zuweist, und damit beide Varianten praktisch gleichwertig macht.

Auf das Finanzierungproblem bezogen erscheint mir der modelltechnische 'Kniff' ohnehin wenig überzeugend. Selbst wenn die Firmen hinsichtlich der Finanzierungsentscheidung initiativ werden, steht es potentiellen Finanziers im allgemeinen frei, Offerten nicht nur zu akzeptieren oder abzulehnen, sondern auch mit Gegenangeboten zu beantworten. Die Unterstellung einer eindeutigen zeitlichen Abfolge von Angebot und Annahme ist sinnvoll, soweit sie die Analyse vereinfacht. Der Bogen wird jedoch überspannt, wenn etwas so Fundamentales wie die Existenz eines stabilen Vertrags–Gleichgewichtes davon abhängig gemacht wird, welche Marktseite zuerst ihre Vertragsangebote unterbreitet.

In unseren weiteren Überlegungen werden wir die Frage der Existenz und Eindeutigkeit von Gleichgewichten außer acht lassen. In dem Einführungsmodell des folgenden Abschnitts tritt das Problem in der Selektionsinterpretation nicht auf. In den Abschnitten 3.3.4, 4.4 und 5.4 soll ohnehin nur die Intuition der in der Literatur abgeleiteten Ergebnisse zu den Eigenschaften von Trennungsgleichgewichten nachgezeichnet werden. Hierfür ist es von untergeordnetem Interesse, ob die Ergebnisse aus einem Selektionsmodell durch

---

[14]Mailath & Okuno–Fujiwara & Postlewaite (1993) kritisieren, daß alle auf einer Vorwärtsinduktion beruhenden Kriterien einer globalen Konsistenz ermangeln. Sie werden nur auf Abweichungen und nicht auch auf das Gleichgewicht angewendet. Wenn die Spieler dem Vorwärtsräsonieren folgen, müßten sie auch aus der Nichtbeobachtung einer Abweichung Schlüsse ziehen. Darüberhinaus wird speziell am intuitiven Kriterium von Cho & Kreps (1987) die Diskontinuität der Gleichgewichtslösung bezüglich der a–priori Verteilung kritisiert. Das von ihnen vorgeschlagene Kriterium des *undefeated equlibrium* verlangt, daß weitere Reaktionen in Rechnung gestellt werden müssen. Praktisch läuft dies darauf hinaus, daß eine Abweichung von einem Gleichgewicht nur dann getestet wird, wenn sie Bestandteil eines anderen Gleichgewichtes ist. Es ähnelt damit den Überlegungen von Wilsons (1977) E2–Gleichgewicht. Das Wilson–Kriterium ist allerdings schwächer, weil die Abweichung selbst nicht Bestandteil eines Gleichgewichtes sein muß.

Parameterrestriktionen oder aus dem analogen Signalisierungsmodell durch Gleichgewichtsselektion gewonnen wurden.

3.3.3 Signalisierung und Selektion durch Kapitalstruktur

Wir entwickeln in diesem Abschnitt ein sehr einfaches Modell zur Bestimmung der gleichgewichtigen Kapitalstruktur bei asymmetrischer Information. Dieses Modell soll helfen, Gemeinsamkeiten und wesentliche Unterschiede der vielfältigen Signalisierungsmodelle in der Finanzierungsliteratur herauszuarbeiten. Gerade wegen seiner Einfachheit wird es uns auch in den Abschnitten 4.4 und 5.4 als Ausgangspunkt für Erweiterungen dienen.

Die Firma und ihre Finanziers seien risikoneutral. Als Finanzierungsinstrumente stehen lediglich Kredit– und Beteiligungsfinanzierung zur Verfügung, die wieder durch die Parameter D und $\alpha \in [0, 1]$ gekennzeichnet werden. Mit diesen Instrumenten sind keine weiteren 'Agency–Kosten' verbunden. Die Firma trifft ja keinerlei Entscheidungen, für die eventuelle Anreize beachtet werden müßten. Allerdings soll die Vermögensbeschränkung nach wie vor binden. Es wird also unterstellt, daß die Eigenmittel der Firma W bei fixen Opportunitätskosten des Investitionsvolumens I für eine Finanzierung mit risikolosen Darlehen nicht ausreichen. Von illiquidem Vermögen und eigener Informationsbeschaffung der Finanziers wird abgesehen. Ein Finanzierungsvertrag ist somit durch den Gewinnanteil, der auf die Beteiligungsfinanzierung entfällt, den nominellen Rückzahlungsanspruch der Kreditgeber und den Umfang der eingesetzten Eigenmittel charakterisiert. Wir leiten die gleichgewichtigen Verträge zunächst unter der Annahme ab, daß die Selbstfinanzierungsmöglichkeiten vollständig ausgeschöpft werden. Damit reduziert sich das Vertragsproblem auf die Wahl einer optimalen Kapitalstruktur $\{\alpha, D\}$. Weiter unten werden wir begründen, warum diese Vereinfachung zulässig ist.

Den Informationsvorteil der Firma bilden wir durch den Zufallsparameter $\tau \in [\underline{\tau}, \bar{\tau}]$ ab. Zum Zeitpunkt der Finanzierung kennt die Firma die für sie zutreffende Realisation von τ, wohingegen den Finanziers nur die, durch eine Wahrscheinlichkeitsverteilung $H(\tau)$ beschriebene, relative Häufigkeit der einzelnen Typen im Markt bekannt ist. Alternativ, können wir uns vorstellen, daß es nur um eine Firma geht, die aber private Informationen über eine wichtige Determinante der Ertragsaussichten besitzt, etwa Produktionskosten, Stärke der Nachfrage etc. In diesem Fall besitzen die Finanziers die entsprechenden statistischen Informationen über diese Zufallsvariable.

Wir wollen die Betrachtung hier und auch in den folgenden Kapiteln auf zwei klare 'Grundformen' des Informationsvorteils beschränken.[15] Im 'FSD-Fall' sind 'bessere' Firmen solche, die höhere Gewinne erwarten. Im 'MPC-

[15] Darüberhinaus beschränken wir uns auf Modelle mit einer einzigen Signalvariablen. Für mehrdimensionale Finanzierungssignale siehe Viswanathan (1995).

Fall' sind die Ertragserwartungen der 'besseren' Firmen nur sicherer. Im einzelnen wird unterstellt:

Annahme 3.1

FSD-Fall: τ verschiebt die Verteilung der Gewinne F im Sinne des Kriteriums stochastischer Dominanz erster Ordnung: $-F_\tau > 0$. Darüberhinaus soll die Likelihood Ratio f_τ/f monoton steigen.

MPC-Fall: τ verschiebt die Verteilung der Gewinne F im Sinne einer Mittelwert erhaltenden Kompression: $\int_{\underline{\pi}}^{\overline{\pi}} -F_\tau d\pi = 0$; für alle π mit $-F_\tau < 0$ soll darüberhinaus gelten, daß die Likelihood Ratio f_τ/f monoton fällt.

Offensichtlich entspricht der FSD–Fall einem sehr elementaren Verständnis von 'besser' im Sinne von mehr. Im MPC–Fall sind Firmen mit höherem τ aufgrund der unterstellten Risikoneutralität der Akteure aus sozialer Sicht nicht 'besser'. Wir werden jedoch gleich sehen, daß diese Bezeichnung aus der Sicht der Finanziers intuitiven Sinn macht. Die Annahme einer monotonen Likelihood Ratio für $-F_\tau < 0$ gewährleistet, daß wir die relative Steigung der Firmen–Indifferenzkurven für unterschiedliche Typen τ im α–D–Raum möglicher Verträge eindeutig bestimmen können.

Bei gegebenem Investitionsvolumen I und vollständigem Einsatz der Eigenmittel von W ergibt sich das erwartete Endvermögen einer Firma vom Typ τ als:

$$\begin{aligned} \mathcal{W}(\alpha, D; \tau) &= (1-\alpha) \int_D^{\overline{\pi}} (\pi - D) f(\pi; \tau)\, d\pi \\ &= (1-\alpha) \int_D^{\overline{\pi}} (1 - F(\pi; \tau))\, d\pi. \end{aligned} \tag{3.6}$$

Die erwartete Auszahlung für die Finanziers ist:

$$\mathcal{V}(\alpha, D; \tau) = \mathrm{E}[\pi; \tau] - \mathcal{W}(\alpha, D; \tau) - (I - W). \tag{3.7}$$

Da mit den Finanzierungsinstrumenten keine Kosten verbunden sind, handelt es sich bei dem Vertrag mit einem gegebenen Typen um ein reines Umverteilungsproblem. Was die Firmen gewinnen, geht den Finanziers verloren.

Von Mischformen einmal abgesehen, kann es in dem betrachteten Kapitalmarkt grundsätzlich zwei Gleichgewichtsarten geben. In einem Pool–Gleichgewicht werden die unterschiedlichen Firmentypen mit einem einheitlichen Vertrag $\{\alpha^P, D^P\}$ finanziert. In diesem Fall erfordert die unterstellte Konkurrenz unter den Finanziers, daß die Auszahlungen im Erwartungswert die Opportunitätskosten decken. Im einem sogenannten Trennungsgleichgewicht (*separating–equilibrium*) $\{\alpha^T(\tau), D^T(\tau)\}$ wird jeder Firmentyp zu anderen Konditionen finanziert, wobei diese so gewählt sind, daß erstens jeder Typus den ihm zugedachten Vertrag allen anderen angebotenen Verträgen gegenüber (schwach) bevorzugt (Anreizkompatibilität) und zweitens die Finanziers auf jedem der angebotenen Verträge gleich hohe Auszahlungen erwarten, wenn dieser vom 'richtigen' Firmentyp gewählt wird (Partizipationsbeschränkung). Darüberhinaus darf in beiden Gleichgewichtstypen kein anderer Vertrag $\{\alpha^a, D^a\}$ existieren, von dem sich Finanziers höhere Gewinne erhoffen dürfen, wenn dieser von all den Firmen gewählt wird, denen er ein höheres erwartetes Endvermögen bietet als der Gleichgewichtsvertrag.[16]

Schließlich werden im Gleichgewicht nur solche Firmen auf dem Kapitalmarkt Mittel aufnehmen, deren erwartetes Endvermögen $\mathcal{W}(\tau)$ bei den für sie geltenden gleichgewichtigen Finanzierungskonditionen das einzubringende Anfangsvermögen W übersteigt.[17]

Proposition 3.4
Im FSD–Fall existiert ein einziges Pool–Gleichgewicht mit reiner Darlehensfinanzierung $\{0, D^P\}$, *wobei* D^P *die Lösung von* $\int_{\tau^P(D)}^{\bar{\tau}} \mathrm{E}[\pi - D|\pi > D; \tau] dH/(1 - H(\tau^P) = W - I$ *ist, und* τ^P *durch* $\mathcal{W}(0, D, \tau^P) \equiv W$ *definiert wird. Im Gleichgewicht steigt das erwartete Endvermögen beider Seiten in* τ: $\mathcal{V}_\tau > 0$, $\mathcal{W}_\tau > 0$.

Im MPC–Fall existiert ein einziges Pool–Gleichgewicht mit reiner Beteiligungsfinanzierung $\{\alpha^P, 0\}$, *wobei* α^P *die Lösung von* $\int_{\underline{\tau}}^{\bar{\tau}} \alpha \mathrm{E}[\pi; \tau] dH = W - I$. *Im Gleichgewicht ist das erwartete Endvermögen beider Seiten von* τ *unabhängig.*

In diesem sehr einfachen Selektionsmodell folgen die Gleichgewichtslösungen aus einigen Feststellungen zur Steigung der Indifferenzkurven im α–D–Raum möglicher Verträge. Für einen gegebenen Typ τ fallen die Indifferenzkurven von Firmen und Finanziers zusammen — freilich mit entgegengesetztem Gradienten. Darüberhinaus haben im FSD–Fall bessere Firmen eine größere Bereitschaft, Beteiligungsfinanzierung durch Darlehensfinanzierung zu ersetzen. Ihre Isogewinnlinien fallen steiler als die von schlechteren Firmen. Im MPC–Fall ist es gerade umgekehrt. Zur Illustration siehe Abbildung 3.2. Aufgrund der unterschiedlichen Steigungen der Isogewinnlinien für die verschiedenen Typen kann ein Vertrag, der sowohl Kredit– als auch Beteiligungsfinanzierung nutzt, im Gleichgewicht nicht von unterschiedlichen Firmen gewählt werden. Von einer Finanzierung $\{\hat{\alpha}, \hat{D}\}$ mit $\hat{\alpha} > 0$, die, von beiden Typen gewählt, den Finanziers gerade ein break–even erlaubt, werden

[16]Dies ist in der Selektionsvariante die einzig mögliche Charakterisierung des teilspielperfekten Nash–Gleichgewichtes. In der Signalisierungsvariante entspricht es dem Auswahlkriterium, das Gleichgewichte nur dann passieren läßt, wenn keine Abweichung mit einer 'konsistenten Interpretation' möglich ist. Siehe Abschnitt 3.3.2.

[17]In den Vertragsmodellen wurde die Partizipationsbeschränkung für die Firmen immer stillschweigend als erfüllt unterstellt. Es genügte, den Finanzierungsvertrag unter der Bedingung zu charakterisieren, daß er bei gegebenen Opportunitätskosten beider Marktseiten überhaupt zustande kommen konnte. Da wir nun das gesamte Marktgleichgewicht bestimmen müssen, ist eine solche isolierte Betrachtung der einzelnen Finanzierungsentscheidung nicht länger möglich.

Abbildung 3.2: Poolgleichgewichte bei freier Wahl der Kapitalstruktur

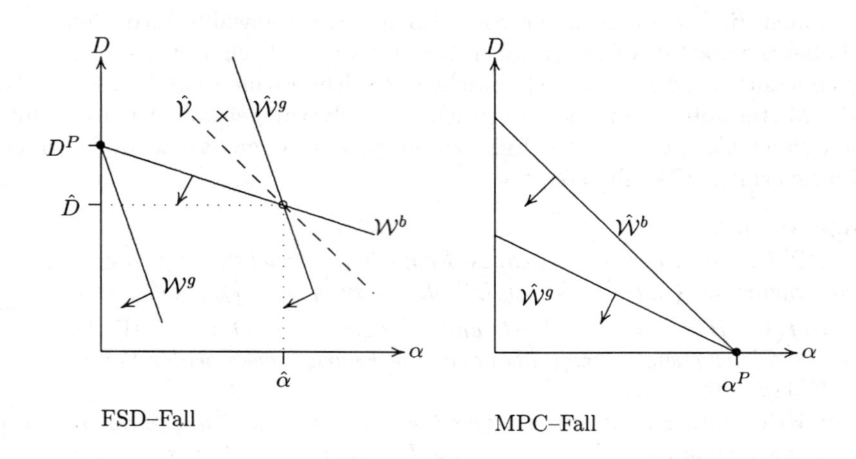

FSD–Fall MPC–Fall

die besseren Typen im FSD–Fall abweichen, indem sie Beteiligungsfinanzierung durch Kredit ersetzen. Aufgrund der unterschiedlichen Steigung der Isogewinnlinien kann der Verschuldungsgrad dabei so erhöht werden, daß für die schlechteren Firmen die Abweichung nachteilig wäre. In Abbildung 3.2 (links) ist eine solche Möglichkeit durch ein Kreuz markiert. Für Verträge, die von verschiedenen Firmen gewählt werden, ergibt sich die Isogewinnlinie der Finanziers $\hat{\mathcal{V}}$ als gewogenes Mittel der Firmenlinien. Da die Abweichung nur von den guten Typen gewählt wird, können die Finanziers positive Gewinne erwarten. Sie würden den neuen Vertrag daher bereitwillig annehmen bzw. selber vorschlagen. Eine solche Abweichung ist lediglich am linken Rand nicht mehr möglich, bei dem der Verschuldungsgrad sein Maximum erreicht hat.

Im MPC–Fall bestünde die Abweichung der besseren Typen von einer Finanzierung, die eine positive Darlehenskomponente beinhaltet, in einer Verstärkung der Beteiligungsfinanzierung. Auch hier wird eine stabile Situation erst am Rand bei vollständiger Beteiligungsfinanzierung erreicht.

Trennungsgleichgewichte, in denen verschiedene Typen unterschiedliche α–D–Kombinationen wählen, die den Finanziers jeweils die gleiche Rückzahlung gewähren, können unter den gemachten Annahmen nicht existieren. Dies folgt geometrisch aus der Tatsache, daß die Indifferenzkurven von Finanziers und Firmen die gleiche Steigung haben. Damit ein schlechterer Typ τ^b nicht den für einen guten τ^g zugedachten Vertrag wählt, muß der Finanzier mit diesem Vertrag (schwach) positive Gewinne machen, selbst wenn der schlechte ihn wählen würde: $\mathcal{V}(\alpha^T(\tau^g), D^T(\tau^g); \tau^b) \geq 0$. Da die Gewinne der Finanziers bei einem gegebenen Vertrag mit höherem Qualitätsindex τ aber strikt zunehmen (im MPC–Fall solange $D > 0$), müssen die Gewinne strikt positiv sein, wenn der Vertrag von $\tau^g > \tau^b$ gewählt wird.

Im Kreditfinanzierungs–Gleichgewicht des FSD–Falls erhalten die Finanziers höhere Auszahlungen, wenn sie mit besseren Typen kontrahieren $\mathcal{V}_\tau > 0$. Da die Auszahlungen im Erwartungswert über alle Typen gerade die Opportunitätskosten der Finanzierung decken, werden notwendigerweise Firmen finanziert, deren erwartete Erträge so niedrig sind, daß sie bei vollständiger Information keine Finanzierung erhalten könnten. Trotz dieser 'Besteuerung' durch die schlechten Typen, steigt auch bei den Firmen das erwartete Endvermögen mit zunehmendem τ. Es sind also die schlechtesten Firmen, deren Teilnahme durch die Kapitalmarktkonditionen bestimmt wird. Ein Anstieg der Opportunitätskosten der Finanzierung (steigende Kapitalmarktzinsen) würde die Firmen mit dem niedrigsten τ zum Marktaustritt bewegen.

Im Beteiligungsfinanzierungs–Gleichgewicht des MPC–Fall $\{\alpha^P, 0\}$ findet keine Quersubvention zwischen den unterschiedlichen Typen statt. Eine in der Literatur sehr viel stärker beachtete Variante des MPC–Selektionsproblems erhält man, indem eine Beteiligungsfinanzierung exogen ausgeschlossen wird.[18] Mit dieser zusätzlichen Restriktion wird die Lösung des Finanzierungsproblems trivialerweise auf eine reine Kreditfinanzierung beschränkt, die sich allerdings als prekär erweist. Bei Kreditfinanzierung subventionieren nämlich die 'besseren', also weniger riskanten Firmen, solche mit höheren Ausfallwahrscheinlichkeiten. Bei gleichem Erwartungswert ist ein aus der Sicht der Finanziers gutes τ aus der Sicht der Firma ein schlechtes. Es sind nun die durch ein hohes τ ausgezeichneten Firmen, welche die marginalen Anbieter stellen. Für das erwartete Endvermögen der Finanziers muß gelten

$$\int_{\underline{\tau}}^{\tau^P(D)} (\mathrm{E}[\pi - D | \pi > D; \tau] - (I - W))\, dH = 0,$$

wobei $\tau^P(D)$ durch $\mathcal{W}(0, D, \tau^P) \equiv W$ definiert wird. Da mit steigendem D die aus der Sicht der Finanziers besten Firmen den Markt verlassen, ist die linke Seite der Gleichung im allgemeinen nicht monoton zunehmend in D. Es kann daher günstiger sein, bei einer hohen Nachfrage Kreditnehmer mengenmäßig zu rationieren statt D zu erhöhen. In einer solchen Situation ist das Marktgleichgewicht neben der 'Nullgewinnbedingung' noch durch eine Finanzierungswahrscheinlichkeit charakterisiert. Eine solche stochastische Rationierung kann als Folge der extrem eingeschränkten Gestaltungsspielräu-

[18]Diese Variante wurde erstmalig bei Stiglitz & Weiss (1981) in ihrer Analyse der Kreditrationierung vorgeschlagen. Eine Diskussion aus makroökonomischer und Perspektive des Modells siehe Mankiw (1986). Sie findet sich als 'Baustein' in zahlreichen Beiträgen wieder. Für die qualitativen Ergebnisse ist es lediglich erforderlich, eine Obergrenze für die Beteiligungfinanzierung $\bar{\alpha}$ mit $\bar{\alpha} < \alpha^P$ einzuführen.

me des Finanzierungsvertrages angesehen werden. Sie tritt, wie gezeigt, nicht auf, wenn eine Beteiligungsfinanzierung zugelassen wird.[19]

Der Vollständigkeit halber sei hier noch darauf hingewiesen, daß auch für den FSD–Fall die Finanzierung exogen auf das Instrument beschränkt werden kann, welches im Gleichgewicht nicht gewählt würde. Die Kombination des FSD–Falls mit einer Beteiligungsfinanzierung der Investition findet sich zum Beispiel bei Myers & Majluf (1984). Sie wird implizit auch in Miller & Rock (1985) unterstellt, die eine Finanzierung von Investitionen nur durch laufende Überschüsse zulassen, deren einzige alternative Verwendung die Ausschüttung an die Eigenkapitalgeber ist. Allerdings werden die qualitativen Eigenschaften des Marktes in diesem Fall weniger stark berührt. Auch mit dieser Einschränkung subventionieren die guten Firmen die schlechten, und die schlechten Typen stellen die marginalen Marktteilnehmer.

Aus dem hier vorgestellten Modell der Kapitalstruktur–Entscheidung bei asymmetrischer Information zum Finanzierungszeitpunkt lassen sich zwei Schlüsse ziehen:

1. Es ist nicht möglich, mit dem 'Auszahlungsprofil' des Finanzierungsvertrages allein die Qualität zu signalisieren. Damit die Selektion der Firmen in einem Trennungsgleichgewicht gelingt, darf es sich für die schlechteren nicht lohnen, die besseren zu imitieren. Es muß also hinreichend hohe Kosten der Signalisierung geben, die in diesem Modell noch fehlen.
2. Die gegensätzlichen Lösungen für die beiden Annahmen zur Informationsasymmetrie (FSD vs. MPC) legen nahe, daß die Ergebnisse von Signalisierungs– und Selektionsmodellen immer stark von den Annahmen zur Natur des Informationsvorteiles geprägt sein werden.

Wir werden im Kapitel 4 das Investitionsvolumen I als Signalisierungsinstrument einführen, welches Trennungsgleichgewichte ermöglichen kann. Zuvor soll aber noch kurz skizziert werde, welche Möglichkeiten der Signalisierung sich bei Risikoaversion der Firmen und der Existenz illiquiden Vermögens ergeben.

3.3.4 Signalisierung bei Risikoaversion und illiquidem Vermögen

Für risikoneutrale Firmen ändert die Einbeziehung der liquiden Eigenmittel W an den qualitativen Ergebnissen nichts. Da im MPC–Fall im Gleichgewicht keine Quersubvention stattfindet, ist die Höhe von W irrelevant. Im FSD–Fall zahlen die Guten einen zu hohen Preis für die Kreditfinanzierung und werden daher ihr Vermögen freiwillig einsetzen. Die Schlechten erhalten die

[19] Eine gute Übersicht zum Problem der Kreditrationierung bieten Bester & Hellwig (1987). Allgemein zeigt Gale (1996), daß es in einem kompetitiven Marktgleichgewicht bei asymmetrischer Information nicht zu einer stochastischer Rationierung kommt, wenn die Vertragsmöglichkeiten hinreichend flexibel sind, um eine Differenzierung unterschiedlicher Typen zuzulassen.

Subvention jedoch nur, wenn sie unerkannt bleiben und werden die Guten daher auch hinsichtlich ihres Vermögenseinsatzes imitieren. Entsprechendes gilt im MPC–Fall, wenn als Finanzierungsinstrument nur Kredite zugelassen werden.

Bei Risikoaversion der Firmen wird der Einsatz eigenen Vermögens wie auch die Substitution von Beteiligungskapital durch Kreditfinanzierung hingegen 'teuer'. Beide erhöhen das Risiko des Endvermögens für die Firma. Da die Wahrscheinlichkeit niedriger Gewinnrealisationen für die schlechteren Firmen größer ist, sind für sie Finanzierungsarrangements, die für diese Fälle ein geringes Endvermögen vorsehen, relativ teurer. In den Arbeiten von Leland & Pyle (1977) und de Meza & Webb (1990) wurden die Möglichkeiten der Signalisierung für den FSD–Fall untersucht. Ist die Risikoaversion hinreichend stark, kann es zu einem Trennungsgleichgewicht kommen, in dem die schlechteren Firmen ihre Investitionen durch die Emmission von Beteiligungskapital finanzieren und damit unter Offenlegung ihres Typs Risiken auf die Finanziers verlagern. Die schlechtesten Firmen verzichten auf den Einsatz von eigenem Vermögen und emittieren Beteiligungskapital mit einem Anteil von 100%, wofür sie eine gewinnunabhängige Entlohnung erhalten. Die guten Firmen signalisieren ihre Qualität durch die Bereitschaft zur Risikoübernahme durch Einsatz eigenen Vermögens und Kreditfinanzierung. Die Kosten der Signalisierung, die im Nutzenverlust durch Verzicht auf Versicherung bestehen, werden kompensiert durch die günstigeren Finanzierungskonditionen, die ihnen gewährt werden können.

Für den MPC–Fall sieht das Pool–Gleichgewicht bereits eine gewisse Risikoteilung vor, die zudem zu fairen Prämien erfolgt. Allerdings haben die schlechten Firmen eine höhere Zahlungsbereitschaft für eine weitergehende Versicherungsleistung, da für sie die Wahrscheinlichkeit schlechter Erträge höher ist. Um zu verhindern, daß sie mit ihren Prämien die hohen Leistungen an die schlechten Firmen subventionieren, werden die guten Firmen ihre Qualität durch größere Risikoübernahme signalisieren. Dies kann z.B. durch den stärkeren Einsatz von eigenem Vermögen geschehen. Ein ähnliches Ergebnis erhält man, wenn der Vertragsraum auf reine Kreditverträge beschränkt wird. Wiederum sind die Kosten des Verzichts auf Diversifikation für die besseren Firmen niedriger. Bei hinreichend starker Risikoaversion werden die schlechten Firmen auf den Einsatz eigenen Vermögens verzichten, auch wenn sie dafür ungünstigere Kreditkonditionen in Kauf nehmen müssen. Wiederum signalisieren die Guten durch die Bereitschaft zum Vermögenseinsatz ihre geringere Insolvenzwahrscheinlichkeit.

Wenn über das liquide Vermögen hinaus noch illiquides Vermögen existiert, bieten sich auch im Falle der Risikoneutralität Signalisierungsmöglichkeiten. Im vorangegangenen Kapitel hatten wir die Verluste aus dem Zugriff auf illiquides Vermögen mit L bezeichnet. Da sowohl unter der FSD–Annahme als auch unter der MPC–Annahme schlechtere Firmen eine höhere Wahrscheinlichkeit sehr niedriger Erträge haben, sind die erwarteten Kosten

Tabelle 3.1: Signalisierungsmodelle

	der Informationsvorteil betrifft	
	das Ertragsrisiko MPC–Fall	die Ertragshöhe FSD–Fall
freie Wahl der Kapitalstruktur, Risikoneutralität	Pool–Gleichgewicht mit reiner Beteiligungsfinanzierung ?	Pool–Gleichgewicht mit reiner Kreditfinanzierung de Meza & Webb (1990) Poitevin (1989)
Risikoneutralität, aber Beschränkung der Finanzierungsinstrumente auf	Kreditfinanzierung Stiglitz & Weiss (1981) Mankiw (1986)	Beteiligungsfinanzierung Myers & Majluf (1984) Miller & Rock (1985)
freie Wahl der Kapitalstruktur, Risikoaversion	Signalisierung durch Risikoübernahme, gute Firmen setzen mehr Eigenvermögen ein ?	Signalisierung durch Risikoübernahme, gute Firmen haben höheren Verschuldungsgrad de Meza & Webb (1990) Leland & Pyle (1977)
Besicherung durch illiquides Vermögen	bei Beschränkung auf Kreditfinanzierung, Signalisierung durch Besicherung Bester (1985a)	Signalisierung durch Kreditfinanzierung mit Sanktion im Insolvenzfall Ross (1977)

von Verträgen, die für schlechte Realisationen die Zerstörung von illiquidem Vermögen vereinbaren, für gute Firmen niedriger als für schlechte. Für die FSD–Variante hat Ross (1977) ein Signalierungsmodell analysiert, in dem das illiquide Vermögen aus dem Humankapital des Managements besteht, das im Insolvenzfall aufgrund von Reputationsverlusten eine fixe Wertminderung erleiden. Durch die Wahl eines höheren Verschuldungsgrades und dem damit vergrößerten Insolvenzbereich signalisieren Firmen mit guten Ertragserwartungen ihre Qualität. Eine Imitation lohnt sich für schlechtere Firmen nicht, da sie für den gleichen Vertrag höhere Sanktionsverluste erwarten müssen.[20]

Für den MPC–Fall mit der Beschränkung auf Kreditverträge hat Bester (1985a) gezeigt, wie Kreditsicherheiten, die nur unter Verlusten liquidiert

[20] Allerdings betrachtet Ross ein bereits etabliertes Management, das auf keine zusätzlichen finanziellen Mittel angewiesen ist, so daß die Motivation der Signalisierung noch etwas willkürlich erscheint. Ebenfalls für den FSD–Fall wird in Wang & Williamson (1993) die Signalisierung durch eine kostenträchtige Technologie zur Aufdeckung des Typs betrachtet.

werden können, zur Selektion von Firmen nach ihrem Ausfallrisiko zu nutzen sind. Bei gegebenem nominellen Rückzahlungsanspruch D steigt mit zunehmendem Wert der eingeräumten Sicherheit der erwartete Verlust im Insolvenzfall. Dieser Anstieg ist unter den Annahmen des MPC–Falls für schlechtere Firmen jedoch größer als für bessere. Letztere zeichnen sich daher durch eine größere Bereitschaft aus, für eine Reduzierung von D zusätzliche Sicherheiten einzuräumen. Wiederum ist ein Trennungsgleichgewicht denkbar, in dem die schlechten Firmen auf eine Besicherung der Kredite durch illiquides Vermögen verzichten und die besseren Firmen ihre geringe Insolvenzwahrscheinlichkeit durch die Stellung von Sicherheiten signalisieren.

Abschließend bleibt noch festzuhalten, daß die Signalisierung den Zusammenhang von erwartetem Endvermögen und Firmentyp qualitativ nicht ändert. Im FSD–Pool–Gleichgewicht mit reiner Kreditfinanzierung waren gute Typen trotz der ihnen abverlangten Subvention besser gestellt als die schlechteren, $\mathcal{W}_\tau > 0$. Zu einem Trennungsgleichgewicht kommt es nur dann, wenn es sich für die guten lohnt, die Subvention der schlechten durch Aufwendung von Signalisierungskosten zu vermeiden. Nach wie vor erwarten gute Firmen höhere Gewinne.

In dem auf Kreditfinanzierung beschränkten MPC–Fall sank das erwartete Endvermögen mit zunehmendem τ. In einem Trennungsgleichgewicht können die weniger riskanten Firmen die Quersubvention vermeiden. Allerdings müssen sie hierfür bei gleichem erwartetem Gewinn und gleicher erwarteter Auszahlung an die Finanziers nun Signalisierungskosten in Form von Liquidationsverlusten in Kauf nehmen. Es bleibt also dabei, daß sie im Vergleich zu Firmen mit niedrigerem τ strikt schlechter gestellt sind.

Um den späteren Rückbezug auf die bislang eingeführten Varianten des Signalisierungsproblems zu erleichtern, sind die verschiedenen Kombinationen in Tabelle 3.1 zusammengestellt.

3.4 Entscheidung unter Unsicherheit

In der Principal–Agent Literatur hat die Analyse von Anreizverträgen für einen Entscheidungsträger, der unter Unsicherheit agiert, eine lange Tradition. Hinsichtlich des Einflusses des nichtkontrahierbaren Verhaltens auf die Verteilungsfunktion der Erträge F lassen sich ein Leistungs– und ein Risikoanreizproblem unterscheiden, die (weitgehend) der Fallunterscheidung in Annahme 3.1 entsprechen, wobei θ als zu manipulierender Lageparameter der Ertragsverteilung aufgefaßt wird.

3.4.1 Leistungsanreize

Das Leistungsanreizproblem, der FSD–Fall, wird für Risikoneutralität bei Innes (1990) und für Risikoaversion bei Holmström (1979) untersucht. Allerdings fällt es schwer, die Ergebnisse bezüglich optimaler Verträge für das

Finanzierungsproblem heranzuziehen. Im Fall der Risikoneutralität ist es bei der unterstellten Monotonie der Likelihood Ratio (ohne die wenig Aussagen gemacht werden können) optimal, den Finanziers in schlechten Zuständen *alles* und in guten Zuständen *nichts* zu überlassen. Finanzierungsverträge, die für einen steigenden Projektertrag fallende Auszahlungen vorsehen, lassen sich empirisch jedoch nicht beobachten. Der Grund für diese extreme Lösung liegt in der Tatsache, daß unter den gemachten Annahmen bei gleicher erwarteter Auszahlung die Leistungsanreize weiter verbessert werden können, indem eine immer höhere Belohnung auf immer bessere Ergebnisse beschränkt wird. Analog ist es von Vorteil, eine Sanktion auf die schlechtesten Zustände zu konzentrieren, dafür aber um so härter ausfallen zu lassen. Die Lösung des Vertragsproblems wird daher allein von dem Vermögen bestimmt, welches einer Verschärfung der Sanktion und einer Steigerung der Belohnung irgenwann eine Grenze setzen muß.[21]

Im Fall der Risikoaversion wird von dieser extremen Lösung zugunsten einer Verbesserung der Versicherung abgewichen. Der optimale Vertrag sieht eine kontinuierlich ansteigende Auszahlung an die Firma vor. Ohne weitere Restriktionen kann jedoch nicht gewährleistet werden, daß die Auszahlung an die Finanziers nicht fällt, was angesichts des extremen Ergebnisses bei Risikoneutralität nicht überrascht. Darüberhinaus erweist sich die genaue Form des Auszahlungsprofils als sehr sensitiv hinsichtlich der stochastischen Annahmen.[22]

3.4.2 Risikoanreiz

Das Risikoanreizproblem (der MPC–Fall) nimmt seit den Arbeiten Jensen & Meckling (1976) und Stiglitz & Weiss (1981) einen prominenten Platz in der Finanzierungsliteratur ein. Allerdings wird es nur selten aus der Perspektive optimaler Verträge betrachtet. Wenn beide Seiten risikoneutral sind, ist die Lösung des Vertragsproblems für eine unbeobachtbare Veränderung des Gewinnrisikos trivial, soweit diese den Erwartungswert der Gewinne unberührt läßt. Eine Aktivität, die keine Auswirkung auf den Erwartungswert der Kooperationsrente hat, wie dies im MPC–Fall unterstellt wird, kann nur den Wert einzelner Finanztitel zu Lasten anderer erhöhen. Für diese von den Beteiligten bereits bei Vertragsabschluß antizipierte Aufteilung der 'Parten', gelten die Irrelevanztheoreme der neoklassischen Finanzierungstheorie, da sie am Kapitalmarkt jederzeit korrigiert werden kann. Welche Risikoanreize das Auszahlungsprofil der Finanztitel dem Entscheidungsträger setzt, ist daher

[21] Nur die exogene Beschränkung der Verträge auf solche mit einer schwach steigenden Auszahlung an die Finanziers führt unter diesen Annahmen zu einem reinen Kreditvertrag (Innes (1990) und ähnlich Wang & Williamson (1993)). Diese Ableitung des Kreditvertrages als optimaler Finanzkontrakt erscheint mir wenig überzeugend.

[22] Eine ausführliche Diskussion dieses Problems findet sich bei Hart & Holmström (1987).

irrelevant. Für den Fall, daß der Entscheidungsträger risikoavers ist, würde ihn der optimale Vertrag vollständig versichern, was ihn zugleich indifferent gegenüber der Wahl des Risikoparameters werden läßt.

Für die Formulierung eines gehaltvollen Risikoanreizproblems bei Risikoneutralität gibt es zwei Ansatzpunkte:

1. Der Aktionsraum des Entscheidungsträgers wird erweitert, so daß ihm Aktionen zur Verfügung stehen, die das Risiko unter Inkaufnahme von Kosten, also zu Lasten des Erwartungswertes manipulieren.[23]
2. Das Risikoanreizproblem wird mit weiteren Anreizproblemen verknüpft.

Im ersten Fall ist das optimale Auszahlungsprofil der Firma linear im Projektertrag, was (neben risikolosem Kredit) eine reine Beteiligungsfinanzierung erfordert. Für jedes andere Auszahlungsprofil lassen sich Beispiele konstruieren, in denen suboptimale Entscheidungen getroffen werden.[24] In Kapitel 5 werden wir allerdings sehen, daß es sich bei strategischer Interaktion auf Absatzmärkten lohnen kann, die Finanzierungsstruktur durch Aufnahme ausfallbedrohter Darlehen gezielt zur Manipulation von Risikoanreizen einzusetzen.

Auch mit dem zweiten Ansatz wird der Aktionsbereich erweitert, wobei zusätzlich angenommen wird, daß die Firma eigene Präferenzen über die Handlungsmöglichkeiten hat. Eine wesentliche Eigenschaft der Anreizverträge in Kapitel 2 waren ex post Effizienzverluste bei schlechten Gewinnrealisationen. Die Kooperationsrente wurde hierdurch im unteren Bereich der Gewinnverteilung geschmälert. Zugleich war das Endvermögen der Firma im Projektertrag linear (im Fall des Sanktionsvertrages) oder konvex (im Falle schwacher Anreize oder von Interventionen der Finanziers). Intuitiv kann vermutet werden, daß beide Seiten ein Interesse daran haben, die Streuung der Gewinne zu vermindern, wenn hierdurch die Wahrscheinlichkeit von Realisationen, in denen starke Effizienzverluste eintreten, gesenkt werden kann.[25] Die Auszahlungsprofile bieten der Firma hierzu keine bzw. sogar die falschen Anreize. Wenn der Firma zusätzlich zur Vermögensaneignung nichtkontrahierbare Möglichkeiten zur Einflußnahme auf das Vermögensrisiko eingeräumt werden, ergibt sich daher immer ein Risikoanreizproblem. Die

[23]Dieses Vorgehen ist von Kürsten (1995) heftig kritisiert worden. Er spricht von dem erweiterten Aktionsraum als 'inadäquater Modellierung' des Risikoanreizproblems, bleibt dann aber den Beleg dafür schuldig, daß es (i) entweder eine auf der MPC–Annahme aufbauende Modellierung eines Risikoanreiz*problems* gibt, oder (ii) keine Entscheidungssituationen existieren, in denen die Veränderung des Risikos mit einer Reduzierung des Erwartungswertes einhergeht. Wir werden in Abschnitt 5.2 auf eine ganze Reihe von Beispielen aus der Industrieökonomik treffen, in denen sich ein solcher Trade–off auf sehr natürliche Weise ergibt.

[24]Hierzu ausführlich Laux (1998).

[25]Wir werden diese Intuition in Abschnitt 4.3 noch stärken. Dort wird gezeigt, daß ein '*second best*' Investitionsniveau vom '*first best*' Niveau genau in die Richtung abweicht, in der das Gewinnrisiko gesenkt wird.

Charakterisierung optimaler Verträge ist mit dieser Erweiterung allerdings nur noch in speziellen Fällen möglich. Das übliche Vorgehen bei der Verbindung von Leistungs– und Risikoanreizproblem besteht daher darin, den Kontrakt exogen auf bestimmte Finanzinstrumente (Kredit mit unterschiedlicher Seniorität, Beteiligungskapital, Optionen) zu beschränken und deren optimale Kombination zu ermitteln.[26], [27]

3.5 Robuste Eigenschaften anreizkompatibler Finanzierungsverträge II

Am Ende des vorangegangenen Kapitels konnten wir ein zuversichtliches Fazit über die Robustheit wesentlicher Eigenschaften anreizkompatibler Finanzierungsverträge ziehen. Im Lichte der Analyse von Risikoaversion und alternativen Informationsannahmen soll nun erneut nach der Reichweite der Resultate des zweiten Kapitels gefragt werden.

3.5.1 Risikoaversion

Zu Beginn von Abschnitt 3.2 hatten wir Annahme einer im Endvermögen linearen Zielfunktion kritisiert, nicht nur weil sie Risikoneutralität unterstellt, sondern auch, weil in einer mehrperiodigen Betrachtung das für das Ende der zweiten Periode erwartete Endvermögen eine konkave Funktion des Endvermögens der ersten Periode ist. Nur mit einer konkaven Zielfunktion können wir daher hoffen, daß unser einperiodiges Modell die reduzierte Form eines nicht explizit modellierten mehrperiodigen Problems sei.

Die Einführung von Risikoaversion auf Seiten der Firma stellt die Ergebnisse des vorangegangenen Kapitels nicht grundsätzlich in Frage. Das Sanktionsmodell aus Abschnitt 2.2 hat seine qualitativen Eigenschaften auch unter der Annahme der Risikoaversion beibehalten. Wenn der optimale Vertrag, die Konvexität von Aneignungskosten ausnutzend, Verhaltensineffizenzen in Kauf nimmt, wird seine Charakterisierung durch die Risikoaversion

[26]So dienen in Fischer & Zechner (1990) Optionsanleihen zur Milderung des Risikoanreizproblems, welches sich aus der Finanzierung mit ausfallbedrohtem Kredit ergibt. Bei Berkovitch & Kim (1990) manifestiert sich das Risikoanreizproblem als Unter– oder Überinvestitionsanreiz, welcher durch die Seniorität des alten Kredites gemildert werden kann. Wenn spätere Investitionen nur durch nachrangige Kredite zu finanzieren sind, steigen die Kapitalkosten, was die Neigung zur Überinvestition bremst. Umgekehrt sollte bei drohender Unterinvestition eine spätere Finanzierung durch vorrangige und damit billigere Kredite ermöglicht werden.

[27]In Hirschleifer & Suh (1992), werden optimale Verträge für risikoaverse Agenten betrachtet, die die Ertragserwartungen sowohl durch eine Leistungsvariable im FSD–Sinne als auch durch eine Risikovariable im MPC–Sinne beeinflussen können. Allerdings werden dort spezifischere Annahmen über die Nutzen– und Verteilungsfunktionen getroffen als in unserer Analyse.

schwieriger. Das Ergebnis, daß Risikoüberlegungen eine Verzerrung im mittleren Bereich am ehesten rechtfertigen, erscheint jedoch plausibel. Intuitiv ist zu erwarten, daß bei mäßiger Risikoaversion der in Abbildung 2.2 skizzierte Vertrag seine Steigung im mittleren Bereich langsamer vermindert. Das Endvermögen der Firma sollte weniger konvex und die Aneignungsverluste weniger stark auf den untersten Bereich konzentriert sein.

Größere Schwierigkeiten ergeben sich im Verifikationsmodell. Sobald die Risikoaversion stark genug ausgeprägt ist, um überhaupt einen Einfluß auf den Vertrag auszuüben, erhalten wir ein offensichtlich unplausibles Ergebnis. Allerdings hängt diese Annomalie eng mit dem bereits kritisierten Umstand zusammen, daß die Interventionsintensität nicht flexibel gewählt werden kann. Insgesamt interpretieren wir diese Resultate als Bestätigung dafür, daß die Unterstellung der Risikoneutralität im Rahmen dieses Ansatzes eine zwar nicht ganz unproblematische aber dennoch legitime Vereinfachung darstellt.

3.5.2 Varianten des Informationsproblems

Natürlich kann nicht erwartet werden, daß die Ergebnisse von informationsökonomischen Finanzierungsmodellen invariant bezüglich der Annahmen zum Informationsproblem selbst sind. Wir hatten zwei naheliegende Abwandlungen des Ausgangsproblems betrachtet: die Firma erfährt die relevanten Umweltvariable erst nach ihrer Aktivität, die Firma erfährt die Umweltvariable bereits vor Abschluß des Finanzierungsvertrages.

In der ersten Variante (die wir als zweite betrachtet haben) ließen sich ein Leistungsanreiz– und ein Risikoanreizproblem unterscheiden, je nachdem ob die Aktivität der Firma, die Verteilung des unsicheren Ertrages verbesserte (FSD–Fall) oder sicherer (MPC–Fall) machte. Bereits für das Leistungsanreizproblem, welches nahe an der Intuition des Ausgangsmodells bleibt, fällt es schwer, den optimalen Vertrag zu charakterisieren. Es ist nicht einmal gewährleistet, daß die Auszahlungen an die Finanziers im realisierten Ertrag zunehmen.

In Reinform ist das Risikoanreizproblem uninteressant. Bei Risikoneutralität ist der optimale Vertrag unbestimmt, bei Risikoaversion des Entscheidungsträgers erfolgt eine vollständige Versicherung. In der Anwendung auf Finanzkontrakte wird das Risikoanreizproblem daher mit anderen Anreizproblemen verbunden, wobei optimale Verträge nur für spezifische Problemstellungen charakterisiert werden können.

Die zweite Abwandlung der Informationsstruktur räumt der Firma bereits zum Finanzierungszeitpunkt einen Informationsvorteil ein. Mit diesem Wechsel vom *hidden action* Problem zum *hidden information* Problem stellen sich neue komplexe Fragen für die Analyse kompetitiver Märkte, die nach meinem Dafürhalten bislang nicht befriedigend beantwortet sind. Wir haben diese Fragen in Abschnitt 3.3.2 lediglich beiseite geschoben und motiviert, warum die damit zusammenhängende Unterscheidung zwischen Selektions– und Signalisierungsmodellen in dieser Arbeit bewußt heruntergespielt wird.

Trotz dieser Vereinfachung ist es schwer, die beiden Ansätze systematisch zueinander in Beziehung zu setzen. Ein fundamentaler Unterschied zeigt sich an der Anreizkompatibilitätsbedingung, die in die jeweils entgegengesetzte Richtung bindet. In den *hidden–action*–Vertragsmodellen mußte die Firma in guten Umweltzuständen daran gehindert werden, schlechte Realisationen zu reklamieren. Im *hidden–information*–Problem ist eine Selektion der Firmen nur möglich, wenn Firmen mit schlechten Informationen daran gehindert werden können, solche mit guten Informationen zu imitieren. Entsprechend sind es nun die guten Firmen, die durch ineffiziente Verträge ihre Überlegenheit signalisieren (*distortion at the top*). Über diesen formalen Vergleich hinaus kann ich leider wenig zur Übersetzung der ökonomischen Intuition zwischen den Modellen anbieten.

Um in den folgenden Kapiteln die im optimalen Vertragsmodell gewonnenen Ergebnisse mit entsprechenden Resultaten aus der Selektions– und Signalisierungsliteratur zu kontrastieren, wurde in Abschnitt 3.3.3 ein einfaches Kapitalstruktur–Modell vorgestellt. In diesem waren die Finanzierungsinstrumente Kredit und Beteiligungsfinanzierung exogen vorgegeben und mit keinen weiteren Anreizproblemen verbunden. Bei vollständiger Information wäre unter diesen Annahmen die Finanzierungsstruktur irrelevant gewesen. Bei asymmetrischer ex–ante–Information ergaben sich jedoch eindeutige Gleichgewichte mit genau entgegengesetzter Finanzierungstruktur, je nachdem, ob unterstellt wurde, daß sich die Projekte im erwarteten Ertrag (FSD–Fall) oder in ihrem Risiko (MPC–Fall) unterscheiden. Dies läßt bereits ahnen, daß diese Unterscheidung auch in reicheren und daher weniger zu extremen Lösungen neigenden Modellen eine ausschlaggebende Rolle spielen wird.[28]

Zusammenfassend ist festzustellen, daß informationsökonomische Analysen des Finanzierungsproblems, sehr sensitiv bezüglich der zeitlichen Reihenfolge des Eintreffens von Umweltinformationen sind. Darüberhinaus scheint mir, die in dieser Arbeit in den Vordergrund gestellte Variante, derzufolge die Firma nach Abschluß des Vertrages aber vor ihrer Aktion den Umweltzustand erfährt, am ehesten geeignet, optimale Kontrakte abzuleiten, die hinreichende Ähnlichkeiten mit empirisch vorfindbaren Finanzkontrakten aufweisen.

[28]Das vielleicht bedeutendste Ergebnis der neoklassischen Finanzierungstheorie ist die Ableitung einer Bewertungsregel mit einer einfachen positiven Beziehung zwischen dem erwarteten Ertrag und dem systematischem Risiko. Obwohl es sich bei den Risiken unserer Anreizmodelle um unsystematische Risiken handelt, kann bereits unser einfaches Referenzbeispiel für einen solchen 'Trade–off' nur noch in speziellen Fällen gelöst werden.

3.6 Beweise

Beweis von Proposition 3.1

Angenommen, es existiert ein Vertrag $\{\tilde{s}, \tilde{l}\}$, der auf einer (nichtdegenerierten) Teilmenge von dem in Proposition 2.2 abgeleiteten Vertrag $\{s^*, l^*\}$ verschieden ist. Die entsprechenden Endvermögen der Firma seien $\tilde{w}(\pi)$ und $w^*(\pi)$ mit den jeweiligen kumulierten Wahrscheinlichkeitsverteilungen G^* und $\tilde{G}$. Offensichtlich ist ein Vertrag mit $\tilde{w}(\pi) \leq w^*(\pi), \forall \pi$ inferior. Ein Vertrag mit $\tilde{w}(\pi) \geq w^*(\pi), \forall \pi$ würde die Partizipationsbeschränkung verletzen. Aufgrund der Anreizbedingung gilt aber: $\tilde{w}(\pi_1) \leq w^*(\pi_1) \Longrightarrow \tilde{w}(\pi) \leq w^*(\pi), \forall \pi \leq \pi_1$ und umgekehrt $\tilde{w}(\pi_1) \geq w^*(\pi_1) \Longrightarrow \tilde{w}(\pi) \geq w^*(\pi), \forall \pi \geq \pi_1$. Daher existiert genau ein $\hat{\pi}$ derart, daß $\tilde{w} < w^*$, $\forall \pi < \hat{\pi}$ und $\tilde{w} > w^*$, $\forall \pi > \hat{\pi}$. Entsprechend schneiden sich die Verteilungsfunktionen nur einmal bei $\hat{\pi}$. Da der Vertrag $\{s^*, l^*\}$ das erwartete Endvermögen maximiert, muß darüberhinaus gelten: $\int_{\underline{\pi}}^{\overline{\pi}} G^* d\pi \geq \int_{\underline{\pi}}^{\overline{\pi}} \tilde{G} d\pi$. Folglich ist G^* im Sinne der stochastischen Dominanz zweiter Ordnung besser als $\tilde{G}$. □

Beweis von Proposition 3.2

Wir knüpfen an die Überlegungen auf Seite 71 an. Da die Vermögensrestriktion annahmegemäß nicht bindet, gilt $w(\underline{\theta}) > 0$ und daher $\psi(\underline{\theta}) = 0$. Weiter war für *ß* eine Randlösung bei *ß* $= 1$ unterstellt. Wie im Text erläutert, erfordert die vollständige Charakterisierung der Lösung die Berücksichtigung der Monotoniebeschränkung. Glücklicherweise ist die Lösung dort, wo die Monotoniebeschränkung nicht bindet, durch die Optimalitätsbedingungen bestimmt, wie sie aus dem vereinfachten Programm gewonnen werden können. Für die partiellen Ergebnisse von 3.2 kann die Bedingung daher unberücksichtigt bleiben.

Aus (2.27) und (2.24) erhalten wir $K = EU' - \lambda = 0$. Substitution von λ in (2.26) ergibt

$$\psi(\theta) = -F(\theta)(EU'_- - EU') < 0, \quad \forall \theta \in (\underline{\theta}, \bar{\theta}). \tag{3.8}$$

Da aufgrund von (2.21) und (2.11c) $g = 0$ gilt, können wir (2.19) für $\pi > 0$ umformen zu:

$$0 = EU'a'f - F(EU'_- - EU')a'' - \mu_1 \,. \tag{3.9}$$

$\pi < \theta$ impliziert $\mu_1 = 0$. Unter Verwendung von $EU' = FEU'_- + (1-F)EU'_+$ kann Gleichung (3.9) zu (3.4) umgeformt werden.

Um zu zeigen, daß es zu einer Verhaltensverzerrung in der Mitte der Verteilung kommen wird, definieren wir $L_\pi \equiv EU'a'f - F(EU'_- - EU')a''$. Eine Randlösung mit $\pi = \theta$ würde $L_\pi \geq 0$ erfordern. Für alle $\theta \in (\underline{\theta}, \bar{\theta})$ gilt bei der unterstellten Risikoaversion und der Monotonie von w jedoch $F(EU'_- - EU') > 0$. Vorausgesetzt $a''(0)/a'(0)$ ist hinreichend groß, dann ist

L_π für $\pi = \theta$ und $\theta \in (\underline{\theta}, \bar{\theta})$ daher negativ. Die Optimalitätsbedingung kann daher nur für $\pi < \theta$ erfüllt sein.

Weiter folgt aus $\lim_{\theta \to \bar{\theta}} EU'_- - EU' = 0$ und $F(\underline{\theta}) = 0$ daß $L_\pi(\underline{\theta}), L_\pi(\bar{\theta}) > 0$. An den Rändern des Trägers erhalten wir daher Randlösungen für π, also $\underline{\theta}, \bar{\theta} \notin \Theta_m$.

Steigung von π.. Abschließend zeigen wir, daß sign π' äquivalent zum Ausdruck (3.3) ist, wenn die Monotoniebedingung nicht bindet. Die Steigung von π ist gegeben durch $\pi' = -L_{\pi\theta}/L_{\pi\pi} > 0$. Aufgrund der Annahme 2.2 gilt

$$L_{\pi\pi} = -a'''F(EU'_- - EU') - a''fEU' < 0,$$

wie es auch für die zweiten Ordnungsbedingungen erforderlich ist. Das Vorzeichen von π' hängt damit vom Vorzeichen von

$$L_{\pi\theta} = EU'(a''f - a'f) - (EU'_- - EU')(a''f + a'''F) - a''FU'$$

ab. Aus $L_\pi = 0$ folgt $(EU'_- - EU') = EU'a'f/a''F$. Durch Substitution und teilen durch $EU'a'f > 0$ erhalten wir:

$$\text{sign } L_{\pi\theta} = \text{sign } \left(\left(\frac{a''}{a'} - \frac{a'''}{a'} \right) + \left(\frac{f'}{f} - \frac{f}{F} \right) - \frac{F}{f}\frac{a''}{a'}\frac{U'}{EU'} \right).$$

Der Ausdruck auf der rechten Seite ist äquivalent zum entsprechenden Term in (3.3). □

Beweis von Proposition 3.3

Der Beweis erfordert eine Reihe von Einzelschritten. Zunächst definieren wir die maximale Auszahlung im Interventionsfall ϕ, die für eine gegebene beliebige Auszahlung im Passivitätsfall der Finanziers anreizkompatibel ist:

$$\phi(\pi; s) \equiv \min_{\tilde{\pi} \in P} [s(\tilde{\pi}) + \alpha|\pi - \tilde{\pi}|], \ \pi \in A.$$

Die Anreizbedingung erfordert, daß $s(\pi) \leq \phi(\pi; s) \ \forall \pi \in A$. Zugleich folgt aus der Anreizbedingung, daß eine Intervention auch notwendig ist, wenn $s(\pi) < \phi(\pi; s)$.

Lemma 3.1 *Es wird nicht unnötig interveniert: $s(\pi) < \phi(\pi; s)$ für $\pi \in A$.*

Beweis: Angenommen, $\{\hat{s}, \hat{A}\}$ wäre optimal und es existierte eine nichtdegenerierte Teilmenge $A_1 \subseteq A$ mit $s(\pi) = \phi(\pi; s)$. Betrachte den alternativen Vertrag $\{\hat{s}, A^*\}$ mit $A^* = \hat{A} \setminus A_1$. Beide Verträge sind gleich, außer daß der zweite für $\pi \in A_1$ auf Interventionen verzichtet und den Finanziers die entsprechenden Kosten $\int_{A_1} kdF$ spart. $\{\hat{s}, A^*\}$ erfüllt die Vermögens– und die Anreizbedingung. Er stellt die Firma nicht schlechter und die Finanziers strikt besser. Dieser Gewinn kann an die Firma zurückgegeben werden durch einen Vertrag $\{s^*, A^*\}$ mit $s^* = \hat{s} - \eta$, bei dem $\eta > 0$ so gewählt ist, daß die Finanziers den gleichen Erwartungsnutzen wie unter $\{\hat{s}, \hat{A}\}$ erhalten. □

Die folgenden Teilergebnisse charakterisieren den Anstieg der Auszahlungsfunktion s für $\pi \in A$ und $\pi \in P$.

Lemma 3.2 *Wenn die Finanziers aktiv intervenieren, steigt die Auszahlung eins zu eins mit den Erträgen:* $s(\pi) = \pi - c_1$, $c_1 \geq 0$ *für* $\pi \in A$.

Beweis: Angenommen, ein anderer Vertrag $\{\hat{s}, \hat{A}\}$ wäre optimal, dann könnte dieser ersetzt werden durch $\{s^*, \hat{A}\}$ mit

$$s^*(\pi) = \begin{cases} \hat{s}(\pi), & \pi \in \hat{P} \\ \min\{\pi - \eta, \phi(\pi; \hat{s})\}, & \pi \in \hat{A}. \end{cases}$$

wobei $\eta \geq 0$ so gewählt ist, daß $\int_{\hat{A}}(s^* - \hat{s})dF = 0$. Da s^* kontinuierlich in η ist und $\hat{s} \leq s^*$ für $\eta = 0$ sowie $\hat{s} > s^*$ für $\eta \to \infty$, existiert immer eine solche Lösung. Konstruktionsbedingt gewährt s^* den Finanziers die gleiche erwartete Auszahlung, aber es hält die Auszahlung an die Firma konstant, soweit dies mit der Anreizbedingung vereinbar ist. Die gleichen Argumente wie im Beweis von Proposition (3.1) zeigen, daß die Verteilung von $\pi - s^*$ diejenige von $\pi - \hat{s}$ gemäß dem Kriterium der stochastischen Dominanz zweiter Ordnung dominiert und daher die Firma besser stellt. Wenn die Anreizbedingung auf einer nichtdegenerierten Teilmenge bindet ($s^* = \phi(\pi; \hat{s})$), können wir Lemma 3.1 heranziehen, um das gewünschte Ergebnis zu erhalten. □

Lemma 3.3 *Wenn die Finanziers passiv bleiben, steigt die Auszahlung zwischen zwei Punkten mit der Steigung* α*:*
$s(\pi) = \alpha\pi - c_2$ *für* $\pi \in P$.

Beweis: Angenommen, ein anderer Vertrag $\{\hat{s}, \hat{A}\}$ wäre optimal. Definiere $\check{s}(\pi) \equiv \min\{\alpha\pi - \eta, \pi\}$ und betrachte den Vertrag $\{s^*, \hat{A}\}$ mit

$$s^*(\pi) = \begin{cases} \check{s}(\pi), & \pi \in \hat{P} \\ \min\{\hat{s}, \check{s}(\pi)\}, & \pi \in \hat{A}. \end{cases}$$

wobei η so gewählt ist, daß $\int_X(s^* - \hat{s})dF = 0$. Ein solches η existiert, da s^* in η kontinuierlich ist und $\hat{s} \leq s^*$ für $\eta \to -\infty$ sowie $\hat{s} \geq s^*$ für $\eta \to \infty$. Da $\check{s}(\pi) = \phi(\pi; s^*)$, erfüllt der Vertrag die Vermögens–, Partizipations– und Anreizbeschränkung. Die gleichen Argumente wie im Beweis von Proposition 3.1 zeigen, daß die Verteilung von $\pi - s^*$ diejenige von $\pi - \hat{s}$ gemäß dem Kriterium der stochastischen Dominanz zweiter Ordnung dominiert und daher die Firma besser stellt. □

Nun verbinden wir die Teilergebnisse. Aus Lemma 3.1 folgt:

Lemma 3.4 *Die Parameter* c_1, c_2 *von Lemma 3.2 und Lemma 3.3 erfüllen die folgende Bedingung:* $\pi - c_1 < \alpha\pi - c_2 \quad \forall \pi \in A$.

Lemma 3.5 *Die Interventionen beschränken sich auf einen kompakten Bereich der schlechten Realisationen:*
$\exists\, \pi_0$ *so daß* $\pi \in A\ \forall \pi < \pi_0$, *und* $\pi \in P\ \forall \pi \geq \pi_0$.

Beweis: Wir zeigen, daß anderenfalls durch eine 'Linksverschiebung' von Interventionen die Risikoteilung verbessert werden kann. Angenommen, ein anderer Vertrag $\{\hat{s}, \hat{A}\}$, der die Lemmas 3.2 und 3.3 erfüllt, wäre optimal. Definiere $\hat{s}_N(\pi) = \alpha\pi + \hat{c}_2$, $\hat{s}_A(\pi) = \pi - \hat{c}_1$, $\pi_0 = \inf[\hat{A}]$, $\pi_1 = \sup[\hat{A}]$, $\eta_0 = \hat{s}_N(\pi_0) - \hat{s}_A(\pi_0)$, $\eta_1 = \hat{s}_N(\pi_1) - \hat{s}_A(\pi_1)$. Lemmas 3.2 und 3.3 implizieren $\eta_0 > \eta_1$. Dann können wir Teilmengen $A_1 \subseteq \hat{A}$ und $P_1 \subseteq \hat{P}$ so wählen, daß (i) $\pi_N < \pi_A$, $\forall\, \pi_N \in P_1, \pi_A \in A_1$, (ii) $\int_{P_1} dF = \int_{A_1} dF$ und (iii) $\hat{s}_N(\pi_N) - \eta_1 > L$, $\forall\, \pi_N \in P_1$. Nun betrachten wir einen alternativen Vertrag $\{s^*, A^*\}$ mit $A^* = P_1 \cup \hat{A} \setminus A_1$ und

$$s^*(\pi) = \begin{cases} \hat{s}(\pi); & \pi \in \hat{P} \setminus P_1 \\ \hat{s}_N - \eta; & \pi \in P_1 \\ \hat{s}_N; & \pi \in A_1 \\ \hat{s}(\pi); & \pi \in \hat{A} \setminus A_1. \end{cases}$$

wobei $\eta \in [0, \eta_1]$ so gewählt ist, daß $\int_{P_1 \cup A_1} (\hat{s} - s^*)dF = 0$. Da s^* in η kontinuierlich abnimmt und $s^* > \hat{s}$ für $\eta = 0$ sowie $\int_{P_1 \cup A_1} (\hat{s} - s^*)dF > 0$ für $\eta = \eta_1$, existiert diese Möglichkeit. Der neue Vertrag gewährt dem Finanzier die gleichen erwarteten Auszahlungen und erfordert keine höheren Interventionskosten. Das Endvermögen der Firma wird erhöht (vermindert) für P_1 (A_1), wo es niedrig (hoch) war, aber nicht über (unter) das alte Niveau für A_1 (P_1). Die Verteilung von $\{s^*, A^*\}$ ist eine Mittelwert konservierende Kompression der Verteilung von $\pi - \hat{s}$ und daher besser. □

Lemma 3.6 *Die optimale Auszahlung an die Finanziers (das Endvermögen der Firma) hat einen Aufwärtssprung (Abwärtssprung) an der oberen Grenze des Interventionsbereiches — mit der möglichen Ausnahme, daß die Vermögensbeschränkung dort bindet:*
Sei $\pi_0 \equiv \inf[P]$. $\alpha\pi_0 - c_2 < \pi_0 \Longrightarrow \pi_0 - c_1 < \alpha\pi_0 - c_2$.

Beweis: Aus Lemma 3.4 folgt bereits $\pi_0 - c_1 \leq \alpha\pi_0 - c_2$. Unter Verwendung der Ergebnisse aus 3.2, 3.3 und 3.5 können wir das Optimierungsproblem als eines in den Variablen $\{c_1, c_2, \pi_0\}$ formulieren. Aus den ersten Ordnungsbedingungen folgt unmittelbar, daß $\pi_0 - c_1 = \alpha\pi_0 - c_2$ nicht optimal sein kann, wenn $c_1 > 0$. □

Proposition 3.3 faßt die Ergebnisse der Lemmas 3.2, 3.3, 3.5, 3.6 mit einigen Ändereungen der Notation, wie etwa $w_1 \equiv c_1$, $D \equiv s(\inf[N])$ und $w_2 \equiv \inf[N] - D$ zusammen. □

Beweis von Proposition 3.4.

Zur Ergänzung der Ausführungen im Textteil müssen wir nur noch die Aussagen über die Steigung der Indifferenzkurven herleiten: Für eine Firma des

Typs τ erhalten wir:

$$\left.\frac{dD}{d\alpha}\right|_{\mathcal{W}=konst} = -\frac{\mathcal{W}_\alpha}{\mathcal{W}_D} = -\frac{\int_D^{\bar{\pi}}(1-F(\pi))\,d\pi}{(1-\alpha)(1-F(D))}$$
$$= -\frac{\mathrm{E}[\pi - D|\pi > D]}{(1-\alpha)} = \frac{\mathcal{V}_\alpha}{\mathcal{V}_D} = -\left.\frac{dD}{d\alpha}\right|_{\mathcal{V}=konst}.$$

Die Änderung der Steigung der Indifferenzkurve ist gegeben durch:

$$\operatorname{sign}\frac{d}{d\tau}\left(\left.\frac{dD}{d\alpha}\right|_{\mathcal{W}}\right) = \operatorname{sign}\ -\frac{d}{d\tau}\mathrm{E}[\pi - D|\pi > D].$$

Das Vorzeichen ist gegeben durch

$$-(1-F(D))\int_D^{\bar{\pi}} -F_\tau\,d\pi - F_\tau(D)\int_D^{\bar{\pi}}(1-F(D))\,d\pi.$$

Im MPC–Fall gilt $\int_D^{\bar{\pi}} -F_\tau\,d\pi < 0, \forall D > \underline{\pi}$. Für ein niedriges D mit $-F_\tau(D) > 0$ ist das Vorzeichen positiv. Für ein D mit $-F_\tau(D) < 0$ folgt das gleiche Vorzeichen aufgrund der Lemmas 6.6 und 6.8 in Appendix 6.5 aus der Annahme der fallenden Likelihood Ratio. Damit fallen die Isogewinnlinien der besseren Firmen weniger steil als die der schlechteren. Für den FSD–Fall erhalten wir die Behauptung aus der Annahme einer monoton steigenden Likelihood Ratio. □

4. Agency–Kosten und Investitionen

4.1 Einleitung

In der neoklassischen Finanzierungstheorie steht 'Finanzierung und Investition' für eine Aufzählung. Für die Investition gilt die Entscheidungsregel: 'Führe alle Investitionen durch, deren Nettobarwert positiv ist'. Für die Finanzierung wird gezeigt, daß es keine Rolle spielt, wie die Ansprüche auf den erwarteten Ertrag aufgeteilt werden. In dieser Welt gelten die bekannten Separationstheoreme, denen zu Folge zwischen der Finanzierungs– und der Investitionsentscheidung keine Beziehung besteht. In den vorangegangenen Kapiteln haben wir gezeigt, daß bei Informations– und Anreizproblemen bestimmte Formen der Aufteilung finanzieller Ansprüche zweckmäßiger sind als andere. In diesem Abschnitt stellen wir uns die Frage, welcher Zusammenhang zwischen Finanzierungs– und Investitionsentscheidungen durch das Informationsproblem hergestellt wird. Daß eine Wechselwirkung besteht, ist nach den bisherigen Ergebnissen zu erwarten. Es wäre ausgesprochen überraschend, wenn optimale Finanzierungsarrangements, die sich durch schmerzhafte Sanktionen, kostspielige Interventionen und ineffizentes Verhalten auszeichnen, zugleich eisern an der erstbesten Investitionsregel festhalten würden.

Angesichts der zentralen Bedeutung, die der Trennung der beiden Entscheidungen in der neoklassischen Finanzierungstheorie zukommt, läßt sich das Interesse an der Wechselbeziehung zwischen finanzieller Lage und Investitionstätigkeit leicht aus dem Blickwinkel einer unternehmensbezogenen Finanzierungstheorie begründen. Anknüpfungspunkte böten die bereits in der traditionellen Finanzierungslehre aufgeworfen Fragen nach den Vor– und Nachteilen der Innenfinanzierung oder der Bedeutung von 'Risikokapital'. Dennoch wollen wir diesen Abschnitt durch eine Fragestellung motivieren, die über den Horizont des einzelnen Unternehmens hinausgeht. Der Grund liegt in der Bedeutung, welche die aggregierte Investitionstätigkeit für die Dynamik der gesamtwirtschaftlichen Entwicklung hat. So sind die durch Informationsprobleme bedingten Wechselwirkungen zwischen der finanziellen Verfassung der Unternehmen und ihrer Investitionsbereitschaft vor allem in der Makroökonomik aufgegriffen worden.

Schon vor der Entstehung der Makroökonomik als eigenständiger Disziplin hat Irving Fisher (1933) für die große Depression in den USA einen als *debt–deflation* bezeichneten Krisenmechanismus ausgemacht, der Unvollkommenheiten auf Kapitalmärkten voraussetzt. Zu Beginn der Weltwirtschaftskrise war der Verschuldungsgrad der US–Wirtschaft hoch. In dieser Situation führte nach Fisher (1933) schon eine zunächst geringfügige Verschlechterungen der Ertragserwartungen dazu, daß viele Unternehmen simultan ihre Investitionstätigkeit einschränkten und Vermögen zu liquidieren suchten, um ihre Kreditlast zu verringern. Dieses Verhalten löste einen Verfall der Güter– und Vermögenspreise aus. Die nicht antizipierte Deflation reduzierte das Firmennettovermögen durch eine reale Aufwertung der Kredite jedoch weiter. Weil alle Unternehmen gleichzeitig versuchten, ihre Schuldenlast zu senken, wuchs diese sogar noch an. Im Endeffekt kam es zu einem Vermögenstransfer zu den Kreditgebern, der die Eigenmittel der Firmen schmälerte und die nächste Runde der Krisenspirale auslöste.[1] Das eben skizzierte Argument ist keineswegs nur von wirtschaftshistorischem Interesse. Zu dem krisenauslösenden Vermögenstransfer von der Firma auf externe Kreditgeber kann es auch in Folge einer Abwertung der Inlandswährung kommen, wenn zuvor Kredite in einer Fremdwährung aufgenommen wurden, wie dies bei Kapitalimporten in kleinen offenen Volkswirtschaften häufig der Fall ist. So haben die massiven Abwertungen des thailändischen Bath und der indonesischen Rupia in den Jahren 1997/98 allem Anschein nach eine akute Wirtschaftskrise ausgelöst. In beiden Fällen fällt es schwer, das abrupte Ende einer langjährigen, von umfangreichen Kapitalimporten begleiteten Wachstumsphase allein durch strukturelle Probleme zu erklären.[2]

Es verdient hervorgehoben zu werden, daß der von Fisher (1933) skizzierte Mechanismus im Gegensatz zu der in der Makroökonomik lange dominierenden IS–LM Analyse reale Wirkungen monetärer Störungen für den Fall flexibler Preise erklären kann. Dieser Transmissionsmechanismus setzt jedoch, und dies wird von Fisher (1933) noch nicht explizit herausgearbeitet, Imperfektionen auf den Kapitalmärkten voraus. Anderenfalls bliebe unklar, warum Firmen ihrer Kapitalstruktur überhaupt eine Bedeutung beimessen sollten. Warum sie den als zu hoch empfundenen Schuldenstand durch Notverkäufe und Einschränkungen der Investitionstätigkeit und nicht durch die Emission von Eigenkapital senken, und warum aus dem gestiegene Vermögen der Kreditgeber nicht unmittelbar zusätzliches Kapitalangebot ensteht, was wiederum die Zinsen senken und der Aufwertung der Schulden entgegenwirken müßte. Fisher (1933) weist in diesem Zusammenhang auf komplizierte Störungen bei den Zinsraten hin. Insbesondere konstatiert er ein Sinken der

[1] Ein solcher kummulativer Prozess wird anschaulich bei Mishkin (1997) beschrieben.

[2] Eine gute Übersicht über den derzeitigen Diskussionstand zur 'Asien–Krise' bieten Corsetti & Pesenti & Roubini (1998). Allerdings wirft dieser Erklärungsansatz die Frage auf, warum Kreditverträge nicht preisniveauindexiert sind bzw. keine Absicherung gegen Wechselkursrisiken vorsehen. Auf diese Fragen geben die hier behandelten Modelle keine Antwort.

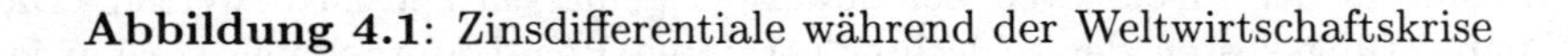

Abbildung 4.1: Zinsdifferentiale während der Weltwirtschaftskrise

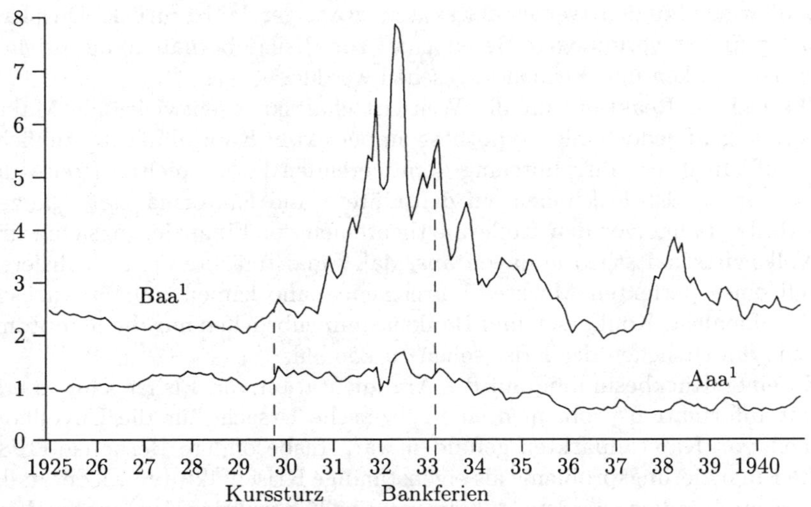

[1] Zinsdifferential zwischen US–Regierungsanleihen und von Moody's bewerteten Schuldscheinen privater Unternehmen (Monatswerte nach Board of Governors (1943)).

Nominalzinsen für *sichere* Kredite welches von einem Anstieg Nominalzinsen für *unsichere* Kredite begleitet wird.

Auch andere Zeitgenossen beobachteten, daß eine verstärkte Präferenz für *sichere* Vermögensanlagen ein wichtiges Merkmal der Krise war. In den Worten von D. M. Frederiksen (1931) (zitiert nach Bernanke (1983)):

> We see money accumulating at the centers, with difficulty of finding safe investment for it; interest rates dropping down lower than ever before; money available in great plenty for things that are obviously safe, but not at all for things that are in fact safe, and which under normal conditions would be entirely safe (and there are a great many such), but which are now viewed with suspicion by lenders.

Hinweise auf eine krisenbedingte Aversion gegen Risiken bieten auch die in Abbildung 4.1 illustrierten Zinsspannen zwischen Industrieschuldscheinen (corporate bonds) und staatlichen Anleihen (US–government bonds). Entsprechend der Klassifizierung von Moody's werden risikoreiche Baa–Papiere und vergleichsweise sichere Aaa–Papiere unterschieden. Da Moody's die einzelnen Unternehmen im Verlauf der Entwicklung reklassifiziert hat, bilden die Kurven *nicht* die Entwicklung der Finanzierungskosten für ein gegebenes Unternehmen ab. Viele Unternehmen sind ja im Verlauf der Krise in ihrer Bewertung abgerutscht. In der Tat gibt der relativ konstante Verlauf der Aaa–Kurve einen Hinweis darauf, daß es Moody's gelungen ist, das Ausfallrisiko in der turbulenten Zeit jeweils angemessen neu zu bewerten. Die Finanzierungskosten der schlechter gerateten Baa–Unternehmen steigen jedoch etwa ein Jahr nach dem 'schwarzen Freitag' steil an und kehren erst 1935/36 wieder zu den Werten der späten zwanziger Jahre zurück. Dies kann als Beleg für die verminderte Bereitschaft zur Risikoübernahme bei privaten Anlegern, Banken und Firmen angesehen werden.[3]

Die sich in Reaktion auf die Weltwirtschaftskrise entwickelnde Makroökonomik griff jedoch die Hypothese imperfekter Kapitalmärkte zunächst nicht auf. In ihrer jahrzehntelang dominierenden Form spielten Preis– und Lohnrigidität, also Friktionen auf den Güter– und Faktormärkten, die zentrale Rolle. Lange vor den Irrelevanztheoremen der Finanzierungslehre ging die Volkswirtschaftstheorie davon aus, daß Finanzmärkte dem idealisierten Modell eines perfekten Marktes hinreichend nahe kämen, um in wachsender Schuldenlast, Konkursen und Bankzusammenbrüchen nur die Symptome, aber nie die Ursachen der Krise sehen zu können.

Zu einer Rückbesinnung auf die Argumentation von Fisher kam es erst, als mit Informationsproblemen eine spezifische Ursache für die Unvollkommenheit von Kapitalmärkten gefunden war. Insbesondere Bernanke (1983) rückte Finanzierungsprobleme als eigenständige Krisenfaktoren wieder in den Vordergrund, indem er zeigte, daß die massive Kontraktion des Finanzsektors während der großen Depression durch monetäre Effekte allein nicht zu erklären ist. Er geht allerdings nur kurz auf den Vermögenseffekt ein und konzentriert sich auf die hierdurch ausgelöste Krise des Bankensystems.[4] Anfang der

---

[3] In dieser Arbeit interessiert der Mechanismus als solcher, also die Übertragung einer finanziellen Störung auf das reale Investitionsverhalten. Ob der Krisenmechanismus alleine eine Rezession als kummulativen dynamischen Prozess erklären kann und inwieweit er tatsächlich für die Entwicklung in der Weltwirtschaftskrise verantwortlich zu machen ist, ist hier nicht zu klären. Da sich das Nettovermögen der Firma von einem solchen Aderlaß erst langsam wieder erholt, könnte schon eine einmalige 'debt–deflation' eine lang anhaltende Reduktion der Investitionsbereitschaft erklären.

[4] So berichtet er auch nur summarisch von Regressionsschätzungen, bei denen das Zinsdifferential der Baa–Papiere einen signifikanten und stark negativen Einfluß auf die Industrieproduktion zeigte. Bernanke betrachtet den Zinsspread nur als eine von mehreren möglichen Proxi–Variablen für die Krise des Finanzsystems und betont stärker Kenngröße wie etwa Kreditausfälle und Bankenzusammenbrüche. Letztere nahmen in den Vereinigten Staaten von 1930 bis zu den 'Bankferien' im März 1933 historisch einmalige Dimensionen an. Auch in den 1997/98 von der Krise erfaßten asiatischen Ländern lösten Kreditausfälle und Bankenzusammenbrüche Zweifel an der Solidität des Finanzsektors aus. Wenn Banken bei der Finanzintermediation spezifische Informationsvorteile nutzen können, dann wirken weitverbreitete Bankenzusammenbrüche wie ein negativer Produktivitätsschock, von dem alle Sektoren betroffen sein werden. Die Reduzierung der Kreditfinanzierung durch Banken muß durch alternative Finanzierungsquellen aufgefangen werden, die — sonst wären sie schon vorher gewählt wurden — mit höheren Kosten verbunden sind. Obwohl Informationsprobleme zur Erklärung der spezifischen Dienstleistung von Banken herangezogen werden können, unterscheidet sich die Krisenerklärung wenig von der durch andere reale Störungen, die den Unternehmen Anpassungskosten abverlan-

achtziger Jahre hatten sich an der Bedeutung von Realkasseneffekten und der Konsistenz des Phillipskurven–Arguments bereits massive Zweifel etabliert. So wurden Informationsprobleme auf den Kapitalmärkten als neuer Mechanismus einer Transformation monetärer Störungen in reale Größen dankbar aufgegriffen und rasch in den größeren Zusammenhang einer 'Mikrofundierung' der Makroökonomik eingebunden (Blinder & Stiglitz (1983), Greenwald & Stiglitz & Weiss (1984)).

Gemeinsam ist den makroökonomischen Rezeptionen von Informationsproblemen im Finanzierungsbereich allerdings eine gewisse Einseitigkeit. Wahrgenommen werden insbesondere Ansätze, in denen Informationsprobleme zur *Unterinvestition* führen. Es soll hier nicht bestritten werden, daß asymmetrische Information auf Finanzmärkten eine konsistente Erklärung für den oben skizzierten Krisenmechanismus liefern können. Darüber sollte allerdings nicht vergessen werden, daß die informationsökonomische Literatur eine auf den ersten Blick verwirrende Vielfalt von Unter–, aber eben auch von Überinvestitionsresultaten hervorgebracht hat. Es kann also keineswegs als gesichert angesehen werden, daß Agency–Kosten der externen Finanzierung zur Unterinvestition führen. In der Tat werden wir in Abschnitt 4.3.2 zeigen, daß die mit Hilfe von Abbildung 4.2 so plausibel motivierte Unterinvestitionshypothese trügerisch ist. In allen Varianten des in Kapitel 2 betrachteten Anreizproblems können die Agency–Kosten externer Finanzierung auch zur *Überinvestition* führen.

Im nächsten Abschnitt skizzieren wir eine populäre theoretische Begründung für die auch als *balance sheet channel* bezeichnete Unterinvestitionshypothese. Weiter werfen wir einen kurzen Blick auf die empirische Evidenz zur Bedeutung der Selbstfinanzierungsmöglichkeiten für die Investitionstätigkeit. In den folgenden Abschnitten soll dann nachgezeichnet werden, unter welchen Bedingungen Unterinvestition tatsächlich als Folge eines Vermögensverlustes der Firmen abgeleitet werden kann. In Abschnitt 4.3 greifen wir hierzu auf die im Kapitel 2 entwickelten Modelle optimaler Finanzierungsverträge bei ex–post Informationsasymmetrien zurück. Für diese zeigt sich, daß die theoretische Fundierung des Balance–Sheet–Channel nicht solide ist. An die Stelle der Unterinvestitionshypothese stellen wir ein Risikovermeidungsthese, aus der in Verbindung mit weiteren Annahmen zur Investitionstechnologie und der Art der Unsicherheit sowohl Unterinvestition als auch Überinvestition folgen kann.

Neben den ex–post–Anreizproblemen, die hier im Vordergrund stehen, kann sich auch das ex–ante–Problem der Negativauslese verschärfen — etwa wenn ein reduzierter Marktwert der Aktiva die Signalisierung von Qua-

---

gen. Insbesondere fehlt eine Erklärung der 'übervorsichtigen' Kreditvergabe nach der Konsolidierung des Sektors, für die Bernanke (1983) breite Evidenz findet. Da wir im weiteren eine solche 'Risikoaversion' als Folge von Informationsproblemen ableiten werden, sei darauf hingewiesen, daß die hier für 'abstrakte' Firmen angestellten Überlegungen zur Investitionspolitik auch für den Unternehmenstypus 'Bank' gelten.

lität durch dingliche Sicherheiten erschweren (in diesem Sinne etwa Mishkin (1997)) oder der gestiegene Finanzierungsbedarf Zinsen soweit steigen läßt, daß es im Gleichgewicht zu Kreditrationierung kommt (so etwa Mankiw (1986) in Anlehnung an Stiglitz & Weiss (1981)). Zur Einordnung unserer eigenen Ergebnisse skizzieren wir daher in Abschnitt 4.4 einige der in der Selektions– und Signalisierungsliteratur abgeleiteten Resultate. Im abschließenden Fazit (4.5) werden die Ergebnisse gewürdigt.

4.2 Der 'Balance Sheet Channel'

4.2.1 Die populäre Hypothese

Etwas vergröbert lautet der informationsökonomisch 'mikrofundierte' Kern der Fisher–These wie folgt:[5] Eine Reduzierung der liquiden Eigenmittel der Firmen vergrößert den externen Finanzierungsbedarf und verschärft damit das Anreizproblem. Damit erhöhen sich die Finanzierungskosten, worauf die Firmen mit einer Einschränkung ihrer Investitionen reagieren. Ob diese Kette durch eine Kredit–Deflationierung über das reale Anwachsen des Kapitaldienstes ausgelöst wird oder ein Nachfrageeinbruch die Erlöse mindert, spielt keine entscheidende Rolle. In jedem Fall führt die Verschlechterung der Unternehmensbilanz zu einer Beeinträchtigung der Investitionstätigkeit, die nicht dem allgemeinen Zinsniveau oder der erwarteten Produktivität der Investitionen zuzurechnen ist.

Die Überlegung läßt sich leicht grafisch veranschaulichen.[6] Die fallende Funktion $i(I)$ im oberen Teil der Abbildung 4.2 stellt die marginalen Erträge der Investitionsmöglichkeiten einer Firma dar. Auf einem perfekten Kapitalmarkt wird die Firma ihre Investitionen ausdehnen, bis die marginalen Erträge gerade noch die Refinanzierungskosten decken, die durch den Kapitalmarktzins i^* gegeben sind. Das erstbeste Investitionsniveau I_o wird jedoch nicht mehr unbedingt realisiert, wenn Agency–Kosten einen Keil zwischen die Kosten interner und externen Finanzierung treiben. In diesem Fall sind die marginalen Kapitalkosten $r(I, W)$ nur für Werte unterhalb der Eigenmittel W W durch den Kapitalmarktzins gegeben. Bei externer Finanzierung müssen Verzerrungen in Kauf genommen werden, die mit zunehmender Mittelaufnahme immer gravierender werden. Oberhalb von W steigen die marginalen Kapitalkosten daher an. Wenn das Firmenvermögen hinreichend hoch ist, wie dies für die zu W_1 gehörende, durchgezogene Kapitalkostenfunktion der Fall

[5] Zusammenfassende Darstellungen findet sich bei Mishkin (1991), Bernanke & Gertler (1995) und Mishkin (1997). Inzwischen hat diese Argumentation auch in die Lehrbuchliteratur Eingang gefunden, so etwa in Mishkin (1998).

[6] Die Argumentation wird hier ausführlich erläutert weil sie populär ist und plausibel klingt, *nicht* weil wir sie für richtig halten würden. Die Darstellung erfolgt in Anlehnung an Hubbard (1997), ähnlich Bernanke & Gertler & Gilchrist (1998).

Abbildung 4.2: Firmenvermögen und Unterinvestition

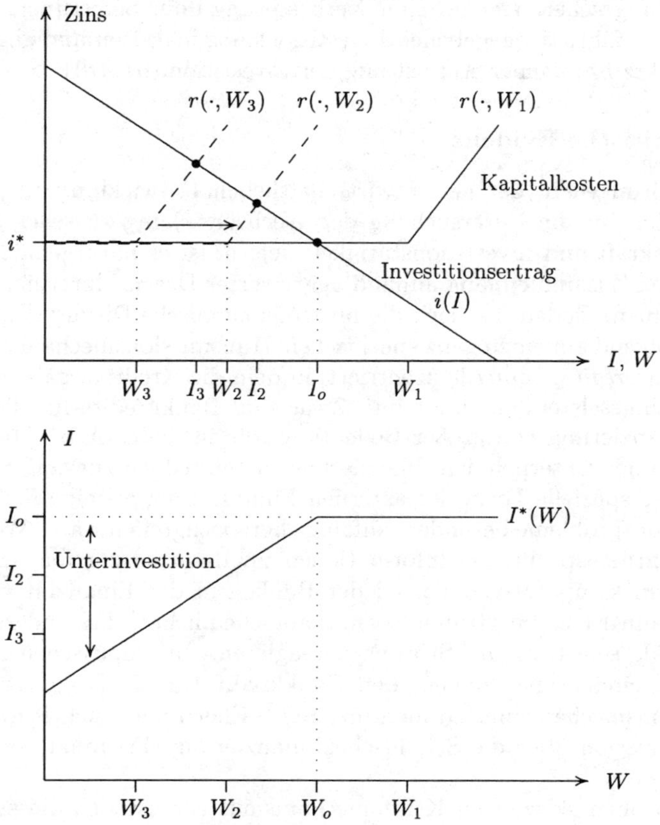

ist, realisiert die Firma weiterhin das erstbeste Investitionsniveau I_o. Geringfügige Veränderungen des Firmenvermögens haben keinen Einfluß auf ihr Investitionsverhalten. Fallen die Eigenmittel jedoch unter ein kritisches Niveau, lassen sich Agency–Kosten nicht länger vermeiden. Bei einem Vermögen von W_3 erhält man die Kapitalkostenfunktion $r(\cdot, W_3)$, die durch die linke gestrichelte Linie abgebildet wird. Für das angestrebte Investitionsniveau müssen zusätzliche externe Mittel aufgenommen werden, für die annahmegemäß Agency–Kosten in Kauf zu nehmen sind. Die höheren marginalen Kapitalkosten führen zu einer Verringerung der gewünschten Investitionen auf I_3. In dieser Situation hat eine Verbesserung der Innenfinanzierungsmöglichkeiten einen positiven Einfluß auf die Investitionstätigkeit, wie dies durch eine Verschiebung von W_3 auf W_2 veranschaulicht wird. Im unteren Teil der Abbildung ist der Zusammenhang zwischen Investitionsverhalten und Firmenwert direkt dargestellt. Bei hinreichend niedrigem Firmenvermögen ($W < W_o$) kommt es zur Unterinvestition. In dieser Lage kann die Firma als finanziell beschränkt angesehen werden. Eine Verbesserung ihrer Selbstfinanzierungsmöglichkeiten führt bei gegebenen Investitionsmöglichkeiten und gegebenem Kapitalmarktzins zu einer Ausweitung der Investition ($dI^*/dW > 0$).

4.2.2 Empirische Evidenz

Obwohl Störungen in der gesamtwirtschaftlichen Entwicklung eine wichtige Motivation für die Untersuchung der Wechselwirkung zwischen Selbstfinanzierungskraft und Investitionstätigkeit liefern, ist es naturgemäß schwer, einen solchen Zusammenhang anhand aggregierter Daten hinreichend genau nachzuzeichnen. Zudem hat sich die makroökonomische Diskussion Bernanke (1983) folgend auf einen ganz spezifischen Transmissionsmechanismus, den sogenannten *credit channel* konzentriert, in dem die Kreditvergabe der Banken eine Schlüsselstellung einnimmt. Zwar sind Bankkredite für die Unternehmensfinanzierung von großer Bedeutung, die in dieser Arbeit behandelten Modelle der Unternehmensfinanzierung bieten jedoch zuwenig Struktur, als daß diese spezielle Form der externen Finanzierung als eine für Anreiz– und Selektionsprobleme besonders anfällige herauszugreifen wäre. Wenn man im Erwerb firmenspezifischer Informationen zur Reduzierung von Anreizproblemen einen komparativen Vorteil der Banken in der Finanzintermediation sieht, dann ist es im Grunde sogar wahrscheinlicher, daß andere Finanzierungkanäle sensitiver auf Störungen reagieren. In empirischen Arbeiten ist es nicht eindeutig gelungen, den Bankkredit–Kanal als eigenständigen Transmissionsmechanismus zu identifizieren.[7] Eher finden sich Hinweise auf eine Transmission über die Schuldscheinfinanzierung (Friedman & Kuttner (1993)).

Für den oben skizzierten Krisenmechanismus erweist sich dieser Ansatz jedoch auch als zu eng. Unabhängig davon, welche marginalen Finanzierungsmöglichkeiten sich den Firmen bieten und wie geldpolitische Maßnahmen im einzelnen auf die Kreditschöpfungsmöglichkeiten der Geschäftsbanken wirken, müßte sich, wenn die informationsökonomische Mikrofundierung der Wirkungskette stimmt, in individuellen Firmendaten ein Einfluß zwischen Selbstfinanzierungsspielraum und Investitionstätigkeit zeigen. Wenn Firmen bei finanziellen Beschränkungen Investitionsmöglichkeiten ungenutzt lassen, die bei höherer Selbstfinanzierungskraft genutzt worden wären, dann ist bei im übrigen gleichen Investitionsmöglichkeiten eine positive Korrelation zwischen Selbstfinanzierungsmöglichkeiten und Investitionsvolumen zu erwarten.

Eine ganze Reihe empirischer Arbeiten hat Evidenz dafür gefunden, daß sich finanziell beschränkte Firmen in ihrem Investitionsverhalten von anderen

[7] Ein kritischer Überblick findet sich bei Meltzer (1995). Siehe auch Kashyap & Stein & Wilcox (1993), Oliner & Rudebusch (1996) und die Erwiderung Kashyap & Stein & Wilcox (1996).

Firmen tatsächlich signifikant unterscheiden und nur bei ihnen der Cash–flow eine bedeutende Erklärungsgröße ist.[8] Einen solchen positiven Effekt der Selbstfinanzierungsmöglichkeit auf die Investitionstätigkeit finden etwa Fazzari & Hubbard & Petersen (1988) und Fazzari & Hubbard & Petersen (1996) für die USA, Schaller (1993) für Kanada, Hoshi & Kashyap & Scharfstein (1991) für Japan, Devereux & Schiantarelli (1990) sowie Bond & Meghir (1994) für das Vereinigte Königreich, Elston (1993) für Deutschland, und Schiantarelli & Sembenelli (1995) für Italien. Allerdings ist die Abgrenzung zwischen finanziell beschränkten und anderen Firmen problematisch. Die finanziellen Beschränkungen können sich in den höheren Kosten externer Finanzierung, die sich jedoch von normalen Risikozuschlägen kaum unterscheiden läßt, oder gar in der Verweigerung externer Finanzierung im Sinne einer Kreditrationierung ausdrücken. Das übliche Vorgehen besteht daher in einer a–priori–Einteilung der Firmen in zwei Gruppen, eine finanziell beschränkte und eine unbeschränkte, aufgrund von Kennziffern für finanziellen Streß (etwa niedrige Dividendenzahlung, oder schlechtes Rating), die teilweise ergänzt werden durch Hilfsvariablen für die Bedeutung von Informationsasymmetrien (etwa das Alter der Firmen). In einer vielbeachteten Studie haben Kaplan & Zingales (1995) die beschränkte Teilgruppe der *low dividend* Firmen von Fazzari & Hubbard & Petersen (1988) anhand einer Auswertung der Geschäftsberichte weiter untergruppiert. Für die finanziell am stärksten beschränkte Teilgruppe fanden sie nun eine geringere Sensitivität der Investitionen bezüglich des Cash–flow. Dies begründet ihrer Meinung nach Zweifel an der Hypothese von der Relevanz der Finanzierungskraft für die Investitionstätigkeit.

Im gegebenen Zusammenhang interessiert weniger die Kontroverse um die Kriterien, welche zur Klassifikation heranzuziehen sind.[9] Mit Blick auf die folgende Modellanalyse ist jedoch zu unterscheiden zwischen: einer schwachen Hypothese (i), derzufolge finanzielle Restriktionen die Investitionstätigkeit beschränken ($W < W_o \Longrightarrow I^*(W) < I_o$), einer weitergehenden These (ii), nach der dieser Zusammenhang monoton sei ($dI^*/dW > 0$), und der noch stärkeren These (iii), nach der eine Verschlechterung der Innenfinanzierungsmöglichkeiten die Investitionen immer sensitiver auf den Cash–flow reagieren lassen, ($d^2I^*/dW^2 < 0$). Die auf einer groben Einteilung der Firmen in zwei Gruppen beruhenden Studien in der Tradition von Fazzari & Hubbard & Petersen (1988) bestätigen die zweite These, und können als indirekter Beleg für die erste gelten. Lediglich die stärkere Hypothese (iii) erfordert eine weitere Feinunterteilung anhand zusätzlicher Kriterien mit dem Ziel, graduelle Unterschiede in der finanziellen Beschränktheit von Firmen zu erfassen, wie dies bei Kaplan & Zingales (1995) erfolgt und von Kaplan & Zingales (1997) und Winter (1997) fortentwickelt wird. Es sollte betont werden, daß die wei-

[8] Übersichten über die empirischen Ergebnisse und methodische Probleme bieten Carpenter (1994) und Hubbard (1997).

[9] Hierzu siehe Fazzari & Hubbard & Petersen (1996), Kaplan & Zingales (1997).

tergehende Hypothese von Kaplan & Zingales (1995) *keine* Implikation des skizzierten Agency–Argumentes ist, und daher aus ihrer empirischen Ablehnung keine Schlüsse für die Gültigkeit der Theorie gezogen werden können.[10]

Ein weiteres Problem resultiert aus der Notwendigkeit, Investitionsopportunitäten von der Selbstfinanzierungsmöglichkeit getrennt zu ermitteln. Für das erste wird trotz der bekannten Probleme dieses Verfahrens (siehe u.a. Chirinko (1993)) in der Regel auf Tobins durchschnittliches Q zurückgegriffen.[11] Änderungen der Selbstfinanzierungsmöglichkeiten werden in der Mehrheit der Studien anhand des Cash–flows gemessen. Natürlich läßt sich hier einwenden, daß ein steigender Cash–flow auf verbesserte Investitionsmöglichkeiten verweist, die im durchschnittlichen Q nicht korrekt erfaßt werden.[12] Die qualitativen Ergebnisse werden in der Tendenz aber auch durch andere Studien bestätigt. So findet etwa Lamont (1997) für Firmen, die neben dem Ölgeschäft in anderen Bereichen tätig sind, eine positive Korrelation zwischen den Erträgen im Ölgeschäft und den Investitionen in den anderen Geschäftssparten.

Für unsere theoretischen Überlegungen in den folgenden Abschnitten wollen wir die empirische Evidenz wie folgt zusammenfassen:

1. Als relativ gesichert kann gelten, daß Firmen, die sich in finanziell schwacher Verfassung befinden, mangelnde interne Finanzierungsmittel nicht in vollem Umfang durch externe Finanzierung ausgleichen und daher ihre Investitionstätigkeit im Vergleich zu finanziell gesunden Firmen einschränken.
2. Nicht gesichert ist die viel weitergehende These, derzufolge die Sensitivität der Investitionstätigkeit in bezug auf den Cash–flow bei den finanziell schwächsten Firmen auch am größten ist.

[10]Hierzu sei noch einmal auf Abbildung 4.2 verwiesen, in der die Steigung von I^* für W_3 nicht größer als für W_2 war.

[11]Als Alternative zu diesem Verfahren lassen sich aus strukturellen Investitionsmodellen intertemporale Optimalitätsbedingungen ableiten, auf deren Grundlage die Wirksamkeit finanzieller Beschränkungen getestet werden kann, ohne auf den unbeobachtbaren Schattenpreis des Kapitals zurückzugreifen. Auch mit diesem Ansatz bestätigen Bond & Meghir (1994) und Winter (1997) die Bedeutung von finanziellen Restriktionen für Investitionstätigkeit und Marktaustrittsentscheidungen.

[12]In der Tat finden Cummins & Hasset & Oliner (1997) keinen Beleg für die Rolle interner Finanzierungsmöglichkeiten, wenn zur Kontrolle die Ertragsprognosen professioneller Analysten eingeführt werden. Ob dies nun bereits die neoklassische Investitionstheorie rehabilitiert muß jedoch bezweifelt werden, da die Ertragsprognosen eventuelle Finanzierungsbeschränkungen bereits antizipieren sollten. Sie stellen damit keineswegs eine Proxivariable für die Profitabilität von Investitionen in Abwesenheit von Finanzierungsbeschränkungen dar.

4.3 Investitionen bei optimalen Finanzierungsverträgen

Welche Ansatzpunkte bieten informationsökonomische Modelle von Finanzierungsverträgen für die Einbeziehung der Investitionstätigkeit? Zunächst einmal ist zu unterscheiden zwischen einer ex–ante–Betrachtung, die auf den Zeitpunkt des Vertragsabschlusses abstellt, und einer ex–post–Betrachtung, die sich mit dem Investitionsverhalten nach Abschluß des Finanzierungsvertrages beschäftigt. In diesem Abschnitt, behandeln wir nur den ersten Fall. Wir fragen uns, wie sich eine Verschlechterung des Selbstfinanzierungspotentials oder der Ertragserwartungen auf das Investitionsverhalten auswirkt, soweit dies durch noch abzuschließende Verträge gesteuert wird.

Bezüglich der aggregierten Investitionstätigkeit lassen sich in einer ex–ante–Betrachtung noch einmal zwei Ansätze unterscheiden. Einmal können Schlüsse über das Investitionsvolumen aus der Betrachtung marginaler Firmen abgeleitet werden (Abschnitt 4.3.1). Neben der Anpassung an der *extensiven Grenze* kann die aggregierte Investitionstätigkeit aber auch durch ein verändertes Verhalten von intramarginalen Firmen beeinflußt werden. Diese Anpassung an der *intensiven Grenze* wird in Abschnitt 4.3.2 untersucht. Hierbei wird unterstellt, daß das Investitionsvolumen eine im Finanzierungsvertrag kontrahierbare Größe ist.

4.3.1 Marginale Investoren

Je stärker ein Investitionsvorhaben gegebener Größe auf externe Finanzierung angewiesen ist, desto unattraktiver muß es werden, wenn sich diese Mittel verteuern. Als mögliche Zusatzkosten externer Mittelaufbringung wurden in den vorangegangenen Abschnitten Sanktionsverluste, kostspielige Interventionen der Finanziers und Aneignungsverluste aufgrund schwacher monetärer Anreize betrachtet. Diese Agency–Kosten wirken in gewisser Hinsicht wie eine Steuer auf externe Finanzierung, deren gesamte Last mit sinkender Selbstfinanzierungrate zunimmt. In den formalen Vertragsmodellen drücken sich die erwarteten Agency–Kosten der Finanzierung in einem Schattenpreis der externen Mittel λ aus, der größer ist als eins.

Betrachten wir nun einen marginalen Entscheidungsträger, der bei gegebenen Eigenmitteln zwischen der Durchführung seines Projektes und dem Einsatz seiner Fähigkeiten in der nächstbesten Verwendungsmöglichkeit gerade indifferent ist. Wenn seine Eigenmittel um einen kleinen Betrag ΔW vermindert werden und die Opportunitätskosten seines Einsatzes davon unberührt bleiben, wird er das Projekt nicht mehr durchführen. Dies liegt einfach daran, daß sich die Entlohnung seiner Dienstleistung um den Betrag $\Delta W(\lambda - 1)$ vermindert. Er müßte die marginalen Agency–Kosten aus seiner Entlohnung oder der Verzinsung seiner Eigenmittel aufbringen, wozu er annahmegemäß keinen Grund hat.

Stellt man sich die Menge aller Investitionsprojekte nach dem Renteneinkommen der Entscheidungsträger geordnet vor, erhält man eine fallende Nachfragefunktion nach Investitionsmitteln. Wie eine Steuer treiben die Agency–Kosten der externen Finanzierung einen Keil zwischen den von den Sparern geforderten Mindestertrag, den Nettopreis der externen Finanzierung und den von den Firmen zu entrichtenden Bruttopreis. Dabei ist es unerheblich, ob die Agency–Kosten im Modell von der Firma getragen werden, wie wir es für die Sanktionsverluste unterstellt haben, oder ob sie den Finanziers angelastet werden, was für die Kosten von Interventionen angenommen wurde. Eine Reduzierung der Selbstfinanzierungmittel erhöht die Opportunitätskosten der Finanzierung. Marginale Vorhaben können nicht mehr realisiert werden, und das Investitionsvolumen geht zurück. Damit liefern die von Finanzierungsverträgen zu bewältigenden Anreizprobleme eine robuste Fundierung des eingangs skizzierten Krisenmechanismus — soweit er sich auf *marginale* Firmen bezieht. Für die Anpassungen an der *extensiven Grenze* sind die Details des Agency Problems durchaus entbehrlich. In allen Vertragsvarianten des Kapitels 2 erhielten wir einen Schattenpreis externer Finanzierung, der größer war als eins, sobald die Anreizkompatibilitätsbedingung den optimalen Finanzierungsvertrag bindend beschränkte. Allerdings ließe sich das gleiche Ergebnis aus relativ unbestimmten 'Transaktionskosten' ableiten.

4.3.2 Optimale Investition bei Agency–Kosten

Komplizierter sind die Anpassungen an der *intensiven Grenze.* Hier betrachten wir Investitionsprogramme, die auch mit verringerten Eigenmitteln zu finanzieren sind, aber deren Volumen nicht exogen vorgegeben ist. Die einfache Steueranalogie kann auf die subtile Interaktion zwischen Agency–Kosten und Investitionsumfang nicht übertragen werden. Sie übersieht, daß ex post die Agency–Kosten insbesondere im Bereich schlechter Erträge auftreten. Die von optimalen Anreizverträgen in Kauf genommenen Verzerrungen nehmen mit besser werdenden Erträgen ab. Das schafft ein zusätzliches Motiv, den schlechten Ertragsbereich zu vermeiden. Schließlich wird jede Steigerung des Ertrages um eine Einheit durch den eingesparten Effizienzverlust bezuschußt. Für intramarginale Firmen hat eine Verschlechterung der Selbstfinanzierungsmöglichkeiten zunächst einen ambivalenten Effekt: Auf der einen Seite steigen die Kosten externer Finanzierung an, was eine Reduzierung des Investitionsvolumen nahelegen würde. Auf der anderen Seite legen es die gestiegenen Effizienzverluste bei niedrigen Rückflüssen nahe, diese durch höhere Investitionen weniger wahrscheinlich werden zu lassen.

Um die Bedeutung des Anreizproblems für die Investitionsentscheidung intramarginaler Firmen zu untersuchen, wird das Investitionsvolumen I als endogene Größe im Finanzierungsvertrag aufgefaßt. Höhere Investitionen führen zunächst einmal zu einer Steigerung der erwarteten Rückflüsse. Formal unterstellen wir eine durch I parametrisierte Wahrscheinlichkeitsverteilung $F(\theta; I)$, wobei I die Funktion F im Sinne stochastischer Dominanz erster Ordnung (FSD) verschiebt: $F_I < 0$. Aufgrund abnehmender Grenzerträge gilt $F_{II} > 0$. Darüberhinaus werden wir zwei Spezialfälle betrachten, die für den Einfluß von I auf die Nettoerträge wichtig sind:

Annahme 4.1 *Monotonie von* $-F_I/f$.

MPS-Fall: $-F_I/f$ *nimmt mit zunehmendem Gewinn monoton zu.*
MPC-Fall: $-F_I/f$ *nimmt mit zunehmendem Gewinn monoton ab.*

Ohne eine solche Monotonieannahme könnten keine eindeutigen Ergebnisse abgeleitet werden. Wie im Anhang 6.2 ausführlicher erläutert, ist die marginale Produktivität der Investitionen im MPS-Fall in guten Zuständen größer. Eine marginale Steigerung der Investition erhöht unter diesem Umständen das Risiko der Nettoerträge. Bewertet an der Stelle des erstbesten Investitionsniveaus, erhält man den speziellen Fall einer mittelwertkonservierenden Spreizung der Verteilung (*mean preserving spread*) der Nettoerträge. Umgekehrt senkt eine marginale Steigerung der Investition das Risiko der Nettoerträge im MPC-Fall, weil hier Investitionen ex post in schlechten Umweltsituationen produktiver sind. Der Grenzfall ergibt sich genau dann, wenn Investitionen in allen Zuständen marginal gleich produktiv sind. Dies ist etwa der Fall, wenn man einen einfachen additiven Zusammenhang derart unterstellt, daß $F(\theta; I) = F(\theta + g(I))$ mit $g > 0$, $g' < 0$. Bei einer multiplikativen Transformation $F(\theta; I) = F(\theta g(I))$ ergibt sich der MPS-Fall mit fallendem F_I/f.[13]

Mit dieser Modifikation wenden wir uns erneut den optimalen Finanzierungsverträgen aus Kapitel 2 zu. Den Kern des Arguments werden wir am Beispiel der in Abschnitt 2.2 untersuchten Sanktionsvariante entwickeln, die sich schon unter der Einführung von Risikoaversion als strukturell stabil bewährt hat. Anschließend werden wir zeigen, daß die Ergebnisse zu Über–

[13]Wir bevorzugen eine Darstellung, die entscheidungstheoretische Aspekte in den Vordergrund stellt und konkrete Annahmen über Produktionsfunktionen in den Hintergrund drängt (zum Zusammenhang von $F()$ und $\pi()$ siehe Anhang 6.2). Es ist jedoch leicht, beide Fälle durch konkrete Beispiele zu motivieren. Angenommen, die Firmen betrachten die Zahl der Beschäftigten als kurzfristig gegeben und wählen die Investition I bei Unsicherheit über den Preis p. Die Produktionsfunktion sei $y(I)$ mit $y' > 0$, $y'' < 0$. Der Gewinn ergibt sich ex post als $\pi(I,p) = p \cdot y(I) - I$. Wegen $\pi_{pI} > 0$ erhalten wir den MPS-Fall. Dieser ergibt sich auch, wenn die Unternehmen ihre Investitionen bei Unsicherheit über den Reallohn w wählen und die Beschäftigung später flexibel an den Kapitalstock anpassen. Die konkave Produktionsfunktion sei $y(I, L^*)$ (mit $y_{I,L} > 0$), und das Preisniveau ist auf eins normiert. Für den Gewinn ex–post erhalten wir $\pi(I,w) = y(I,L^*) - I - wL^*$, wobei $L^*(w,I)$ durch $\pi_L = y_L - w = 0$ definiert ist. Aus $y_{LI} > 0$ folgt $L_I^* > 0$. Wegen $\pi_w < 0$ und $\pi_{wI} = y_{LI}L_w^* - L_I^* < 0$ erhalten wir wiederum den Fall, daß Investitionen in schlechten Zuständen weniger produktiv sind. Der gegenteilige MPC–Fall ergibt sich, wenn Investitionen bei unsicheren Löhnen die Lohnkosten senken, statt den Kapitalstock K zu erhöhen. Für den Gewinn erhalten wir $\pi(I,w) = y(K,L) - w\gamma(I)L$ mit $\gamma'(I) < 0$. Wie zuvor gehen hohe Löhne mit niedrigen Gewinnen einher ($\pi_w < 0$), aber diesmal sind wegen $\pi_{wI} = -\gamma' L > 0$ die Grenzerträge der Investition in schlechten Zuständen höher.

bzw. Unterinvestition von der spezifischen Formulierung des Kontrahierungsproblems unabhängig sind.

Investitionsverzerrung bei Sanktionen

Da das Vertragsproblem in Abschnitt 2.2 ausführlich erörtert wurde, begnügen wir uns hier mit einer kurzen Skizze. In dem Modell wird die Anreizkompatibilität des Finanzierungsvertrages durch zwei Instrumente sichergestellt. Zum einen vermindert ein Kontrollregime die Attraktivität der Aneignung von freiem Cash–flow. Dieses ist bestimmt durch die Organisationsstruktur, das Geschäftsfeld, die Unternehmensverfassung, Bestimmungen zur Rechnungslegung, die Intensität interner Kontrollen etc. Der Umstand, daß eine Aneigung von Firmenressourcen durch die Entscheidungsträger mit Verlusten verbunden ist, ermöglicht eine Beteiligungsfinanzierung. Zum anderen können gezielte 'Strafen', zu denen etwa eine Zerschlagung der Firma im Konkursverfahren oder die verlustreiche Liquidierung von Vermögen gehören, das zukünftige Einkommen der Firma beschneiden. In Proposition 2.2 wurde festgestellt, daß unter diesen Umständen eine Kombination von Kredit– und Beteiligungsfinanzierung optimal ist, wobei die Firma von einer strategischen Vorspielung der Zahlungsunfähigkeit durch die im Insolvenzfall erfolgende Sanktion abgeschreckt wird. Da das Verhalten des Entscheidungsträgers in allen Zuständen effizient ist (Proposition 2.1), fallen θ und π zusammen. Wir schreiben daher $F(\pi; I)$.

Zur Vereinfachung wird in diesem Abschnitt angenommen, daß das durch den Parameter α charakterisierte Kontrollregime exogen gegeben ist. Es sei daran erinnert, daß die entsprechenden Bestimmungsgrößen sich nur schwer kurzfristig ändern lassen. Es erscheint daher plausibel zu unterstellen, daß die Firma Schwankungen der internen Mittel W vor allem durch eine Anpassung der Kreditaufnahme kompensiert. Die Darstellung wird weiter vereinfacht, wenn wir den Einkommensverlust im Fall der Sanktion L gleich eins setzen. Für ein exogen gegebenes α sind die entsprechenden Kosten $m(\alpha)$ versunken und damit entscheidungsirrelevant. Sie werden im folgenden außer acht gelassen. Die marginalen Agency–Kosten der externen Finanzierung bestehen nur aus den erwarteten Sanktionskosten des ausfallbedrohten Kredits. Die Firma muß also simultan die Höhe der Investition und des aufzunehmenden Darlehens bestimmen. Die optimalen Werte ergeben sich aus folgendem Kalkül:

Programm 4.1

$$\max_{D,I} \int_{\underline{\pi}}^{\overline{\pi}} (1-\alpha)(\pi - D) f(\pi; I)\, d\pi \tag{4.1}$$

u.d.N.

$$\int_{\underline{\pi}}^{D} \pi f(\pi; I)\, d\pi + \int_{D}^{\overline{\pi}} (D + \alpha(\pi - D))\, f(\pi; I)\, d\pi \geq I - W. \tag{4.1a}$$

Als Referenzpunkt definieren wir das Investitionsniveau I_o, für das die Grenzkosten der Investition gerade die Grenzerträge decken. Formal, I_o löst $1 = -\int_{\underline{\pi}}^{\overline{\pi}} F_I \, d\pi$. Dieses Investitionsniveau würde gewählt, wenn die internen Mittel zuzüglich der gegebenen Beteiligungsfinanzierung und risikoloser Kredite hierzu ausreichten. Das kritische Niveau der Selbstfinanzierungsmittel sei wiederum W_o. Die folgende Proposition charakterisiert die optimale Investition, wenn zur Finanzierung des erstbesten Investitionsniveaus Agency–Kosten in Kauf genommen werden müssen ($W < W_o$). Dabei unterstellen wir eine innere Lösung mit $D^* > 0$.[14]

Proposition 4.1 *(i) Wenn die Firma zur Finanzierung ihrer Investition ausfallbedrohten Kredit aufnehmen muß, wird das Investionsverhalten von der Verfügbarkeit interner Finanzierungsmöglichkeiten abhängen (mit der möglichen Ausnahme, daß die Investitionen in allen Zustandsrealisationen gleich produktiv sind).*
(ii) Das optimale I^* löst:

$$1 = -\int_{\underline{\pi}}^{\overline{\pi}} F_I \, d\pi - (1-\alpha)\gamma(I, D), \tag{4.2}$$

wobei $\gamma(I, D)$ definiert ist durch:

$$\gamma(I, D) \equiv -F(D; I) \int_{\underline{\pi}}^{\overline{\pi}} F_I \, d\pi + \int_{\underline{\pi}}^{D} F_I \, d\pi.$$

(iii) Im MPS-Fall kommt es zur Unterinvestition, im MPC-Fall zur Überinvestition: $d(-F_I/f)/d\pi \gtreqless 0 \Longrightarrow I^* \lesseqgtr I_o$.

Gemäß Gleichung (4.2) sind die Investitionen dann optimal gewählt, wenn die Grenzkosten der Investition (linke Seite) gleich den erwarteten Grenzerträgen sind (rechte Seite). Letztere bestehen aus den marginalen Rückflüssen abzüglich eines Terms, der den Einfluß der Investitionen auf die Agency–Kosten zum Ausdruck bringt. Wenn $\gamma(I, D) > 0$ gilt, muß der erwartete Grenzertrag der Investitionen steigen, um die Gleichheit herzustellen. Aufgrund der zweiten Ordnungsbedingung erfordert dies eine Senkung der Investitionen, also $I^* < I_o$.

Zur Unterinvestition kommt es, wenn die für den Insolvenzfall erwartete Grenzproduktivität der Investitionen unterdurchschnittlich ist (MPS-Fall). In diesem Bereich fallen Sanktionskosten an. Daher wird eine Erhöhung

[14] Hinreichend für die zweite Ordnungsbedingung ist:

$$-\int_{\underline{\pi}}^{\overline{\pi}} F_I \, d\pi - 2\frac{-F_I(D^*; I^*)}{f(D^*; I^*)} \geq 0.$$

der Erträge zusätzlich mit eingesparten Sanktionskosten belohnt. Im MPS-Fall decken jedoch gerade in diesem Bereich die marginalen Rückflüsse die marginalen Kosten der Investition nicht mehr. Der gegenteilige Fall einer Überinvestition ($I^* > I_o$) tritt ein, wenn $\gamma(I, D) < 0$ gilt. Zu diesem auf den ersten Blick vielleicht kontraintuitiven Ergebnis kommt es, wenn für den Insolvenzfall überdurchschnittliche marginale Rückflüsse erwartet werden. In diesem Fall sind die marginalen Nettorückflüsse in schlechten Zuständen positiv. Aufgrund der hierdurch eingesparten Sanktionsverluste lohnt es sich, die Investitionen über den Punkt hinaus auszudehnen, der bei vollständiger Finanzierung mit 'billigen' internen Mitteln sinnvoll wäre.

Im MPS-Fall (mit Unterinvestition) führt eine marginale Senkung von I an der Stelle I_o zu einer Verminderung des Risikos im Sinne einer Mittelwert konservierenden Kompression der Wahrscheinlichkeitsverteilung F. Gleiches gilt im MPC-Fall (mit Überinvestition) für eine marginale Steigerung der Investitionen. Die Investitionen weichen daher von ihrem erstbesten Niveau jeweils in die Richtung ab, in der eine Reduzierung des Ertragsrisikos erzielt wird. Da die Abweichung sich jedoch nicht auf einen marginalen Betrag beschränkt, kommt es im Erwartungswert immer zu einer Ertragseinbuße.

Der optimale Vertrag sieht Sanktionsverluste nur am (unteren) Rand der möglichen Realisationen vor. Daher sind die Parteien bereit, eine Prämie für die Verschiebung von Wahrscheinlichkeitsmasse auf mittlere Realisationen zu bezahlen. Das Unter/Überinvestitionsresultat in Proposition 4.1 kann auch dahingehend verstanden werden, daß die Firmen bei Verknappung interner Finanzierungsmittel nicht einfach kurzsichtiger agieren, etwa durch Forderung einer höheren Verzinsung des investierten Kapitals. Vielmehr werden sie 'vorsichtiger' und schränken risikoreichere Vorhaben zugunsten risikomindernder Projekte ein. Ob der Nettoeffekt auf das Investitionsvolumen negativ oder positiv ist, hängt damit von dem Verhältnis und der Attraktivität risikomindernder und risikosteigernder Investitionsmöglichkeiten ab. Der Umstand, daß externe Mittel mit höheren Opportunitätskosten verbunden sind als interne, läßt als solcher noch keinen Rückschluß auf die Richtung der Investitionsverzerrung zu.[15]

Wie in Abschnitt 4.2.2 berichtet, hat die empirische Literatur Hinweise für eine positive Korrelation zwischen internen Finanzierungsmitteln und Investitionsvolumen gefunden. Dies könnte darauf hinweisen, daß das Unterinvestitionsresultat empirisch das relevantere ist. Allerdings erfordert dieser Schluß, daß die im Unterinvestitionsfall durch eine Verbesserung der Selbstfinanzierungsmöglichkeiten ausgelöste Investitionssteigerung dI^*/dW eindeutig positiv ist. Für die noch weitergehende These, daß die Sensitivität des Investitionsvolumens bezüglich des Cash–flows immer größer wird, je schwächer die finanzielle Verfassung der Firma ist, hatte sich kein Beleg gefunden. Diese würde erfordern, daß dI^*/dW im Unterinvestitionsfall monoton fällt.

---

[15]Dieses Resultat korrigiert auch die gegenteilige Behauptung in Bernanke & Gertler & Gilchrist (1998).

Unser einfaches Modell bietet jedoch für keine der beiden Hypothesen eine eindeutige Unterstützung. Wie an der Formel für $\gamma(I, D)$ leicht zu sehen ist, verschwindet das Agency Problem, wenn die Firma zur Finanzierung der Investition I_o keinen Kredit aufnehmen muß. Folglich tritt auch keine Verzerrung der Investitionsentscheidung ein. Überraschenderweise käme es zu dem gleichen Ergebnis, wenn den Finanziers ein Rückzahlungsanspruch eingeräumt würde, der so hoch ist, daß die Firma in allen Zuständen insolvent ist. Da die erwarteten Auszahlungen an die Firma in einer solchen Situation jedoch nicht positiv sein können, ist der Fall von geringem ökonomischen Interesse. Auch sind wir in der Betrachtung von D natürlich nicht frei, da dieses eine endogene Variable des Optimierungskalküls ist. Die Überlegung deutet aber darauf hin, daß die Beziehung zwischen Firmenanfangsvermögen und der daraus resultierenden Höhe des aufzunehmenden Darlehens und der Investitionsverzerrung nicht monoton sein muß. Durch die übliche komparative Statik in W erhält man für $W < W_o$:

$$\text{sign}\,\frac{dI^*}{dW} = \text{sign}\left(-\int_{\underline{\pi}}^{\overline{\pi}} F_I(\pi; I^*)\,d\pi - \frac{-F_I(D^*; I^*)}{f(D^*; I^*)}\right).$$

Unter den getroffenen Annahmen läßt sich das Vorzeichen von dI^*/dW nicht eindeutig bestimmen. Erst recht kann nicht davon ausgegangen werden, daß dI^*/dW im Unterinvestitionsfall eine monoton fallende Funktion in W ist. Es läßt sich also nicht ausschließen, daß der marginale Effekt einer Reduzierung von W auf das Investitionsvolumen am stärksten ist, wenn W nahe bei W_o liegt und D^* gering ist.

Die empirischen Implikationen des Modells lassen sich also wie folgt zusammenfassen. Wir erwarten, daß es Unterschiede im Investitionsverhalten zwischen finanziell starken Firmen mit $W > W_o$ und schwachen Firmen mit exzessiven externen Finanzierungsbedarf $W < W_o$ gibt. Dennoch wird keine der drei Hypothesen der empirisch orientierten Literatur (siehe Abschnitt 4.2.2) unmittelbar gestützt. Schon für die erste Hypothese der Unterinvestition sind zusätzliche technische Voraussetzungen notwendig. Selbst wenn diese erfüllt sind, ist der Effekt einer Steigerung des Firmenwertes auf die Investitionshöhe nicht eindeutig. So lassen die in Abschnitt 4.2.2 besprochenen empirischen Schätzungen kaum Rückschlüsse über die Validität der informationsökonomischen Erklärungen des Investitionsverhaltens zu, da sie diese immer nur gemeinsam mit einer speziellen technischen Hypothese zur Wirkung der Investitionen auf das Ertragsrisiko erfassen.

Mindestens ebenso wichtig erscheint jedoch die veränderte Risikobereitschaft zu sein, die eindeutig ist. Agency–Kosten der externen Finanzierung, die sich bei optimalen Verträgen in einer Abweichung von der erstbesten Lösung in schlechten Zustandsrealisationen ausdrücken, führen bei kontrahierbaren Investitionen zu einer Strategie der Risikovermeidung. So gesehen kann der in Abbildung 4.1 illustrierte starke Anstieg der Risikoprämien während der Weltwirtschaftskrise als Indiz für die Wirksamkeit von Vermögensrestriktionen angesehen werden, die durch externe Finanzierung aufgrund von Agency–Problemen nicht mehr zu überwinden waren.

Investition bei ineffizienten Entscheidungen

Bei konvexen Aneignungskosten erwies es sich als zweckmäßig, auf die Implementation des erstbesten Firmenverhaltens zu verzichten. Der optimale Vertrag, der in Abschnitt 2.3 detailliert untersucht wurde, begnügte sich damit, in ungünstigen Umweltzuständen nur schwache finanzielle Anreize zu setzen. Es wurde in Kauf genommen, daß die Firma sich hierauf einen Teil des potentiellen Projektvermögens θ unter Inkaufnahme der Verluste $a(\theta - \pi)$ aneignete und nur π realisierte. Allerdings werden die schwachen finanziellen Anreize (möglicherweise) zum Teil durch zustandsabhängige Interventionen der Finanziers $ß$ kompensiert, mit denen die Verhaltensspielräume der Firma beschränkt werden. Die damit verbunden Kosten waren $k(ß)$.

Wie schon im vorangegangenen Abschnitt betrachten wir eine 'abgespeckte' Version des Ausgangsmodells. Hierzu wird unterstellt daß $a'(0) = 0$ ist, woraus folgt, daß wenn die Anreizbedingung bindet ($\lambda > 1$) auch $\pi < \theta$ für alle $\theta < \bar{\theta}$ gilt. Weiter sei angenommen, daß der optimale Vertrag innere Lösungen für π und $ß$ aufweist. Beide Vereinfachungen sind für die Resultate nicht entscheidend. Durch Integration der Anreizbedingung (2.11b) erhalten wir für das Endvermögen der Firma $w(\theta) = \int_{\underline{\theta}}^{\theta}(1 - a'ß)d\theta$. Partielles Integrieren des erwarteten Endvermögens $\int_{\underline{\theta}}^{\bar{\theta}} \int_{\underline{\theta}}^{\theta}(1 - a'ß)d\theta dF$ und Umstellen ergibt

$$\int_{\underline{\theta}}^{\bar{\theta}} w(\theta)dF = \int_{\underline{\theta}}^{\bar{\theta}} \frac{1-F}{f}(1 - a'ß)dF.$$

Setzt man diesen Ausdruck in das Programm 2.3 aus Abschnitt 2.3 ein und läßt darüberhinaus die Nichtnegativitäts– und Monotoniebedingung beiseite, erhält man:

Programm 4.2

$$\max_{\pi, I, ß} \int_{\underline{\theta}}^{\bar{\theta}} \left[\lambda(\theta - k - aß) + (1 - \lambda)\frac{1-F}{f}(1 - a'ß)\right] dF - \lambda I. \tag{4.3}$$

Wie zuvor bezeichnet λ den Lagrangemultiplikator der Partizipationsbeschränkung. Die ersten Ordnungsbedingungen für π und $ß$ sind nach wie vor durch die entsprechenden Bedingungen aus Abschnitt 2.3 (Gleichungen (2.12) und (2.13) gegeben. Auch sollen die Lösungen des Anreizvertrages und das erstbeste Investitionsniveau wieder durch I^* und I_o bezeichnet werden.

Proposition 4.2 *(i) Wenn die Anreizkompatibilitätsbedingung bindet ($\lambda >$ 1), wird das Investionsverhalten von der Verfügbarkeit interner Finanzierungsmöglichkeiten abhängen (mit der möglichen Ausnahme, daß die Investitionen in allen Zustandsrealisationen gleich produktiv ist).*
(ii) Das optimale I^* löst:

$$1 = -\int_{\underline{\theta}}^{\bar{\theta}} F_I \, d\theta + \frac{1-\lambda}{\lambda} \int_{\underline{\theta}}^{\bar{\theta}} (1 - a'ß)\gamma \, dF, \tag{4.4}$$

mit

$$\gamma \equiv \frac{\partial}{\partial I}\left(\frac{1-F}{f}\right) - \frac{F_I}{f}\frac{\partial}{\partial \theta}\left(\frac{1-F}{f}\right).$$

(iii) Im MPS-Fall kommt es zur Unterinvestition, im MPC-Fall zur Überinvestition: $d(-F_I/f)/d\pi \gtrless 0 \Longrightarrow I^* \lessgtr I_o$

Wir erhalten damit ein ganz ähnliches Resultat wie für den Sanktionsvertrag des vorangegangenen Abschnittes. Die Interpretation der ersten Ordnungsbedingung ist allerdings etwas komplizierter. Wiederum sind die Investitionen optimal, wenn die Grenzkosten der Investition gleich den erwarteten marginalen Rückflüssen sind (erster Term auf der rechten Seite von (4.4)), die durch einen Term ergänzt werden, der die subtile Interaktion zwischen Investitionen und Ex–post–Verzerrungen reflektiert. Wenn die Anreizbedingung nicht bindet, also $\lambda = 1$ ist, entfällt der Term, und bei den Investitionen wird ebenfalls die erstbeste Lösung I_o gewählt. Anderenfalls kommt es aufgrund der zweiten Ordnungsbedingungen und $(1 - a'ß) > 0$ zu Unterinvestition, wenn $\gamma > 0$. Auf der einen Seite verschieben Investitionen die Verteilung F in Richtung auf bessere Erträge. Dieser Effekt spricht für höhere Investitionen. Er zeigt sich im zweiten Term von γ, der negativ ist ($F_I < 0$ und $\frac{\partial}{\partial\theta}[(1-F)/f] < 0$ aufgrund der Log–Konkavität). Auf der anderen Seite macht eine Erhöhung der Investitionen auch höhere Rückzahlungen und damit stärkere Verzerrungen notwendig. Dieser Effekt zeigt sich im ersten Term von γ. Der Gesamteffekt hängt wie schon beim Sanktionsvertrag von dem Vorzeichen der Steigung von $-F_I/f$ ab. Wieder kommt es zur Unterinvestition, wenn Investitionen in guten Zuständen produktiver sind, und zu Überinvestition im gegenteiligen Fall.

Fazit

Nachdem wir für die optimale Investitionspolitik in den beiden ersten Varianten des Anreizproblems bereits sehr ähnliche Resultate erhalten haben, wollen wir darauf verzichten, die entsprechenden Ergebnisse auch für den Fall nachzuweisen, daß Aneignung durch zustandsabhängige Interventionen vollständig verhindert werden kann. Die Intuition des 'Verifikationsmodells' unterscheidet sich in dieser Hinsicht nicht von der der anderen Varianten. Auch hier kommt es nur bei schlechten Realisationen zur kostenträchtigen Abweichung vom erstbesten Verhalten, welches Passivität in allen Zuständen vorsehen würde. Daher können die erwarteten Agency–Kosten wieder durch eine Reduzierung der Streuung der Nettoerträge gesenkt werden. Zudem ist die Unterinvestition für den MPS-Fall bereits bei Gale & Hellwig (1985) abgeleitet worden, und eine entsprechende Modifikation ihres Beweises liefert das Überinvestitionsresultat für den MPC-Fall.[16] Wir erhalten damit für alle in Kapitel 2 behandelten Varianten des Finanzierungsproblems qualitativ das gleiche Resultat. Das im Finanzierungsvertrag vereinbarte Investitionsvolumen weicht von der erstbesten Lösung ab, wobei die Abweichung immer in die Richtung geht, durch die das Risiko der Erträge gemindert wird. Eine Verschlechterung der Selbstfinanzierungsmöglichkeiten läßt die Firmen Investitionsstrategien wählen, die risikoärmer sind. Ob dieses zu Unter– oder Überinvestition führt, hängt von den technischen Eigenschaften der Investitionen ab, über die allgemeine Annahmen schwer zu treffen sind.

Die empirischen Ergebnisse zum Investitionsverhalten finanzierungsbeschränkter Unternehmen können als Hinweis darauf interpretiert werden, daß marginale Investitionen in der Regel die Ertragsrisiken erhöhen. Umgekehrt legt das Modell eine weitere empirische Überprüfungsmöglichkeit nahe, die das Potential besitzt, zwischen agency–theoretischen und anderen Erklärungen für eine Korrelation von Cash–flow und Investition zu diskriminieren. Erforderlich wäre, daß zwischen verschiedenen Investitionsmöglichkeiten a–priori plausible Unterschiede bezüglich ihres Risikobeitrages angenommen werden können. Etwa Unterschiede zwischen Lagerhaltungs– versus Anlageinvestitionen bei unsicherer Nachfrageentwicklung. Wenn die erwarteten Agency–Kosten externer Finanzierung der Grund für die Investitionsverzerrung sind, müßten Firmen in finanziellen Stressituationen risikosteigernde im Verhältnis zu sicheren oder gar risikomindernden Investitionen einschränken.

Der Grund für die relative Präferierung risikomindernder Investitionsvorhaben liegt in der Konzentration der ex post Ineffizienz im Bereich schlechter Ertragsrealisationen. Dieser Aspekt ist auch für die Betrachtung marginaler Investoren bei exogen gegebener Investitionshöhe von Interesse. Betrachten wir wieder eine marginale Firma, die bei gegebenem Vermögen W und den durch F beschriebenen Ertragserwartungen zwischen der Investition und der alternativen Verwendung von W gerade indifferent ist. Angenommen, die Firma muß ihre Investition durch einen Vertrag finanzieren, für den die Anreizbedingung bindet. Im Unterschied zum Abschnitt 4.3.1 halten wir diesmal das Firmenvermögen W konstant und unterstellen, daß sich die Unsicherheit der Rückflüsse bei konstantem Erwartungswert der Erträge erhöht. Wenn F derart modifiziert wird, daß Wahrscheinlichkeitsmasse von einem mittleren Bereich, in dem sich die Firma und ihre Finanziers ex post effizient verhalten, zu den Extremwerten umverteilt wird, steigen die ex ante erwarteten Agency–Kosten an. Bei gleichem Erwartungswert der Investitionserträge würde eine marginale Firma den Markt verlassen.[17]

---

[16]In Gale & Hellwig (1985) wird die Produktionstechnologie explizit modelliert, wobei sie annehmen, daß gute Umweltzustände mit einer hohen Grenzproduktivität der Investition einhergehen. Wie im Anhang 6.2 erläutert entspricht dies unserem MPS-Fall.

[17]Zur Bewertungsrelevanz des unsystematischen Risikos bei Anreizproblemen siehe auch Krahnen (1985).

4.4 Investitionen in Signalierungsmodellen

In diesem Abschnitt wollen wir die Betrachtung der Wechselwirkung von Investitionen und anreizkompatibler Finanzierung durch eine kurze Skizze ausgewählter Resultate aus der Signalisierungsliteratur abrunden. Auch für den Fall, daß die Firmen zum Zeitpunkt der Finanzierungsentscheidung über ihr Vorhaben besser informiert sind, wurden in der Literatur sowohl Unter– als auch Überinvestitionsresultate abgeleitet. Wiederum verbergen sich hinter dem gemeinsamen Terminus jedoch recht heterogene inhaltliche Sachverhalte. Um die unterschiedliche Bedeutung einzelner Investitionshypothesen deutlich zu machen, greifen wir auf die einfachen Selektionsmodelle aus Abschnitt 3.3.3 zurück und unterscheiden wiederum zwischen der Betrachtung marginaler Marktteilnehmer und der Investitionsverzerrung bei intramarginalen Firmen.

4.4.1 Marginale Investoren

Da Selektionsmodelle bereits ein Marktgleichgewicht von Verträgen charakterisieren, können sie auch Hinweise zur Bestimmung der marginalen Nachfrager nach Finanzierungsmitteln liefern. Im Kapitalstrukturmodell des Abschnitts 3.3.3 betrachteten wir zwei alternative Varianten des Informationsproblems. Im FSD–Fall zeichneten sich bessere Firmen (solche mit größerem τ) durch höhere Ertragserwartungen aus. Es ergab sich ein Pool–Gleichgewicht mit reiner Kreditfinanzierung, bei dem die Firma mit den schlechtesten Ertragsaussichten den marginalen Marktteilnehmer stellt. Im MPC–Fall zeichneten sich bessere Firmen durch sicherere Investitionen aus. Ohne Einschränkungen der Finanzierungsinstrumente ergab sich ein Pool–Gleichgewicht mit reiner Beteiligungsfinanzierung, in dem alle Firmen finanziert wurden. Bei zusätzlicher Beschränkung der Instrumente auf Kreditfinanzierung erhielten wir eine Situation, in der die marginale Firma das sicherste Projekt im Markt besaß. Auf diese Annahmenkombination wird mit dem Kürzel 'MPC–Kredit' Bezug genommen.

Die Implikationen des FSD–Modells für das Investitionsvolumen sind von de Meza & Webb (1990) untersucht worden. Im Pool-Gleichgewicht erhält die marginale Firma gerade ihre Opportunitätskosten erstattet. Sie ist zwischen dem Einsatz ihres Vermögens W in dem Projekt und seiner alternativen Anlage gerade indifferent. Den Finanziers hingegen beschert die marginale Firma Verluste. Bei vollständiger Information könnte sie nicht finanziert werden. Mit de Meza & Webb (1990) kann daher für diesen Fall eine *Überinvestition* festgestellt werden. Diese verschwindet allerdings, wenn Risikoaversion oder zusätzliche Signalisierungsinstrumente wie die Bereitstellung illiquiden Vermögens, Trennungsgleichgewichte ermöglichen. In dem separierenden Gleichgewicht betreibt die schlechteste Firma keinen Signalisierungsaufwand. Da die marginale Firma ihren wahren Typ kostenlos offenbart und die Opportunitätskosten der Finanziers gedeckt werden, ist die Marktteilnahme effizient.

Tabelle 4.1: Unter– und Überinvestitionsresultate für marginale Firmen

	der Informationsvorteil betrifft	
	das Ertragsrisiko MPC–Fall	die Ertragshöhe FSD–Fall
freie Wahl der Kapitalstruktur, Poolgleichgewicht bei:	Beteiligungsfinanzierung *Investitionseffizienz*	Kreditfinanzierung *Überinvestition*
Beschränkung der Finanzierungsinstrumente auf:	Kreditfinanzierung *Unterinvestition*	Beteiligungsfinanzierung *Überinvestition*
Signalisierung durch Sicherheiten oder Risikoübernahme	*Unterinvestition*	*Investitionseffizienz*

Es werden alle Firmen finanziert, die auch bei vollständiger Information finanziert würden.

Für den MPC–Kredit–Fall finden sich die entsprechenden Überlegungen bei Mankiw (1986). Hier werden im Pool–Gleichgewicht einige der besonders sicheren Projekte nicht finanziert, die in einer Situation mit vollständiger Information zu finanzieren wären. Entsprechend kann für den MPC–Kredit–Fall *Unterinvestition* konstatiert werden. Anders als im FSD–Fall kann es zu einer Investitionsverzerrung aber auch im Trennungsgleichgewicht kommen. Ein solches ist nur möglich, wenn die besseren Firmen ihren Typ durch die Bereitstellung illiquiden Vermögens signalisieren. Die Kosten dieser Signalisierung bestehen in den erwarteten Liquidationsverlusten. Da auch im Trennungsgleichgewicht die besten Firmen den marginalen Anbieter stellen, ihren Typ jedoch nur unter Aufwendung von Signalisierungskosten offenbaren können, wird es im allgemeinen eine zu geringe Partizipation geben.

Schließlich sei noch auf die Kombination des FSD–Falls mit einer exogenen Beschränkung auf Beteiligungsfinanzierung verwiesen, wie sie sich als Bestandteil eines komplizierteren Modells bei Myers & Majluf (1984) findet. Da in dieser Kombination die marginalen schlechten Firmen von den guten subventioniert werden, kommt es wiederum zur *Überinvestition*.[18]

[18] Dies steht zunächst in scheinbarem Widerspruch zu dem *Unterinvestitionsresultat* von Myers & Majluf (1984). Allerdings wird dort die Betrachtung auf Projekte mit einem positivem Nettobarwert beschränkt. Eine Überinvestition ist damit annahmegemäß ausgeschlossen. Die Begründung hierfür ist keineswegs zwingend, da es sich bei der unterstellten Informationsasymmetrie durchaus lohnen kann, Projekte mit negativem Nettobarwert durchzuführen, wenn diese durch 'überteuertes' Beteiligungskapital finanziert werden können. Zudem führen sie neben dem beob-

In Tabelle 4.1 werden die Ergebnisse zur Unter– bzw. Überinvestition im Vergleich zu einer Situation symmetrischer Information zusammengestellt.

Für den eingangs skizzierten Krisenmechanismus ist allerdings nicht der Vergleich mit einer idealen Welt perfekter Information ausschlaggebend. Vielmehr ist zu fragen, welche Effekte eine Vermögensumverteilung von den Firmen auf die Finanziers auslöst. Wir betrachten also eine Senkung von W, die von einer Erhöhung des Angebotes von Finanzierungsmittel gleichen Umfangs begleitet wird und beschränken uns auf die Pool–Gleichgewichte. Die Auswirkungen auf die Marktteilnahme ergeben sich aus den Partizipationsbeschränkungen der Finanziers und der marginalen Firma.

Der im Pool–Gleichgewicht angebotene Vertrag muß im Erwartungswert die Opportunitätskosten der Finanzierung decken. Die durchschnittlichen Auszahlungen müssen daher im gleichen Umfang steigen wie der Finanzierungsbedarf ΔW. Die marginale Firma war definiert durch die Bedingung: $\mathcal{W}(0, D, \tau^P) \equiv W$, wobei im FSD–Fall alle Firmen mit $\tau \in [\tau^P, \bar{\tau}]$ am Markt teilnehmen, im MPC–Kredit–Fall hingegen gerade die Firmen mit $\tau \in [\underline{\tau}, \tau^P]$ aktiv sind. Aus der Definition von $\mathcal{W}$ (vgl. (3.6)) folgt für die Substitutionsrate zwischen W und D in der Partizipationsbeschränkung der Firma:

$$\frac{dD}{dW} = -\frac{1}{1 - F(D)} < 0; \quad \text{und} \quad \frac{d}{d\tau}\left(\frac{dD}{dW}\right) = -\frac{-F_\tau}{(1 - F(D))^2}.$$

Im FSD–Fall zeichnen sich schlechtere Firmen durch eine dem Betrag nach größere Substitutionsrate zwischen W und D aus. Für sie könnte D bei einer Senkung von W stärker erhöht werden, ohne daß es zu einer Schlechterstellung kommt. Zugleich sind die erwarteten Auszahlungen der Finanziers bei besseren Typen höher. Entsprechend müßte D bei unveränderter Partizipation weniger steigen als nötig wäre, um die schlechtesten Firmen indifferent zu halten. Es kommt daher zum Eintritt zusätzlicher Firmen am unteren Ende der Verteilung. Die Überinvestition verstärkt sich, weil die notwendige Erhöhung von D zu einer stärkeren Subvention der Schlechten durch die Guten führt.

Im MPC–Kredit–Fall sind solche Firmen marginale Teilnehmer, die den Finanziers die höchsten erwarteten Auszahlungen bieten. Allerdings ist der Effekt einer Erhöhung von D auf das Ausmaß der Quersubvention nicht mehr eindeutig. Für niedrige Werte von D gilt: $-F_\tau > 0$, und eine Erhöhung von D verstärkt den Unterinvestitionseffekt, da marginale Firmen den Markt verlassen. Für hohe Werte von D ist im Prinzip auch der gegenteilige Fall denkbar, bei dem ein Anstieg des nominellen Rückzahlungsbetrages die erwarteten Auszahlungen auf den sicheren Firmen weniger stark erhöht als

achtbaren Firmenvermögen W, bei ihnen als *slack* bezeichnet, noch eine unbeobachtbare Vermögenskomponente ein, die in unserer Betrachtung fehlt. Wenn diese hinreichend klein wird, ist in ihrem Modell das Investitionsniveau effizient. Würden in diesem Bereich negative Nettobarwertprojekte zugelassen, ergäbe sich die von uns konstatierte Überinvestition.

auf den riskanteren. Da in diesem Fall auch die Substitutionsrate bei der marginalen Firma überdurchschnittlich groß ist, käme es zum Markteintritt sicherer Firmen, und das Unterinvestitionsresultat würde abgeschwächt.[19]

4.4.2 Signalisierung durch Investitionsvolumen

Der Einsatz des Investitionsvolumens zu Signalisierungszwecken wird in den Arbeiten von Bester (1985b), Bester & Hellwig (1987), Milde & Riley (1988) und Miller & Rock (1985) untersucht. Bei allen Unterschieden im technischen Detail liegt den drei erstgenannten Arbeiten ein gemeinsamer Rahmen zugrunde, der hier in Anlehnung an die Darstellung in Abschnitt 3.3 skizziert wird. Betrachtet werden risikoneutrale Firmen, deren Finanzierung auf das Instrument der Kreditfinanzierung beschränkt ist. Die Verteilung der Gewinne π wird durch zwei Variablen, den Firmentyp τ und das Investitionsvolumen I parametrisiert. In den genannten Arbeiten werden konkrete Produktionsfunktionen betrachtet. Da es hier nur darauf ankommt, die Intuition nachzuvollziehen, wollen wir zunächst bei unser allgemeinen Darstellung bleiben und $F(\pi;\tau,I)$ betrachten. Von eigenem Vermögen wird abgesehen, so daß der Finanzierungsvertrag nur den nominellen Rückzahlungsbetrag D und das Investitionsvolumen mit Opportunitätskosten I festlegt: $\{D(\tau), I(\tau)\}$.

Für ein gegebenen Typ τ läßt sich der Erwartungsnutzen für die beiden Marktseiten schreiben als:

$$\mathcal{W}(I,D;\tau) = \int_D^{\bar{\pi}} (1 - F(\pi;\tau,I))\, d\pi,$$

und

$$\mathcal{V}(I,D;\tau) = \mathrm{E}[\pi;\tau,I] - \mathcal{W}(I,D;\tau) - I.$$

Bei vollständiger Information würde das Investitionsvolumen so gewählt, daß der erwartete Grenzertrag die Opportunitätskosten des Kapitaleinsatzes gerade deckt, $I_o(\tau)$ löst also: $1 = \int_{\underline{\pi}}^{\bar{\pi}} -F_I(\pi;\tau,I)\, d\pi$. Dies gegeben, müßte das Darlehen die Partizipationsbeschränkung der Finanziers erfüllen. $D^o(\tau)$ löst demnach $\mathcal{V}(I_o,D;\tau) = 0$. Bei asymmetrischer Informationsverteilung erweist sich ein solcher Vertrag jedoch als nicht anreizkompatibel (Bester (1985b)). Es würde sich für eine Firma des Typs τ lohnen, statt des ihr zugedachten Vertrages, den einer Firma mit etwas höherem τ und daher niedriger Insolvenzwahrscheinlichkeit zu wählen. Dies folgt aus einem Vergleich der Steigungen von I und D, wie sie sich aus der ersten Ordnungsbedingung für die optimale Wahl von τ und der Partizipationsbeschränkung ergeben. Damit die Firma den ihr zugedachten Vertrag wählt, muß notwendigerweise gelten: $\frac{\partial}{\partial\tilde{\tau}}\mathcal{W}(I(\tilde{\tau}),D(\tilde{\tau});\tau)|_{\tilde{\tau}=\tau} = 0$, was impliziert:

[19] Es sei an dieser Stelle noch einmal daran erinnert, daß bei hinreichend hohen Rückzahlungsbeträgen im allgemeinen kein Gleichgewicht in reinen Strategien existiert. Bei stochastischer Kreditrationierung liegt immer Unterinvestition vor.

$$D' = I' \frac{\int_D^{\overline{\pi}} -F_I \, d\pi}{1 - F(D)}.$$

Für den erstbesten Vertrag erhält man durch totales Differenzieren der Partizipationsbeschränkung jedoch:

$$D' = I' \frac{\int_D^{\overline{\pi}} -F_I \, d\pi}{1 - F(D)} - \frac{\int_{\underline{\pi}}^{D} -F_\tau \, d\pi}{1 - F(D)} = 0.$$

Der zweite Term reflektiert die Abhängigkeit der Insolvenzwahrscheinlichkeit vom Firmentypus. Sowohl im FSD–Fall als auch im MPC–Fall ist $\int_{\underline{\pi}}^{D} -F_\tau \, d\pi > 0$. Bei perfekter Information würde sich die verringerte Insolvenzwahrscheinlichkeit in einer entsprechend reduzierten Rückzahlungsverpflichtung ausdrücken. Eine solche 'naive' Vergünstigung der Finanzierungskonditionen veranlaßt die Firmen, sich bei asymmetrischer Information besser darzustellen als sie es wirklich sind.

Ein Pool–Gleichgewicht kann aufgrund ähnlicher Überlegungen ausgeschlossen werden, wie in Abschnitt 3.3.3 eine innere Lösung für die Kapitalstruktur. Die marginale Bereitschaft, für zusätzliche Investitionsmittel höhere Rückzahlungsbeträge zu vereinbaren, ergibt sich aus:

$$\left.\frac{dD}{dI}\right|_{\mathcal{W}=konst} = -\frac{\mathcal{W}_I}{\mathcal{W}_D} = -\frac{\int_D^{\overline{\pi}} -F_I \, d\pi}{-(1 - F(D))} = \mathrm{E}[\pi_I | \pi > D].$$

Da die Steigungen der Indifferenzkurven der unterschiedlichen Firmentypen im I–D–Raum möglicher Finanzierungsverträge im allgemeinen verschieden sind, werden die besseren Typen von einem Vereinigungsvertrag in der Regel abweichen. Wenn die marginale Bereitschaft, investive Mittel durch höhere Rückzahlungsversprechen zu erwerben, systematisch mit dem Firmentypus korreliert ist, kann das Investitionsniveau Signalisierungsfunktion erfüllen. Entscheidend für die Richtung der Investitionsverzerrung in einem Trennungsgleichgewicht ist, ob sich bessere Typen durch eine höhere oder niedrigere Substitutionsrate auszeichnen, also das Vorzeichen von:

$$\frac{d}{d\tau}\left(\left.\frac{dD}{dI}\right|_{\mathcal{W}}\right) = \frac{d}{d\tau}\mathrm{E}[\pi_I | \pi > D].$$

Leider können wir keine einfachen intutiven Bedingungen für die funktionale Form von $F(\pi; \tau, I)$ anbieten, die eine globale Monotonie des bedingten erwarteten Grenzertrages gewährleistet.

In den oben genannten Beiträgen werden spezifischere Annahmen zur funktionalen Form der typusabhängigen Gewinnfunktion gemacht. Bester (1985b) betrachtet einen Fall, in dem die Gewinnvariable auf zwei Zustände beschränkt wird. Die kontinuierlich angenommenen Firmentypen unterscheiden sich durch die Erfolgswahrscheinlichkeit $p(\tau)$ und die Gewinnfunktion im Erfolgsfall $\pi(\tau, I)$. Für π werden die üblichen Annahmen zur Gewährleistung eindeutiger innerer Lösungen für das Optimierungsproblem getroffen und zwei Fälle unterschieden. Im Fall A, der als spezielles Beispiel unseres FSD–Falls anzusehen ist, gilt: sign $\pi_{I\tau}$ = sign $\pi_\tau > 0$. Eine hohe Erfolgswahrscheinlichkeit geht mit hohem Erfolg und hoher Grenzproduktivität der Investitionen einher. In diesem Fall zeichnen sich die besseren Firmen durch eine höhere Zahlungsbereitschaft für Investitionsmittel aus. Im Trennungsgleichgewicht signalisieren die besseren Firmen ihre Qualität, indem sie die Investitionen über das erstbeste Niveau hinaus ausdehnen. Im Fall B, der als Unterfall eine spezielle Ausformulierung der MPC–Annahme einschließt, gilt: sign $\pi_{I\tau}$ = sign $\pi_\tau < 0$. Firmen mit höherer Erfolgswahrscheinlichkeit zeichnen sich durch niedrigere Erträge und eine niedrigere Grenzproduktivität im Solvenzfall aus. In dieser Konstellation kommt es zur Unterinvestition.

Ähnliche Ergebnisse erhalten Milde & Riley (1988), die die Bruttoerträge π als kontinuierliche Variable auffassen, die vom Firmentyp, der Investition und einer Zufallsvariablen z determiniert werden. Für den FSD–Fall betrachten sie eine einfache multiplikative und eine teilweise additive Spezifikation:

$$\pi(\tau, I, z) = q(\tau, I)z, \quad \text{mit } q_\tau, q_I > 0 \text{ und } z \text{ ist verteilt mit } G(z)$$

bzw.

$$\pi(\tau, I, z) = b(I)I + zI + \tau, \quad \text{mit } b' < 0,$$

wobei zusätzliche Annahmen das Wohlverhalten des Optimierungsproblems sicherstellen. Für die erste Variante gilt: $\frac{d}{d\tau}\mathrm{E}[\pi_I | \pi > D] > 0$, und wir erhalten den Fall der Überinvestition. In der zweiten Variante sinkt die marginale Zahlungsbereitschaft für Investitionsmittel mit zunehmendem τ, und wir erhalten das Unterinvestitionsresultat. Schließlich betrachten sie ebenfalls Projekte mit unterschiedlichem Risiko. Hierzu spezifizieren sie die Produktionsfunktion

$$\pi(\tau, I, z) = q(I)z, \quad \text{wobei } z \text{ verteilt ist mit } G(z; \tau),$$

und nehmen an, daß eine Erhöhung von τ das Risiko von z im Sinne einer mittelwerterhaltenden Kompression der Verteilung (MPC–Fall) vermindert. Für diese Spezifikation ergibt sich wiederum eine sinkende Zahlungsbereitschaft für Investionsmittel und daher eine *Unterinvestition* im Signalisierungsgleichgewicht.[20]

[20]Die gleiche Gewinnspezifikation wird bei Noe & Rebello (1992) betrachtet, wobei unterstellt wird, daß τ die Verteilung G im Sinne des FSD–Falles verschiebt. Diese multiplikative Skalierung des Ertrages erhöht das Risiko der Nettoerträge. Wie zu erwarten war, erhalten sie das entgegengesetzte Resultat der *Überinvestition.* (Noe & Rebello (1992) führen neben der Informationsasymmetrie über die Ertragsverteilung eine zweite hinsichtlich des 'privaten Nutzens' der Investition ein, was es ihnen erlaubt, den optimalen Finanzkontrakt als Kombination von Kredit und (vorrangigem) Fixlohn abzuleiten. Für die Frage nach der Investitionshöhe spielt dieser Zusatz keine Rolle.)

In Miller & Rock (1985) wird das Informations– und Investitionsproblem mit einer ausgeprägteren zeitlichen Struktur modelliert. Wie Myers & Majluf (1984) betrachten sie eine Firma, die einen Informationsvorteil über den Wert des existierenden Vermögens besitzt. Darüberhinaus beobachtet nur die Firma den Cash–flow aus vorangegangenen Investitionen. Die externe Finanzierung ist auf Beteiligungskapital beschränkt (überschüssige liquide Mittel werden als Dividende ausgeschüttet). Investiert wird die Summe aus nichtbeobachtbaren Rückflüssen und Nettokapitalzuführung. Die Zielfunktion der Firma wird in formaler Anlehung an Ross (1977) als gewichtetes Mittel des heutigen und zukünftigen Marktwertes modelliert. Diese Details sind für ihre Interpretation hilfreich, für das Unterinvestitionsresultat jedoch nicht ausschlaggebend. Übersetzt in unsere Notation ergibt sich folgende Bruttogewinnfunktion:[21]

$$\pi(\tau, I, z) = q(\tau + I) + z, \quad \text{mit } q' > 0,\, q'' < 0 \,.$$

Bessere Firmen zeichnen sich durch höhere erwartete Erträge, aber eine niedrigere Grenzproduktivität zusätzlicher Investitionen aus. Entsprechend ist ihre marginale Bereitschaft, externe Mittel aufzunehmen, um Investitionen auszudehnen, geringer. Im Trennungsgleichgewicht signalisieren die besseren Firmen ihre Qualität durch *Unterinvestition*, was bei Miller & Rock (1985) mit zu hohen Dividendenausschüttungen einhergeht.

4.5 Schlußbemerkung

In diesem Kapitel haben wir nach den Implikationen informationsökonomischer Finanzierungsmodelle für das Investitionsverhalten der Firma gefragt. Es hat sich gezeigt, daß Informationsprobleme sowohl Über– als auch Unterinvestitionen erklären können. Aus der Vielfalt möglicher Wirkungszusammenhänge gilt es nun diejenigen herauszufiltern, die hinreichend allgemein und robust erscheinen, um als Baustein für den in der Einleitung skizzierten makroökonomischen Krisenmechanismus zu dienen. Nach meiner Einschätzung eignen sich hierfür nur die beiden folgenden, aus den Vertragsmodellen des Kapitels 2 abgeleiteten Ergebnisse:

1. Wie eine Sondersteuer treiben Anreizprobleme einen Keil zwischen die Kosten interner und externer Finanzierung. Reichen die internen Mittel für die geplanten Investitionen nicht aus, müssen externe Finanzierungsmittel durch einen anreizkompatiblen Vertrag aufgenommen werden. Hierdurch steigen die durchschnittlichen Finanzierungskosten, weshalb marginale Firmen ihre Investition einstellen.
2. Optimale anreizbeschränkte Finanzierungsverträge konzentrieren ineffiziente Verzerrungen auf schlechte Ertragsrealisationen. Um diese Zusatzverluste zu vermeiden, meiden Firmen mit niedrigen Nettovermögen

[21] Wobei wir ihre Notation wie folgt umschreiben: $\tau = X_1$, $I = -D_1$, $z = \gamma\epsilon_1$.

riskante Investitionen zugunsten sicherer Projekte. Während der Effekt einer finanziellen Schwächung auf das Investitionsvolumen von der Investitionstechnologie abhängt, ist sicher, daß ein Mangel an Selbstfinanzierungsmöglichkeiten die Investitionspolitik vorsichtiger werden läßt.

Diese beiden Ergebnisse sind robust in dem Sinne, daß sie von den Details des Anreizproblems und den von optimalen Verträgen inkaufgenommenen Verzerrungen unabhängig sind. Der erste Wirkungsmechansimus liefert die Grundlage für die Modellierung des aggregierten Investitionsverhaltens im Rahmen eines allgemeinen Gleichgewichtsmodells bei Bernanke & Gertler (1989). Dort wird der Einfluß des Nettovermögens der Firmen auf deren Investitionsverhalten betrachtet, wobei die Investitionshöhe exogen gegeben ist, sich eine Wirkung daher nur für marginale Unternehmen ergibt.[22]

Das zweite Resultat ist in der Literatur bislang nur als Spezialfall der *Unterinvestition* wahrgenommen worden (Gale & Hellwig (1985)). Für die aggregierte Investitionstätigkeit erscheint mir das Unterinvestitionsresultat auch plausibler. Dennoch ist wichtig, daß ein Investitionsrückgang das Nettoergebnis einer *Investitionsverzerrung* ist, welche Investitionen von risikoreicheren zu risikoärmeren Projekten verschiebt und mit einer Senkung der Ertragserwartungen verbunden ist. Eine solche Verschiebung der Investitionspolitik zugunsten sicherer und liquider Assets haben Friedman & Schwarz (1963) für die U.S.–Banken in der Weltwirtschaftskrise dokumentiert.[23] Sie zeigt sich auch in der gestiegenen Risikoprämie für risikobehaftete Anleihen (Abbildung 4.1).

Die exzessive Risikoaversion kann erklären, warum eine einmalige Verminderung des Nettofirmenvermögens langandauernde Wirkungen hat. Da die Nettogewinne aufgrund der vorsichtigen Investitionsstrategie niedrig sind, dauert es entsprechend länger, bis das Nettovermögen wieder aufgebaut werden kann. Das Agency-Problem alleine erzeugt jedoch kein eindeutiges Unterinvestitionsresultat. In diesem Sinne ist die anhand von Abbildung 4.2 illustrierte Argumentation irreführend. Sie übersieht, daß eine Verzerrung der Investitionen, die auch in Überinvestition resultieren kann, Bestandteil des optimalen Finanzierungsvertrages ist.

Die bisherigen Argumente beruhen auf einer Analyse *neuer* Finanzierungsverträge: Kommen sie überhaupt zustande? In welchem Umfang werden Investitionen finanziert? Weiter wurde unterstellt, daß die Investitionhöhe selbst Bestandteil des Finanzierungsvertrages ist. Der Vollständigkeit

[22]Zu den dynamischen Implikationen dieses Modells siehe Carlstrom & Fuerst (1997). In Williamson (1986) und Williamson (1987) wird das Problem aus der Sicht der Finanziers betrachtet. Entsprechend erhält man bei gegebenen Ertragserwartungen eine Obergrenze für deren Bereitschaft zur externen Finanzierung, was von Williamson als 'Kreditrationierung' bezeichnet wird.

[23]Die wachsende Liquidität und niedrige Zinsen sind (Friedman & Schwarz (1963) zufolge) seinerzeit irrtümlich als Anzeichen für *easy money* interpretiert worden und rechtfertigten nach Einschätzung der Zentralbank eine restriktive Geldpolitik.

halber sei noch auf einige weitere Ansatzpunkte für die Ableitung von Investitionsverzerrungen im Vertragsmodell hingewiesen.

So wäre etwa zu fragen, wie niedrige Ertragsrealisationen in *bestehenden* Finanzierungsverträgen die Investitionstätigkeit beeinflussen. Dies führt uns zurück zum Abschnitt 2.1, wo unterschiedliche Interpretationen für die optimal gewählten 'Verzerrungen' diskutiert wurden. So können die im Fall der Insolvenz eingesetzten Sanktionen darin bestehen, daß Investitionen verhindert werden, die zur Ausbeutung spezifischen Firmenkapitals notwendig wären (Bolton & Scharfstein (1990)). Eine ähnliche Wirkung können Interventionen der Finanziers zur Beschränkung von Entscheidungsspielräume entfalten, zu denen bei niedrigen Erträgen zwecks Kompensation schwacher finanzieller Anreize gegriffen wird. Zu denken wäre hier an die restriktiven Investitions– und Finanzierungsvorgaben in Kreditklauseln. In der Literatur wird Unterinvestition jedoch am häufigsten direkt aus den schwachen finanziellen Anreizen abgeleitet. Hierzu bietet sich insbesondere das Unterinvestitionsresultat von Myers (1977) an, bei dem die Firma nach dem Vertragsabschluß aber vor der Investitionsentscheidung zusätzliche Informationen über deren Produktivität erhält. In schlechten Zuständen erhält sie nur einen kleinen Teil der erwarteten Erträge, da ein großer Teil auf die Finanziers entfällt (schlechte Anreize). Sie wird daher die Investition reduzieren und sich die nicht–investierten Mittel aneignen.[24] Allerdings ist daran zu erinnern, daß ineffizientes Verhalten der Firma auch in Überinvestition bestehen kann, — wie dies in unserem Einführungsbeispiel der Fall war und allgemein von Jensen (1986) konstatiert wird.

In Abschnitt 3.4 wurde bereits kurz das Risikoanreizproblem skizziert, welches sich ergibt, wenn die Firma nach Abschluß des Finanzkontraktes das Risiko der Erträge manipulieren kann. Im allgemeinen müssen weitere Investitionen getätigt werden, bevor alle austehenden finanziellen Forderungen erfüllt sind. Zugleich ist es kaum möglich, die zukünftigen Investitionen bereits im Ausgangsvertrag festzuschreiben. Wenn spätere Investitionen nicht kontrahierbar sind, verzerrt der Finanzkontrakt die entsprechenden Anreize der Firma, was wiederum zu Unter– oder Überinvestition führen kann (siehe Abschnitt 5.2).

Schließlich ergeben sich für die Makroökonomik interessante Aspekte auch daraus, daß die Investitionsverzerrung nicht auf physisches Kapital beschränkt bleibt. In Märkten, in denen den Konsumenten beim Wechsel eines einmal gewählten Anbieters Kosten entstehen, sind niedrige Preise heute eine Investition in die gesicherten Marktanteile von morgen (Klemperer (1987)). Ein ähnlicher Effekt ergibt sich, wenn in jeder Periode nur ein Teil der Konsumenten Preisvergleiche anstellt, und ein anderer Teil einfach beim gleichen

[24]Da Myers (1977) den Anreizkonflikt zwischen Eigenkapitalgebern als Entscheidungsträgern und Kreditgebern als Finanziers modelliert, ist eine Aneignung freier Mittel durch Dividendenausschüttungen möglich. Lamont (1995) nutzt diesen Ansatz, um aus einem *debt overhang* die Existenz multipler Gleichgewichte abzuleiten.

Anbieter wie zuvor kauft (Nils (1991)). Wenn diese Art von Investitionen bei Finanzierungbeschränkungen gesenkt werden, ergibt sich ein antizyklischer Preisaufschlag. In der Wirtschaftskrise würden die Output–Preise relativ zu Löhnen und Rohstoffpreisen steigen. Dieser Mechanismus kann Preisrigiditäten ohne Menükosten erlären.[25] Auch eine Weigerung, qualifizierte aber temporär nicht ausgelastete Mitarbeiter zu entlassen, kann als Investition angesehen werden. So findet Sharpe (1994) Evidenz dafür, daß stärker verschuldete Firmen im Wirtschaftsabschwung ihre Beschäftigten schneller entlassen, was im Aufschwung wiederum höhere Einarbeitungs– und Anlernkosten verursacht.

Die Investitionsresultate der Signalisierungsliteratur (*hidden information*) erscheinen mir für eine Mikrofundierung der aggregierten Investitionstätigkeit wenig geeignet. Dies liegt daran, daß sie in kritischer Weise von Modellspezifikationen abhängen, die, so treffend sie einen konkreten Anwendungsfall beschreiben mögen, kaum zu verallgemeinern sind. Dies zeigt sich bereits bei der Betrachtung marginaler Investitionsvorhaben, für die wir im *hidden action*–Ansatz ein sehr robustes Unterinvestitionsresultat erhalten haben. Ein Blick auf die Übersicht 4.1 zeigt, daß die von Mankiw (1986) in Anlehnung Stiglitz & Weiss (1981) diskutierte Unterinvestition, nicht nur ganz spezifische Annahmen über die Art des Informationsvorteils erfordert (MPC–Fall) sondern darüberhinaus auch auf einer exogenen Einschränkung des Finanzierungsvertrages auf Kreditfinanzierung beruht. Beträfe der Informationsvorteil weniger das Risiko als den Erwartungswert der Erträge, wären eher Überinvestitionen zu erwarten. Selbst für Branchen, die überwiegend auf Kreditfinanzierung angewiesen sind, kann daher aus dieser Überlegung kein robuster Krisenmechanismus formuliert werden.

Diese Ambivalenz setzt sich fort, wenn die Investitionshöhe als Signal genutzt wird. Nun kommt es zu Unterinvestition bzw. Überinvestition je nachdem, ob der für den Solvenzbereich erwartete Grenzertrag der Investitionen bei besseren Firmen niedriger oder höher ist. Wiederum erhält man eine Bedingung, über die sich schwer allgemeine Aussagen treffen lassen.

[25] In diesem Sinne Chevalier & Scharfstein (1996) und Dasgupta & Titman (1996). Allerdings wird in dieser Literatur unterstellt, daß die Preisentscheidung nicht kontrahierbar ist, einen Fall den wir in Abschnitt 5.2 betrachten.

4.6 Beweise

Beweis von Proposition 4.1.

Aufgrund der Ausführungen in 6.3 und Lemma 6.1 aus 6.2 brauchen wir nur zu zeigen, daß sign $\gamma = $ sign $\frac{d}{d\pi}[-F_I/f]$.

Partielles Integrieren der ersten Ordnungsbedingung für I^* liefert:

$$\begin{aligned} 0 &= -(1-\alpha)\int_{\underline{\pi}}^{\overline{\pi}} F_I\, d\pi - \lambda\left(\int_{\underline{\pi}}^{D} F_I\, d\pi + \alpha\int_{D}^{\overline{\pi}} F_I\, d\pi + 1\right) \\ &= -1 - \int_{\underline{\pi}}^{\overline{\pi}} F_I\, d\pi + (1-\alpha)\left(\int_{\underline{\pi}}^{D} F_I\, d\pi - (1/\lambda)\int_{\underline{\pi}}^{\overline{\pi}} F_I\, d\pi\right). \end{aligned}$$

Substitutieren mit $\lambda = 1/(1 - F(D, I)$ und Umstellen liefert Gleichung (4.2), wobei $\gamma(I, D)$ definiert ist als:

$$\begin{aligned} \gamma(I,D) &\equiv (1 - F(D,I))\int_{\underline{\pi}}^{\overline{\pi}} F_I\, d\pi - \int_{D}^{\overline{\pi}} F_I\, d\pi \\ &= -F(D,I)\int_{\underline{\pi}}^{\overline{\pi}} F_I\, d\pi + \int_{\underline{\pi}}^{D} F_I\, d\pi. \end{aligned}$$

Wegen

$$\text{sign } \gamma(I,D) = -\text{sign}\left(-\int_{\underline{\pi}}^{\overline{\pi}} F_I\, d\pi - \frac{-\int_D^{\overline{\pi}} F_I\, d\pi}{1 - F(D,I)}\right),$$

und $\gamma(I_o, \underline{\pi}) = 0$ genügt es zu zeigen, daß

$$\frac{d}{d\pi}\left(\frac{-F_I(\pi)}{f(\pi)}\right) \gtrless 0,\ \forall \pi \quad \Longrightarrow \quad \frac{d}{dD}\left(\frac{-\int_D^{\overline{\pi}} F_I\, d\pi}{1 - F(D,I)}\right) \gtrless 0,\ \forall D. \tag{4.5}$$

Wir betrachten nur den Fall steigender Grenzgewinne. Aus der unterstellten Monotonie folgt:

$$\begin{aligned} \frac{-F_I(\pi)}{f(\pi)} - \frac{-F_I(D)}{f(D)} &> 0 \quad \forall \pi > D \\ -F_I(\pi)f(D) + F_I(D)f(\pi) &> 0 \quad \forall \pi > D. \end{aligned}$$

Integrieren ergibt:

$$f(D)\int_D^{\overline{\pi}} -F_I(\pi)\, d\pi + F_I(D)\int_D^{\overline{\pi}} f(\pi)\, d\pi > 0.$$

Anderseits ergibt sich das Vorzeichen der Ableitung von $\int_D^{\overline{\pi}} -F_I\, d\pi/(1 - F(D))$ nach D aus dem Vorzeichen von

$$F_I(D)(1 - F(D)) + f(D) \int_D^{\bar{\pi}} -F_I \, d\pi$$

und ist daher ebenfalls positiv.

□

Beweis von Proposition 4.2.

Zur Vereinfachung der Notation schreiben wir B für den in eckigen Klammern gefaßten Term des Integranden in Programm 4.2. Die erste Ordnungsbedingung für die optimale Wahl von I ist:

$$0 = Bf \frac{d\theta}{dI}\bigg|_{\underline{\theta}}^{\bar{\theta}} + \int_{\underline{\theta}}^{\bar{\theta}} B f_I \, d\theta + \int_{\underline{\theta}}^{\bar{\theta}} (1-\lambda)(1 - a'ß) \frac{\partial}{\partial I} \frac{1-F}{f} f \, d\theta - \lambda. \tag{4.6}$$

Partielles Integrieren des zweiten Terms liefert:

$$\begin{aligned} \int_{\underline{\theta}}^{\bar{\theta}} B f_I \, d\theta &= BF_I|_{\underline{\theta}}^{\bar{\theta}} - \int_{\underline{\theta}}^{\bar{\theta}} \frac{dB}{d\theta} F_I \, d\theta \\ &= BF_I|_{\underline{\theta}}^{\bar{\theta}} - \int_{\underline{\theta}}^{\bar{\theta}} \left(\frac{\partial B}{\partial \theta} + \frac{\partial B}{\partial \pi}\pi' + \frac{\partial B}{\partial ß} ß' \right) F_I \, d\theta. \end{aligned} \tag{4.7}$$

Da $F(\underline{\theta}(I), I) = 0$ und $F(\bar{\theta}(I), I) = 1$, $\forall I$ können wir in (4.6) mit $d\underline{\theta}/dI = -F_I(\underline{\theta}, I)/f(\underline{\theta}, I)$ und $d\bar{\theta}/dI = -dF_I(\bar{\theta}, I)/f(\bar{\theta}, I)$ substituieren. Damit heben sich die ersten Terme in 4.6 und 4.7 auf.

Für $\lambda = 1$ folgt aus den Ordnungsbedingungen $ß = 0$ und $\pi = \theta$. Wegen $ß' = 0$, $\pi' = 1$ und $\partial B/\partial\theta = 1 - \partial B/\partial\pi$ gilt $dB/d\theta = 1$, womit sich (4.6) vereinfacht zu $1 = -\int_{\underline{\theta}}^{\bar{\theta}} F_I \, d\theta$.

Für $\lambda > 1$ erfordern die Ordnungsbedingungen $\partial B/\partial\pi = \partial B/\partial ß = 0$, woraus folgt:

$$\begin{aligned} \frac{dB}{d\theta} &= \lambda(1 - a'ß) - (1-\lambda)\frac{1-F}{f} a'' ß \\ &\quad + (1-\lambda)(1 - a'ß)\frac{\partial}{\partial\theta}\frac{1-F}{f}. \end{aligned}$$

Mit der Ordnungsbedingung für π (2.12) vereinfacht sich der Ausdruck in der ersten Zeile zu λ. Damit kann (4.6) umgeschrieben werden zu:

$$\begin{aligned} 0 &= -\lambda \int_{\underline{\theta}}^{\bar{\theta}} F_I \, d\theta \\ &\quad - \int_{\underline{\theta}}^{\bar{\theta}} (1-\lambda)(1 - a'ß)\frac{\partial}{\partial\theta}\frac{1-F}{f} F_I \, d\theta \\ &\quad + \int_{\underline{\theta}}^{\bar{\theta}} (1-\lambda)(1 - a'ß)\frac{\partial}{\partial I}\frac{1-F}{f} \, dF - \lambda. \end{aligned}$$

Variablensubstitution ($d\theta = dF/f$) und Umstellen ergibt (4.4). Da $1 - \lambda < 0$ und $1 - a'ß > 0$, muß nur noch gezeigt werden, daß sign $\gamma =$ sign $\frac{d}{d\theta}[-F_I/f]$. Hierzu formen wir γ wie folgt um:

$$\gamma = \frac{1-F}{f^3}(f'F_I - f_I f) = \frac{F_I^2}{f^2}\frac{1-F}{f}\frac{\partial}{\partial\theta}\left(\frac{f}{F_I}\right).$$

Die ersten beiden Terme der rechten Seite sind positiv und sign $\partial(f/F_I)/\partial\theta =$ sign $\partial(-F_I/f)/\partial\theta$.

□

5. Finanzkraft und Wettbewerb

5.1 Einleitung

In der modernen Theorie der Unternehmensfinanzierung sind die in den Kapiteln 2 und 3 diskutierten informationsökonomischen Ansätze fest etabliert. Dies dokumentiert nicht nur die große Zahl der Fachbeiträge, es schlägt sich auch in der Behandlung der Ansätze in neueren Lehrbüchern der betriebswirtschaftlichen Finanzierungslehre nieder. So gehen etwa Swoboda (1991), Laux (1998) oder Spremann (1991) ausführlich auf Anreizprobleme bei der Unternehmensfinanzierung ein und selbst ein so altehrwürdiges Werk wie Perridon & Steiner (1993) stellt diese als 'gleichberechtigt' neben die traditionelle Finanzierungslehre und die neoklassische Finanzierungstheorie — freilich ohne ihnen entsprechenden Raum zu widmen. Im Vergleich zu den Agency–Problemen spielen die in diesem Kapitel behandelten Auswirkungen von Finanzierungsentscheidungen auf das Wettbewerbsverhalten in der Finanzierungslehre bislang eine Aschenputtelrolle.

Zwar hat die sogenannte 'Ressourcen–Theorie' die Bedeutung der 'Finanzkraft' für den Wettbewerb schon früh betont und damit in den siebziger Jahren auch einen gewissen Einfluß auf die ordnungspolitische Diskussion über Marktmacht und Marktbeherrschung gewonnen. Aber Albachs ernüchternde Einsicht, daß der 'Zusammenhang von Finanzkraft und Wettbewerbsverhalten ... in der Theorie bisher nicht erschöpfend erklärt' sei (Albach (1981)), mußte alle Versuche, 'Finanzkraft' zu messen und neben Marktanteilen zur Bewertung von Marktmacht heranzuziehen, fragwürdig erscheinen lassen. So ist es verständlich, daß die betriebliche Finanzwirtschaftslehre sich zunächst der informationsökonomischen Ansätze angenommen hat, für die zu dieser Zeit bereits präzise formulierte Modellanalysen vorlagen. Ab Mitte der achtziger Jahre wurden Finanzierungsfragen jedoch auch im Rahmen industrieökonomischer Modelle untersucht. Inzwischen steht die Wechselwirkung zwischen der Finanzierung des Unternehmens seiner strategischen Interaktion mit Wettbewerbern auf den Absatzmärkten im Zentrum einer sich rasch entwickelnden Literatur.[1]

---

[1] Wir beschränken uns hier auf den Fall imperfekter Konkurrenz auf dem Absatzmarkt. Zur Wechselwirkung zwischen Finanzmärkten und kompetitiven Produktmärkten siehe Zechner (1995).

Ziel dieses Kapitels ist es, einen kritischen Überblick über einige wichtige Argumentationsmuster dieser Literatur zu geben und ihre Ergebnisse mit den von informationsökonomischen Ansätzen zu kontrastieren.[2] Von denen in Abschnitt 2.5 zusammengefaßten Eigenschaften optimaler Anreizverträge bieten insbesondere die folgenden einen Ansatzpunkt für wettbewerbsstrategische Überlegungen:

1. Das Firmenendvermögen ist eine konvexe Funktion des Ertrages (entsprechend ist die Auszahlung an die Finanziers konkav).
2. Im Fall besonders schlechter Erträge (i.d.R. als Insolvenzfall interpretiert) ergreifen die Finanziers gesonderte Maßnahmen, um das Anreizproblem zu entschärfen. Diese Maßnahmen können 'Strafcharakter' haben (Kündigung des Managements, Firmenzerschlagung im Konkursverfahren) oder aber Mißbrauchsmöglichkeiten beschneiden (externe Evaluation, Beschränkung der Verfügungsgewalt über produktive Ressourcen, etc).

Bezogen auf die beiden einfachsten Finanzierungsinstrumente, Beteiligungs- und Kreditfinanzierung, sind diese Merkmale stärker ausgeprägt, je höher der Verschuldungsgrad ist.

Die Konvexitätseigenschaft der Auszahlungsfunktion steht im Zentrum von Überlegungen, bei denen der Finanzierungsstruktur eine Steuerungsfunktion für das Verhalten der Firma zukommt. Beispiele hierfür sind die These von der Selbstbindungsfunktion der Kapitalstruktur, die wir im Abschnitt 5.2 in Anlehnung an die Arbeiten von Brander & Lewis (1986), Showalter (1995) und Dasgupta & Titman (1996) darstellen, und die Stabilität informeller Kooperation zwischen Konkurrenten (Maksimovic (1988)), die in Abschnitt 5.5 kurz aufgegriffen wird.

Die Sanktionen im Insolvenzfall spielen für die Wechselwirkung zwischen Verschuldungsgrad und dem Verhalten von Wettbewerbern eine wichtige Rolle. Dieser Zusammenhang wird in Abschnitt 5.3 untersucht, wobei wir wiederum auf das Finanzierungsproblem aus Abschnitt 2.2 zurückgreifen. Wie bereits im vorangegangen Kapitel wird die Analyse des Vertragsansatzes abgerundet durch eine Darstellung vergleichbarer Resultate des Signalisierungsansatzes (Abschnitt 5.4).

Wir werden uns in diesem Kapitel von zwei Fragen leiten lassen. Zum einen interessiert, ob die Einbeziehung wettbewerbsstrategischer Aspekte ein Gegengewicht zur Anreizorientierung von Finanzierungsarrangements schafft, wie sie aus informationsökonomischen Überlegungen abgeleitet wird. Zweitens sollen die Resultate mit der vorhandenen empirischen Evidenz zur Wechselwirkung von Kapitalstruktur und Wettbewerbsdruck verglichen werden.

Aus der Perspektive informationsökonomischer Ansätze muß überraschen, wie anreizschwach empirisch vorfindbare Finanzierungs- und Entlohnungs-

[2]Eine ausführliche Übersicht, die modelltechnische Details stärker in den Vordergrund rückt, findet sich bei Neff (1997).

muster häufig sind. So belegen eine Reihe von Erhebungen, daß in der Kompensation des Topmanagements erfolgsabhängige Komponenten wie etwa Aktienanteile und Aktienkaufoptionen keine große Bedeutung haben.[3] Unser Einführungsbeispiel war in dieser Hinsicht eher eine der schillernden Ausnahmen. Ähnlich stellt sich die Situation bei den Kontrolleuren des Managements dar. Zwar hat die Gesamtheit der Aktionäre als Residualeinkommensbezieher einen starken Anreiz zur effizienten Unternehmenskontrolle. Dieser wird jedoch in vielen Gesellschaften durch den geringen Anteil der Einzelaktionäre bis zur Unkenntlichkeit verwässert. Stellt man schließlich die Firma als ganze ihren Finanziers gegenüber, wird gerade für Deutschland bemängelt, daß übernahmefeindliche Regelungen im Zusammenwirken mit großzügigen Bewertungsspielräumen und erheblichen stillen Reserven die disziplinierende Wirkung des Kapitalmarktes sehr klein werden läßt.

Natürlich sind auch in der informationsökonomischen Literatur immer schon Faktoren identifiziert worden, die ein Gegengewicht zur Anreizorientierung bilden können: etwa Risikoaversion der Entscheidungsträger oder die als Risikoanreizproblem diskutierte Möglichkeit einer ineffizienten Erhöhung von Ertragsrisiken. Hier betrachten wir einen weiteren möglichen Grund: die strategische Interaktion mit konkurrierenden Unternehmen auf dem Produktmarkt. Es klingt plausibel, daß 'finanzielle Stärke', interpretiert als niedriger Leverage oder breiter Spielraum billiger Innenfinanzierung, sich schlecht verträgt mit harten Leistungsanreizen, vermittelt durch die 'Peitsche' hoher Schulden und das 'Zuckerbrot' von Aktienanteilen und Aktienoptionen. Wir werden jedoch sehen, daß es keineswegs immer zu einem Gegensatz zwischen Anreizorientierung und Wettbewerbskraft kommt.

Die empirische Erforschung der Wechselwirkung von Finanzierungsarrangements und Produktmarktinteraktion steckt noch in den Anfängen. Dennoch liegt eine Reihe interessanter Ergebnisse vor. Kovenock & Phillips (1995b) untersuchen sprunghafte Änderungen der Kapitalstruktur sowie das anschließende Investitionsverhalten in zehn Branchen. Sie berichten, daß eine Erhöhung des Verschuldungsgrades wahrscheinlicher ist, wenn die Firma über Produktionsstätten mit relativ niedriger Produktivität verfügt und die Branche einen hohen Konzentrationsgrad aufweist. Nach einer Steigerung ihres Verschuldungsgrades werden Investitionen und Kapazitäten reduziert, worauf die Konkurrenten mit einem Ausbau ihrer Kapazitäten reagieren. Ähnlich finden Opler & Titman (1994), daß stärker verschuldete Firmen in Branchenkrisen Marktanteile an ihre weniger verschuldeten Konkurrenten verlieren. In ihrer Untersuchung von US–Supermärkten ermittelt Chevalier (1995), daß Firmen nach einer Erhöhung des Leverage höhere Preise setzen und Marktanteile verlieren. Der Preissteigerungseffekt scheint stärker zu sein, wenn auch die Konkurrenten eine hohe Verschuldungsrate haben. Insgesamt senkt ein

[3]Für die USA ist dies in den klassischen Beiträgen von Jensen & Murphy (1990) und Rosen (1990) belegt. Für Deutschland zeigen die Erhebungen von Schwalbach & Graßhoff (1997) und Schmid (1997) ähnliches.

hoher Verschuldungsgrad jedoch den Konkurrenzdruck. Ähnlich berichtet Phillips (1995) von steigenden Preisen und fallenden Mengen als Reaktion auf leveraged buyouts.

Allerdings sind diese Ergebnisse für unterschiedliche Interpretationen offen. Auch in unserem Einführungsbeispiel kam es schließlich zur Desinvestition und zum Rückzug aus angestammten Märkten. Wie die Entlohnung durch Aktienoptionen bei General Dynamics kann eine Erhöhung des Verschuldungsgrades die monetären Anreize von Entscheidungsträgern, die Aktienanteile halten, verstärken. Wenn zuvor freier Cash–flow durch Investitionen verschwendet wurde, zeigt der Verlust von Marktanteilen ein effizienteres Investitionsverhalten an — nicht etwa *Unterinvestition* aufgrund zu geringer Finanzierungsmittel oder strategischer Interaktionen.[4]

Trotz dieser Ambivalenz sollen diese Ergebnisse, für eine erste Wertung der im weiteren diskutierten theoretischen Ansätze dahingehend zusammengefaßt werden, daß eine einseitige Erhöhung des Leverage (i) zum Verlust von Marktanteilen führt und (ii) tendenziell von einer Verringerung des Konkurrenzdrucks begleitet ist.

5.2 Selbstbindung durch Kapitalstruktur

Bei strategischer Interaktion, wie sie auf oligopolistischen Märkten herrscht, kann es von Vorteil sein, sich frühzeitig auf ein bestimmtes Verhalten festzulegen. In den Arbeiten von Brander & Lewis (1986) und darauf aufbauend Showalter (1995) wird untersucht, wie die Kapitalstruktur als Selbstbindungsmechanismus instrumentalisiert werden kann. Sie zeigen, unter welchen Bedingungen der Unternehmenswert ex ante durch eine Kapitalstruktur maximiert wird, in deren Folge sich die Entscheidungsträger ex post gerade nicht firmenwertmaximierend verhalten.

Betrachtet wird ein oligopolistischer Markt mit zwei risikoneutralen Unternehmen, denen als Finanzierungsinstrumente Beteiligungsfinanzierung (mit Anteil α) und Darlehensfinanzierung (mit nominellem Rückzahlungsbetrag D) zur Auswahl stehen. Es wird unterstellt, daß die Firmen haftungsbeschränkt sind. Nach der Wahl des Verschuldungsgrades treffen beide simultan eine absatzmarktbezogene Entscheidung unter Unsicherheit, die durch den Parameter ρ abgebildet wird. Dieser kann für die Menge oder den Angebotspreis stehen — Fälle, die wir später genauer betrachten werden. Er kann aber auch als Werbungsaufwand, Produktqualität etc. interpretiert werden. Die Unsicherheit könnten z.B. die Stärke der Nachfrage oder die Höhe der Kosten betreffen. Um den Mechanismus der Selbstbindung möglichst klar hervortreten zu lassen, wollen wir diese Details zunächst beiseite lassen und

[4] Zum Problem der empirischen Unterscheidung zwischen Unterinvestition aufgrund finanzieller Beschränkungen und Überinvestition aufgrund schwacher Anreize siehe auch Carpenter (1994).

den Gewinn π (verstanden als Überschuß vor Abzug der Finanzierungskosten) selbst als Zufallsvariable auffassen, die mit kumulativer Wahrscheinlichkeit $F(\pi, \rho)$ verteilt ist. Zentral ist die Annahme, daß die Firma einen einmal gewählten Verschuldungsgrad nicht ändern kann, ohne daß dies dem Konkurrenten bekannt würde. Zunächst wird erläutert, welchen Einfluß die Finanzierungsstruktur auf das Produktmarktverhalten der Firma hat. Dann wenden wir uns den Auswirkungen auf das Marktgleichgewicht zu. Zuletzt werden die Implikationen für die Wahl der Kapitalstruktur erläutert.

5.2.1 Der Selbstbindungsmechanismus

Ein selbstfinanziertes Unternehmen würde den Entscheidungsparameter so wählen, daß, gegeben die Entscheidung des Konkurrenten, der erwartete Grenzgewinn einer Erhöhung von ρ null wird: $\partial \mathrm{E}[\pi]/\partial\rho = 0$. Der entsprechende Wert sei ρ^o. Der Erwartungswert wird über alle möglichen Realisationen von π gebildet. Da eine Beteiligungsfinanzierung, die der Firma $(1 - \alpha)$ vom Gewinn beläßt, an diesem Kalkül offensichtlich nichts ändert, sei sie im weiteren vernachlässigt. Bei einer Kreditaufnahme mit Rückzahlungsanspruch in Höhe von D erhält die Firma aufgrund der Haftungsbeschränkung $\max\{\pi - D, 0\}$. Sie wird daher die Auswirkung einer Angebotsausdehnung auf die Rückflüsse im Insolvenzfall ignorieren und ρ so wählen daß gilt: $\partial \mathrm{E}[\pi|\pi \geq D]/\partial\rho = 0$. Da das Endvermögen der Firma konvex in π ist, kommt es zu dem bekannten Risikoanreizproblem.

Um spezifische Ergebnisse zu erhalten, werden wie schon in Abschnitt 4.3 zwei Spezialfälle unterschieden:

Annahme 5.1 *Monotonie von $-F_\rho/f$*

MPS-Fall: $-F_\rho/f$ nimmt mit zunehmendem Gewinn monoton zu.
MPC-Fall: $-F_\rho/f$ nimmt mit zunehmendem Gewinn monoton ab.

Im MPS-Fall, den wir in den Vordergrund stellen werden, wird angenommen, daß eine marginale Erhöhung von ρ an der Stelle ρ^o das Gewinnrisiko — im Sinne eines *mean preserving spread* der Verteilungsfunktion — erhöht. Im gegenteiligen MPC-Fall erfordert eine Steigerung des Gewinnrisikos eine Verringerung von ρ bei ρ^o.[5] Wir werden später erläutern, unter welchen Voraussetzungen diese Annahmen jeweils erfüllt sind.

Unter beiden Monotonieannahmen gibt es einen einfachen Zusammenhang zwischen der Finanzierungsstruktur und der Wahl von ρ. Da im MPS-Fall die Grenzgewinne einer Erhöhung von ρ an der unteren Grenze des Solvenzbereiches annahmegemäß niedriger sind als in seinem Durchschnitt, erhöht sich der bedingte Erwartungswert des Grenzgewinns, wenn eine Zunahme der Verschuldung die Insolvenzgrenze anhebt. Eine Steigerung der Angebotsmenge ist nötig, um den für den Solvenzfall erwarteten Grenzgewinn wieder auf null zu senken.

[5] Für eine ausführlichere Darstellung siehe Abschnitt 6.3 im technischen Anhang.

Abbildung 5.1: Monotonie von F_ρ und Anreizwirkung

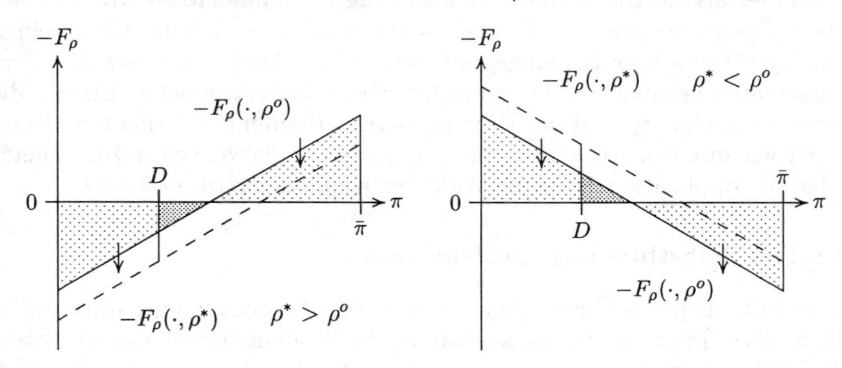

MPS-Fall: steigende Grenzgewinne MPC-Fall: fallende Grenzgewinne

Das Argument wird in Abbildung 5.1 illustriert. Die aus der Sicht der Firma optimale Wahl von ρ erfordert, daß die sich Flächen zwischen der $-F_\rho$–Funktion und der Abzisse zu null addieren. Dies sei bei vollständiger Beteiligungsfinanzierung für die hellen Flächen der Fall. Eine Steigerung von ρ verschiebt die $-F_\rho$–Funktion nach unten. Wird nun ein Kredit mit einem nominellen Rückzahlungsbetrag von D aufgenommen, interessiert sich die Firma lediglich für den rechts von D liegenden Teil des Integrals. Da die dunkler schraffierte Fläche dem Betrag nach kleiner ist als der verbleibende Teil der hellen, muß ρ angepasst werden, um die Optimalitätsbedingung zu erfüllen. Im links dargestellten MPS-Fall erfordert dies eine Erhöhung, im rechts dargestellten MPC-Fall eines Senkung von ρ.

Es handelt sich hierbei um ein einfaches Beispiel für das bekannte Risikoanreiz– oder *asset–substitution*–Problem. Da die Firma aufgrund des Risikoanreizeffektes der Kreditfinanzierung ein Interesse an der Erhöhung des Gewinnrisikos hat, reagiert sie im MPS-Fall mit einer Steigerung von ρ und im MPC-Fall mit einer Senkung. In beiden Fällen verstärkt sich mit steigendem Verschuldungsgrad ex post der Interessenskonflikt zwischen der Firma und dem Kreditgeber. Die von der Firma gewählte Angebotsmenge weicht immer weiter von der den Firmenwert maximierenden ab.

5.2.2 Die strategische Interaktion

Die Besonderheit oligopolistischer Märkte liegt nun darin, daß sich die Konkurrenten im Marktgleichgewicht an das veränderte Angebotsverhalten anpassen werden. Dem klassischen Beitrag von Brander & Lewis (1986) folgend sei die Argumentation zunächst am Beispiel von zwei Unternehmen illustriert,

Abbildung 5.2: Selbstbindungseffekt der Kreditfinanzierung (MPS-Fall)

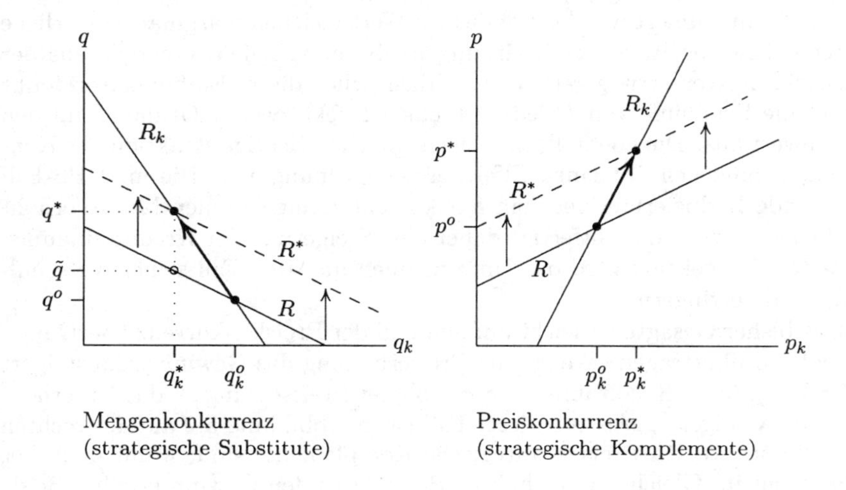

die simultan ihre Angebotsmengen q, q_k wählen müssen (Cournot–Duopol).[6] Wir versetzen uns in ein Unternehmen und indizieren die Variablen des Konkurrenten mit k. Der Zusammenhang wird links in Abbildung 5.2 anhand des bekannten Cournot–Diagramms illustriert. Hier ist die optimale Menge des betrachteten Unternehmens q als Reaktion R auf eine beliebige Menge q_k des Rivalen vertikal abgetragen. Entsprechend ist die optimale Reaktion des Konkurrenten R_k horizontal abgebildet. Unterstellt wurde ein eindeutiges und stabiles Gleichgewicht. Im MPS-Fall erhöht die Firma ihre Angebotsmenge für jede gegebene Menge des Konkurrenten infolge einer Kreditaufnahme. Die Erhöhung des Verschuldungsgrades verschiebt die Reaktionsfunktion von R nach außen auf R^* — das Unternehmen wird agressiver. Die gleichgewichtige Mengenkombination verschiebt sich von $\{q^o, q_k^o\}$ entlang der Reaktionsfunktion R_k des Konkurrenten nach $\{q^*, q_k^*\}$. Durch die Kreditaufnahme dehnt die Firma ihren Marktanteil zu Lasten des Konkurrenten aus. Da jedoch insgesamt eine höhere Menge angeboten wird, sinken die Gewinne der Industrie.

Bei der Wahl der Kapitalstruktur wird deren Auswirkungen auf das Produktmarktgleichgewicht von allen Beteiligten antizipiert. Jedes Unternehmen wird seine Kapitalstruktur so wählen, daß diese bei gegebener Kapitalstruktur des Konkurrenten den Firmenwert maximiert. Um die Selbstbindungsfunktion der Kreditaufnahme möglichst allgemein darzustellen, sei hier un-

[6] Da die Zahl der Märkte, auf denen Preise zentral — etwa durch Auktionen — festgesetzt werden, klein ist, wird 'Mengenkonkurrenz' in der modernen industrieökonomischen Literatur zumeist als simultane Wahl der Kapazität interpretiert, der sich dann eine zweite Stufe der Preiskonkurrenz anschließt. Wir werden die Begriffe Mengen und Kapazität hier synomym verwenden.

terstellt, daß der Firmenwert bei Außerachtlassung des strategischen Effektes aus steuerlichen oder agency–theoretischen Gründen bei einer Kreditaufnahme von D^o maximiert würde. Bei diesem Wert gleichen marginale steuerliche Vorteile (bzw. positive Anreizwirkungen) die marginalen Nachteile aus der Entscheidungsverzerrung gerade aus. Hinsichtlich dieser Einflußfaktoren übt eine kleine Erhöhung von D lediglich einen Effekt zweiter Ordnung auf den Firmenwert aus. Die ebenfalls induzierte gleichgewichtige Reaktion des Konkurrenten hingegen übt einen Effekt erster Ordnung aus. Die im MPS-Fall eintretende Reduzierung der vom Konkurrenten angebotenen Menge erhöht den Firmenwert und rechtfertigt daher eine Steigerung der Kreditaufnahme, $D^* > D^o$. Umgekehrt wird das Unternehmen im MPC-Fall seinen Verschuldungsgrad verringern.[7]

Das bisher Gesagte ist leicht auf den Fall der Preiskonkurrenz (Bertrand–Duopol) zu übertragen. Wenn eine Preiserhöhung das Gewinnrisiko steigert (MPS-Fall), führt Kreditaufnahme zu höherer Preissetzung — das Unternehmen wird weniger aggressiv. Dieser Fall ist in Abbildung 5.2 auf der rechten Seite illustriert. Da Preise strategische Komplemente sind, wählt auch der Konkurrent im Gleichgewicht höhere Preise, was den Gewinn erhöht. Beide Firmen werden daher ihre Kreditaufnahme über den Punkt hinaus ausdehnen, der ohne strategische Überlegungen optimal wäre. Im Fall der Preiskonkurrenz steigen die Gewinne der Industrie allerdings, wenn die Unternehmen das strategische Element in die Finanzierungsentscheidungen mit einbeziehen. Kreditaufnahme reduziert den Wettbewerbsdruck in der Branche.

Der eindeutige Zusammenhang zwischen Mengen bzw. Preisen und Gewinnrisiko beruht auf der Monotonieannahme bezüglich F_ρ, $\rho \in \{q, p\}$. Es stellt sich daher die Frage, aus welchen elementaren Überlegungen diese Annahme abgeleitet werden kann. Hierzu müssen wir die Art des Zufallseinflusses auf den Gewinn explizit betrachten. Sei z eine Zufallsvariable, die für günstige Umweltzustände (starke Nachfrage, niedrige Kosten) stehe. Die Ex–post–Gewinne ergeben sich als $\pi(z, \rho)$ mit $\pi_z > 0$. Da $F_{\rho\pi}$ und $\pi_{\rho z}$ das entgegengesetzte Vorzeichen haben (siehe Anhang 6.2), kommt es zur Risikosteigerung (Risikominderung), also genau dann, wenn der Grenzgewinn einer Mengensteigerung bzw. Preiserhöhung in guten Umweltzuständen höher (niedriger) ist.

Die Plausibilität steigender bzw. fallender Grenzgewinne ist wiederum je nach Wettbewerbsannahme (Preise vs. Mengen) unterschiedlich. Für kon-

---

[7]Brander & Lewis (1986) betrachten explizit Randlösungen, die sich einstellen, wenn Kreditfinanzierung mit keinerlei Vorteilen, außer gegebenenfalls den strategischen, verbunden ist. Im MPC-Fall ändert sich gegenüber der 'nicht–strategischen' Finanzierung nichts, da diese bereits vollständige Beteiligungsfinanzierung vorsieht — eine weitere Reduzierung der Kreditaufnahme also nicht möglich ist. Dieses Ergebnis ist jedoch nicht ganz überzeugend. Eine Selbstbindung durch ausfallbedrohten Kredit wäre durchaus möglich, nur müßte hierzu den Kreditgebern die Unternehmensleitung überlassen werden. Im MPC-Fall erfordert die gewünschte Selbstbindung eine konkave Auszahlung für den Entscheidungsträger.

stante Grenzkosten erhält man in beiden Wettbewerbsformen den MPS-Fall steigender Grenzgewinne, wenn bessere Umweltzustände als starke Nachfrage im Sinne einer parallelen Aufwärtsverschiebung der Nachfragefunktion interpretiert werden. Stehen gute Umweltzustände hingegen für niedrige Grenzkosten, ergibt sich der MPS-Fall lediglich für die Mengenkonkurrenz. Für die Preiskonkurrenz resultiert der MPC-Fall mit fallenden Grenzgewinnen.[8]

Die wesentlichen Ergebnisse sind in Tabelle 5.1 noch einmal zusammengefaßt. Es zeigt sich, daß die hier — dem Beitrag von Brander & Lewis (1986) folgend — in den Vordergrund gestellte Kombination von Cournot–Konkurrenz bei steigenden Grenzkosten (links oben) nicht gut zu den eingangs erwähnten stilisierten Fakten paßt, denen zufolge eine einseitige Erhöhung des Verschuldungsgrades zu sinkenden Marktanteilen und steigenden Branchengewinnen führt. Ein solches Ergebnis erhält man nur in den Kombinationen Kapazitätskonkurrenz bei fallenden Grenzgewinnen (links unten) und Preiskonkurrenz bei steigenden Grenzgewinnen (rechts oben). Da Agency–Modelle der Unternehmensfinanzierung die positiven Anreizwirkungen von Kreditfinanzierung hervorheben, erhält man ein 'Gegengewicht' aus produktmarktstrategischen Überlegungen im Rahmen dieser Theorie nur für fallende Grenzgewinne, etwa bei Preiskonkurrenz unter Kostenunsicherheit.

5.2.3 Diskussion

Wie überzeugend ist nun die These von der Instrumentalisierung der Kapitalstruktur als Selbstbindungsmechanismus? Brander & Lewis (1986) unterstellen in ihrem Beitrag gegebene Finanzierungsinstrumente, Kredit– und Beteiligungsfinanzierung. Die Selbstbindungswirkung der Kapitalstruktur beruht unter diesen Gegebenheiten auf der Haftungsbeschränkung der Firma im Konkursfall. Nun ist in vielen konzentrierten Industriezweigen die Konkurswahrscheinlichkeit so gering, daß eine derartige Selbstbindungswirkung wenig plausibel ist. Es ist jedoch leicht zu zeigen, daß eine verhaltenssteuernde Funktion der Finanzierung auch ohne Konkurs erreicht werden kann. Benötigt wird lediglich die Konvexitätseigenschaft der Auszahlungsfunktion des Entscheidungsträgers. Eine formale Herleitung dieser Behauptung findet sich im Anhang zu diesem Kapitel. Diese Verallgemeinerung macht zugleich deutlich, daß Selbstbindungsmöglichkeiten auch im MPC-Fall existieren, für den Brander & Lewis (1986) diese Möglichkeit nicht sehen. Allerdings ist hierfür eine konkave Auszahlungsfunktion erforderlich. Praktisch könnte eine solche Verhaltenssteuerung erreicht werden indem die typischerweise konvexe

---

[8]Dies folgt unmittelbar aus den Gewinnfunktionen. Bei Cournot–Mengenkonkurrenz ($\rho = q$) erhalten wir unter den gemachten Annahmen für die Nachfrageunsicherheit $\pi(q) = (p(q + q_k) + z - c)q$ mit $\pi_{qz} = 1 > 0$ und für die Kostenunsicherheit $\pi(q) = (p(q + q_k) - c(z))q$ mit $\pi_{qz} = -c' > 0$ wegen $c' < 0$. Für die Preiskonkurrenz ($\rho = p$) folgt bei Nachfrageunsicherheit aus $\pi(p) = (p - c)(q(p, p_k) + z)$ ebenfalls $\pi_{pz} = 1 > 0$. Für die Kostenunsicherheit ergibt sich aber aus $\pi(p) = (p - c(z))q(p, p_k)$ der gegenteilige Fall $\pi_{pz} = -c' q_p < 0$.

Tabelle 5.1: Auswirkungen von Produktmarktkonkurrenz und Finanzstruktureffekten auf den optimalen Verschuldungsgrad

	Produktmarktaktionen sind	
	strategische Substitute (Kapazitätskonkurrenz)	strategische Komplemente (Preiskonkurrenz)
MPS-Fall (Risikoerhöhung)	Kreditfinanzierung macht agressiv und wird erhöht.[1] Unternehmen steigert Marktanteil zu Lasten der Konkurrenten. Der Wettbewerbsdruck steigt. Bsp: Nachfrage–, oder Kostenunsicherheit.	Kreditfinanzierung macht passiv und wird erhöht.[1] Unternehmen bindet sich an hohe Preise und verliert Marktanteil zugunsten der Konkurrenten. Wettbewerbsdruck sinkt. Bsp: Nachfrageunsicherheit.
MPC-Fall (Risikosenkung)	Kreditfinanzierung macht passiv und wird gesenkt.[1] Unternehmen vermeidet Festlegung auf niedriges Angebot und Verlust von Marktanteil zu Gunsten des Konkurrenten. Verzichtet dafür auf Senken des Wettbewerbsdrucks.	Kreditfinanzierung macht aggressiv und wird gesenkt.[1] Unternehmen vermeidet Festlegung auf aggressive niedrige Preise. Marktanteile könnten nur bei insgesamt steigendem Wettbewerbsdruck gewonnen werden. Bsp: Kostenunsicherheit.

[1] Veränderung der Kreditfinanzierung im Vergleich zu einer Situation ohne strategische Interaktion auf dem Produktmarkt.

Auszahlung an den Entscheidungsträger weniger konvex gemacht wird (etwa durch eine Verringerung des Leverage) oder aber den Kreditgebern ein Einfluß auf die Entscheidungen eingeräumt wird.

Grundsätzlicher ist die Frage, warum gerade die Finanzierung zur Selbstbindung genutzt wird. Warum kann ein bestimmtes Verhalten, etwa die Wahl von q^*, nicht unmittelbar in einem Vertrag festgelegt werden? In der Regel dürfte die Komplexität der zu treffenden Entscheidungen eine explizite Festschreibung unmöglich machen. In Frage kommen aber andere Anreizmechanismen — etwa eine Umsatzbeteiligung der Entscheidungsträger (Fershtman & Judd (1987); Sklivas (1987)). Hier kommt nun die Glaubwürdigkeit der Selbstbindung ins Spiel. Es liegt im Interesse der Firma und ihrer Finanziers, die Verträge nachzuverhandeln, sobald sie vom Konkurrenten ernst genommen wurden. Dies läßt sich wiederum anhand der Abbildung 5.2 illustrieren. Gegeben die Entscheidung des Rivalen für q_k^*, würde eine Umwandlung der Kredite in Eigenkapital die Firma zur Wahl von $\tilde{q}$ veranlassen, welche den Firmenwert maximiert. Die Umwandlung könnte daher immer in einem Verhältnis vorgenommen werden, welches beide Seiten besser stellt. Wäre eine solche Umwandlung unbeobachtbar, würde der Rivale verdeckte Nachverhandlungen antizipieren und ließe sich von der anfänglichen Kapitalstrukturentscheidung gar nicht erst beeindrucken. Verträge können Dritten gegenüber nur dann eine Selbstbindung bewirken, wenn unbeobachtete Nachverhandlungen ausgeschlossen werden können. Hier hat nun die Kapitalstruktur einfachen Entlohnungsverträgen gegenüber sicherlich Vorteile, zumal wenn Eigen- und Fremdkapital auf eine größere Zahl unterschiedlicher Investoren verteilt wird, so daß im Umwandlungsfall Kompensationszahlungen notwendig würden.

Wie erläutert, beruht die Selbstbindungswirkung der Finanzierungsstruktur auf dem bereits bei Jensen & Meckling (1976) diskutierten Risikoanreizproblem.[9] Kreditfinanzierung resultiert in einer konvexen Auszahlungsfunktion für den haftungsbeschränkten Entscheidungsträger, womit dieser eine Präferenz für Risiko entwickelt. Dies läßt ihn Preise oder Mengen wählen, die von denen, die den Erwartungswert der Gewinne maximieren, gerade so abweichen, daß sich das Gewinnrisiko erhöht.[10] Dieses Ergebnis steht in starkem Kontrast zu unseren Resultaten bezüglich der Investitionshöhe in Abschnitt 4.3.2. Dort wurde gezeigt, daß die vertraglich festzuschreibenden Investitionen vom erstbesten Niveau immer genau in die Richtung abweichen, in der das Gewinnrisiko vermindert wird. Der Grund hierfür waren die mit dem Insolvenzfall verbundenen Agency-Kosten. Derartige Kosten werden bei der strategischen Selbstbindung ausgeklammert. Für die im nächsten Abschnitt behandelte Schutzfunktion der Kapitalstruktur sind sie zentral.

5.3 Finanzkraft und Verdrängungswettbewerb

Die Ansicht, eine gute Eigenkapitalausstattung sei wichtig für die Wettbewerbskraft einer Firma, ist weit verbreitet — und umstritten. Nach dieser These ist ein niedriger Verschuldungsgrad notwendig, um längere Verlustphasen zu überdauern. Mit dieser Fähigkeit steigen für die Konkurrenten

[9]Siehe Brander & Spencer (1989) für eine Selbstbindung, die auf Leistungsanreizen beruht.

[10]So gesehen sind die oben aufgelisteten Beispiele für Selbstbindungsmöglichkeiten auch für die Diskussion über die Modellierung des Risikoanreizproblems von Interesse. Wie Kürsten (1995) kritisch anmerkt, wird in der theoretischen Literatur das Risikoanreizproblem regelmäßig nicht in Reinform, sondern immer in Verbindung mit einem sinkenden Erwartungswert modelliert — bei risikoneutralen Teilnehmern ergäbe sich anderenfalls nämlich gerade kein Problem. Bedenklich wäre ein solches Vorgehen jedoch nur, wenn sich keine plausiblen Beispiele für eine derartige Verbindung von Risiko und Erwartungswert finden ließen. Da dies nicht der Fall ist, erscheint Kürstens Einwand unberechtigt.

die Kosten einer aggressiven Verdrängungspolitik. Damit kann ein finanzstarkes Unternehmen in neue Märkte expandieren, ohne sich von möglichen Vergeltungsmaßnahmen etablierter Unternehmen abschrecken lassen zu müssen, und seinerseits versuchen andere, finanziell schwache Unternehmen unter Inkaufnahme längerer Verlustphasen zu verdrängen ('deep–pocket'–These). Eine Erhöhung des Verschuldungsgrades schwächt das Unternehmen, indem Konkurrenten zu aggressivem Verdrängungswettbewerb ermuntert werden. In Abbildung 5.2 entspräche dies einer Verschiebung der Reaktionsfunktion des Konkurrenten nach außen im Fall der Kapazitätskonkurrenz und nach innen im Fall der Preiskonkurrenz. In beiden Varianten würde das verschuldete Unternehmen bei steigendem Wettbewerbsdruck in der Branche Marktanteile verlieren. Umgekehrt wird eine gute Eigenkapitalbasis den Konkurrenten von einer kostspieligen Verdrängungsstrategie abschrecken.

Ganz offensichtlich beruht die 'deep–pocket'–These auf der Annahme imperfekter Kapitalmärkte. Auf perfekten Kapitalmärkten könnte jede Investition mit hinreichenden Ertragsaussichten finanziert werden. Ein Verdrängungswettbewerb mit dem Ziel, einen Konkurrenten durch Verringerung seines Cash–Flow zu Kapazitätseinschränkungen oder zum Marktaustritt zu zwingen, macht keinen Sinn, da dieser fehlende Eigenmittel immer durch Kapitalaufnahme ersetzen kann. Auch ist die Kapitalstruktur unter dieser Annahme irrelevant. Sollte ein Finanzierungsinstrument tatsächlich mit Wettbewerbsnachteilen verbunden sein, könnte es vollständig ersetzt werden. Die Nachteile würden praktisch nie beobachtet werden. Es liegt daher nahe, imperfekten Wettbewerb auf Produktmärkten mit Informationsproblemen auf der Finanzierungseite zu kombinieren. Damit erhält einerseits die 'deep pocket'–These ein theoretisches Fundament. Andererseits können die Auswirkung des Verdrängungswettbewerbes auf die Finanzierungsentscheidung untersucht werden.

Diese beiden Aspekte werden in dem Anreizmodell von Bolton & Scharfstein (1990) aufgegriffen. Sie unterstellen, daß unsichere Projektrückflüsse nicht kontrahierbar sind und der Finanzierungsvertrag daher Anreize für eine Auszahlung bieten muß. Ein möglicher Sanktionsmechanismus beruht auf der Verweigerung der Refinanzierung am Periodenende. Durch die damit verbundene Einschränkungen des Investitionsvolumens oder gar die Zerschlagung der Firma in einem Konkursverfahren wird das für die Zukunft erwartete Einkommen gemindert. Um die Vortäuschung der Insolvenz zu verhindern, wird daher bei Nichterfüllung der vereinbarten Auszahlung die Firma mit einer gewissen Wahrscheinlichkeit 'abgestraft'. Die Sanktion ist damit ein notwendiges Instrument des Finanzierungsvertrages, welches in einem oligolpolistischen Markt allerdings Konkurrenten zu Verdrängungswettbewerb ermuntert. Damit entsteht ein Zielkonflikt zwischen der Anreizfunktion und der Schutzfunktion; in den Worten von Bolton & Scharfstein (1990):

> 'There is a tradeoff between deterring predation and mitigating incentive problems; reducing the sensitivity of the refinancing deci-

sion discourages predation, but exacerbates the incentive problem' ... '*The contract that minimizes agency problems, maximizes the rival's incentives to prey.*'[11]

Allerdings ist der Gewinn in Bolton & Scharfstein (1990) auf zwei Realisationen beschränkt, was eine Interpretation der Ergebnisse in Begriffen der Kapitalstruktur ausschließt. Wir greifen daher auf das Sanktionsmodell aus Abschnitt 2.2 zurück, in dem ein Kontinuum an Gewinnmöglichkeiten betrachtet wird.

Zusätzlich war es in diesem Modell möglich, die vertragswidrige Aneigung von freiem Cash–flow durch Kontrollen und Beschränkungen der Firmenaktivität zu erschweren. Je stärker diese zustandsunabhängigen Einschränkungen sind, desto schwächer können die monetären Anreize sein und desto höher kann der Anteil der Finanziers an den Rückflüssen werden. Die Agency–Kosten der Beteiligungsfinanzierung bestehen aus den Kontrollkosten und Flexibilitätsverlusten, welche in Kauf zu nehmen sind, wenn auf monetäre Anreize verzichtet wird. Die Sanktionskosten der Darlehensfinanzierung fallen hingegen lediglich bei schlechter Ertragslage im Insolvenzfall an.

In Abschnitt 2.2 wurde gezeigt, daß der optimale Finanzierungsvertrag aus einer Kombination von Beteiligungs– und Kreditfinanzierung besteht, bei der die Auszahlungsansprüche der Finanziers zu minimalen Gesamtkosten befriedigt werden. Wie in Bolton & Scharfstein (1990) oder Diamond (1984) 'bestraft' ein solcher Vertrag die Firma durch Verweigerung der Refinanzierung bei Insolvenz und 'belohnt' die Firma durch einen nichtausgeschütteten Anteil der Gewinne in guten Zuständen.

In dieses Bild führen wir nun einen Rivalen ein. Zunächst fragen wir, unter welchen Bedingungen dieser durch den optimalen Anreizvertrag zu agressivem Verdrängungswettbewerb motiviert wird. Danach untersuchen wir, wie die Firma ihre Finanzierung bei drohendem Verdrängungswettbewerb anpassen wird.

5.3.1 Anreizvertrag und Verdrängungswettbewerb

Zur Vereinfachung betrachten wir einen einzelnen risikoneutralen Konkurrenten, dessen strategische Variable durch den Parameter ρ abgebildet wird. Wir werden uns nur dafür interessieren, wie dieser Rivale auf die Finanzierungsentscheidung 'unserer Firma' reagiert, und wie diese wiederum, die Reaktion des Rivalen antizipierend, ihre Finanzierungsentscheidung optimal trifft. Die Tatsache, daß die Finanzierung des Rivalen das Verhalten unserer Firma beeinflussen wird, bleibt ausgeblendet. Es ist für die weiteren Überlegungen auch unerheblich, ob es sich bei der strategischen Entscheidungvariable um Preise, Produktionskapazitäten, Werbungsaufwand etc. handelt. Die Details der Produktmarktinteraktion sind unwesentlich, da uns letzlich nur interessiert, ob der Rivale ρ gezielt einsetzt, um der Firma zu schaden.

---

[11] Bolton & Scharfstein (1990), p. 93 und p. 101 (Hervorhebung im Orginal).

Definitionsgemäß soll eine Erhöhung von ρ die Wahrscheinlichkeitsverteilung der Firmengewinne $F(\pi;\rho)$ im Sinne der stochastischen Dominanz erster Ordnung verbessern. Hohe Werte stehen daher für hohe Preise oder niedrige Kapazitäten, kurz für einen 'friedlichen' Rivalen. Entsprechend zeichnen niedrige Werte 'feindseeliges' Verhalten aus. Zur Vereinfachung der Darstellung wird weiter angenommen, daß $F_\rho(\underline{\pi};\cdot) = F_\rho(\bar{\pi};\cdot) = 0$ (invarianter Träger). Als zusätzliche Regularitätsannahme wird unterstellt, daß sich die durch ρ parametrisierte Familie der Wahrscheinlichkeitsverteilungen $F(\cdot;\rho)$ durch eine monotone Likelihood Ratio auszeichnet. Damit erhalten wir technisch analoge Bedingungen zum FSD–Fall des Abschnitts 3.3.3, die hier noch einmal wiederholt werden:

Annahme 5.2 *ρ verschiebt die Verteilung der Gewinne F im Sinne des Kriteriums stochastischer Dominanz erster Ordnung (FSD): $-F_\rho > 0$. Darüberhinaus steigt die Likelihood Ratio monoton (MLRP): $\frac{d}{d\pi}(f_\rho/f) < 0$.*

Intutitiv läßt sich die Monotoniebedingung wie folgt interpretieren. Angenommen ρ ist unbeobachtbar. Wenn die MLRP–Bedingung gilt, dann würde die Beobachtung von $\pi_2 > \pi_1$ es für beliebige a–priori Vermutungen über ρ wahrscheinlicher machen, daß π_2 von einer besseren Verteilung, also einer durch ein höheres ρ parametrisierten Verteilung, gezogen wurde.[12]

Verdrängungswettbewerb kann in sehr vielen Formen stattfinden: Preisdrückerei, Kapazitätsausbau, Veränderung der Produktqualität, Steigerung des Werbeaufwandes, Angleichung des Produktimages etc. Viele dieser Aktivitäten sind schwer oder gar nicht von Dritten zu beobachten. Wir schließen daher aus, daß die Arrangements zwischen der Firma und ihren Finanziers von dem Verhalten des Rivalen abhängig gemacht werden.

In einem einfachen Einperioden–Modell strategischer Produktmarktinteraktion gibt es keinen Anreiz als solchen, den Gewinn der Konkurrenten zu mindern. Wir werden daher Verdrängungswettbewerb anhand der Abweichung vom entsprechenden Nash–Gleichgewicht messen. Der erwartete Gewinn des Rivalen in dieser gedanklichen Ausgangssituation sei R und ρ^o sei definiert durch $\partial R/\partial\rho = 0$. ρ^o ist die optimale Aktion, wenn es keine strategischen Gewinne aus einer Schädigung des Konkurrenten als solcher gibt. Demnach zeigt $\rho < \rho^o$ Verdrängungswettbewerb an, also Preise (Kapazitäten), die niedriger (höher) sind, als diejenigen, welche bei einmaliger Interaktion optimal wären.

Bei wiederholter Interaktion kann sich für den Rivalen eine Strategie lohnen, die unter Inkaufnahme kurzfristiger Nachteile der Firma gezielt Schaden zufügt, wenn zwischen dem Periodenendgewinn der Firma und den für die Zukunft erwarteten Gewinnen des Rivalen ein negativer Zusammenhang besteht. Wir werden hier nicht versuchen, die Dynamik eines solchen Prozesse

[12]Für eine ausführliche Diskussion der Monotoniebedingung einschließlich vieler ökonomischer Anwendungen siehe Milgrom (1981).

explizit zu modellieren. Intuitiv bieten zwei Eigenschaften des optimalen Anreizvertrages Ansatzpunkte für die Motivation von Verdrängungswettbewerb:

1. Das Firmenendvermögen und damit die für zukünftige Investitionen verfügbaren internen Finanzierungsmittel steigen mit zunehmendem Gewinn.
2. Die Wahrscheinlichkeit von Interventionen der Finanziers und von Sanktionen steigt, wenn der Gewinn sinkt.

Die größere Bedeutung für die weiteren Überlegungen hat der zweite Punkt, der auch in Bolton & Scharfstein (1990) das Motiv für den Verdrängungswettbewerb abgibt. Als eine Möglichkeit der Sanktion, kann illiquides Vermögen der Firma durch Verweigerung einer Anschlußfinanzierung zerstört werden. Dies kann man sich als Konkurs vorstellen, bei dem die Firma zerschlagen wird, womit sie auch als Wettbewerber ausscheidet. Vorausgesetzt, Markteintrittsbarrieren verhindern den sofortigen Eintritt neuer Konkurrenten, würde die Sanktion dem Rivalen einen (temporären) Monopolgewinn sichern. Aber auch weniger drastische Interventionen, wie etwa der Austausch des Topmanagements, der erzwungene Verkauf von Firmenteilen, Beschränkungen des Investitionsspielraumes etc. können die Firma im Wettbewerb schwächen. Wir unterstellen daher, daß der Rivale im Fall der Sanktion einen Extragewinn in Höhe von $M \geq 0$ erzielt.

Nun sind die Aussichten, einen wichtigen Wettbewerber durch agressiven Wettbewerb finanziell soweit zu schwächen, daß er durch einen Konkurs vom Markt ausscheidet, in vielen konzentrierten Branchen eher gering. Aber auch unterhalb der vollständigen Verdrängung können die Rivalen gewinnen, wenn eine Firma ihre Investitionen mangels interner Finanzierungsmöglichkeiten reduziert. Das naheliegenste Beispiel hierfür ist die Kapazitätskonkurrenz im Cournot–Modell. Wenn Investitionen die Grenzkosten reduzieren, ergeben sich aus einer Finanzierungsbeschränkung sowohl bei Preis– als auch Mengenkonkurrenz Vorteile für die Konkurrenten. In Märkten, in denen die Abnehmer Kosten des Anbieterwechsels haben, kann Desinvestition in Preissteigerung und dem Verzicht auf zukünftige Marktanteile bestehen, was wiederum von Vorteil für den Rivalen wäre.

Da Agency–Probleme bei der Finanzierung einen Keil zwischen die Kosten interner und externer Finanzierung treiben, wird oft unterstellt, daß die Firmen ihre Investitionen reduzieren und Preismargen erhöhen, wenn sich die internen Finanzierungsmöglichkeiten verschlechtern.[13] Unsere Überlegungen in Abschnitt 4.3 haben diese Unterinvestitionshypothese allerdings nur mit wichtigen Einschränkungen unterstützt. Dennoch werden wir diese Möglichkeit hier kurz betrachten. Das liquide Firmenvermögen am Ende der betrachteten Periode ist $\pi - s(\pi)$. Gemäß der Unterinvestitionshypothese

[13] Siehe Hubbard (1997), Chevalier & Scharfstein (1996). In Kovenock & Phillips (1995a) führt Kreditaufnahme zu einer Verminderung zukünftiger Investitionen aufgrund des Unterinvestitionseffektes von Myers & Majluf (1984).

nimmt die optimale Investition zu Beginn der Folgeperiode $I^*(\pi - s(\pi))$ für $\pi - s(\pi) < W_o$ mit dem Vermögen zu. Für $\pi - s(\pi) > W_o$ wählt die Firma das erstbeste Niveau I_o. Der Barwert der Extragewinne des Rivalen, die sich aus der Unterinvestitition der Firma von ihrem erstbesten Niveau I_o ergeben sei $Q(\pi - s(\pi))$. Da die Investitionen der Firma im Unterinvestitionsfall über einen bestimmten Bereich positiv mit dem Endvermögen korreliert sind, und höhere Investitionen der Firma für den Rivalen i.d.R. nachteilhaft sind, wird unterstellt, daß $Q' < 0$ für einen nichtdegenerierten Bereich $\pi - s(\pi) < W_o$ und $Q' = 0$ für $\pi - s(\pi) \leq W_o$.

Der Rivale wählt seine strategische Variable ρ so, daß er seinen Gewinn maximiert, wobei neben dem Periodengewinn R, auch die indirekten Auswirkungen auf den zukünftigen Gewinn zu berücksichtigen sind. Mit der oben eingeführten Notation löst er das folgende Problem:

$$\max_{\rho} \quad R(\rho) + \int_{\underline{\pi}}^{\overline{\pi}} [M\beta(\pi) + (1 - \beta(\pi))Q(\pi - s(\pi))]f(\pi, \rho)\, d\pi.$$

Wir nehmen an, daß die zweiten Ordnungsbedingungen für dieses Problem erfüllt sind. Aus den ersten Ordnungsbedingungen folgt unmittelbar, daß der optimale Anreizkontrakt aus Proposition 2.2 den Rivalen in der Tat zum Verdrängungswettbewerb anregen kann.

Proposition 5.1 *Der optimale anreizkompatible Finanzierungsvertrag wird Verdrängungswettbewerb auslösen, wenn der Rivale von den Sanktionen und einer Reduzierung des Firmenendvermögens profitiert. Formal:*
$M \geq 0$ *und* $Q' \leq 0$ *(mit einer strikten Ungleichheit)* $\Longrightarrow \rho^*(\beta^*, s^*) < \rho^o$.

Dieses Resultat ist leicht nachzuvollziehen. Da optimale Anreizverträge nur bei niedrigen Gewinnen zu Sanktionen greifen, motivieren sie den Rivalen, durch aggressiven Wettbewerb solche schlechten Ergebnisse herbeizuführen, wenn dieser aus den Sanktionen Wettbewerbsvorteile ziehen kann ($M > 0$). Anreizverträge zeichnen sich auch durch monetäre Belohnungen für gute Ergebnisse aus. Im Unterinvestitionsfall ($Q' \leq 0$) verstärkt das resultierende Profil des Firmenendvermögens den Anreiz zum Verdrängungswettbewerb. Allerdings zeigt das gleiche Argument, daß der erste Effekt im Überinvestitionsfall ($Q' \geq 0$) durch das Zahlungsprofil konterkariert würde. Ein eindeutiges Ergebnis erfordert daher auch Annahmen zur Auswirkung des Firmenvermögens auf das zukünftige Investitionsverhalten.

5.3.2 Optimale Finanzierung bei Verdrängungswettbewerb

Wie wird eine Firma ihre Finanzierungsstruktur anpassen, wenn sie sich der Gefahr des feindlichen Verdrängungswettbewerbes ausgesetzt sieht? Intuitiv ist zu erwarten, daß die Sensititvität der ex–post–Sanktionen und des Firmenendvermögens in Bezug auf die Gewinne reduziert wird. Damit würden die Vorteile des Rivalen aus einer Schmälerung des Firmengewinns und damit sein Anreiz zum Verdrängungswettbewerb reduziert. Um diese Frage zu untersuchen, wenden wir uns erneut dem Optimierungsproblem 2.1 aus Abschnitt 2.2 zu. Um die Argumentation zu vereinfachen betrachten wir nur den Fall des Verdrängungswettbewerbes im engeren Sinne, bei dem der Rivale die Sanktion im Insolvenzfall ausnutzend die Firma aus dem Markt drängen will. Wir nehmen daher an, daß $M > 0$ gilt. Das zweite Motiv für aggressives Produktmarktverhalten, die Reduzierung der internen Finanzierungsmittel für zukünftige Investitionen, bleibt außer Acht. Wir unterstellen also, daß $Q' = 0$.[14]

Unter diesen Annahmen ist der optimale Finanzierungsvertrag die Lösung des folgenden Problems:

Programm 5.1

$$\max \int_{\underline{\pi}}^{\overline{\pi}} [\pi - s(\pi) - l(\pi)L] f(\pi, \rho^*)\, d\pi \tag{5.1}$$

u.d.N.

$$\int_{\underline{\pi}}^{\overline{\pi}} s(\pi) f(\pi; \rho^*)\, d\pi \geq I + m(\alpha) - W \tag{5.1a}$$

und (2.3*b*), (2.3*c*), (2.3*d*) *sowie*

$$\rho^* = \underset{\rho}{\mathit{arg\ max}}\ R(\rho) + \int_{\underline{\pi}}^{\overline{\pi}} M\beta(\pi) f(\pi, \rho)\, d\pi. \tag{5.1b}$$

Wie bereits in Abschnitt 2.2 lösen wir das Problem in zwei Schritten. Allerdings betrachten wir zunächst den Fall, daß die Firma an der Kombination von Darlehens– und Beteiligungsfinanzierung festhält. Es wird lediglich gefragt, wie sich der Verschuldungsgrad im Vergleich zu einer Situation ohne strategischen Verdrängungswettbewerb verändert. Erst in einem zweiten Schritt wird die optimale Finanzierungs für den Fall charakterisiert, daß Verdrängungswettbewerb zu einer Änderung der qualitativen Eigenschaften des Vertrages führt.

Wenn sich die Firma auch bei drohendem Verdrängungswettbewerb durch Darlehen und Beteiligungskapital finanziert, reduziert sich das Finanzierungsproblem auf die Bestimmung der optimalen Kapitalstruktur. Im Unterschied zum Optimierungsproblem 2.2 in Abschnitt 2.2.2 hat die Finanzierungsstruktur über die Reaktion des Rivalen nun einen Einfluß auf die Verteilung des Projektvermögens. In Analogie zu Programm 2.2 erhalten wir:

---

[14] Wie in Abschnitt 4.3 erläutert, erfordert dies, daß die Grenzproduktivität der Investitionen in allen Umweltzuständen gleich groß ist.

Programm 5.2

$$\max_{\alpha,D,\lambda}(1-\alpha)\int_{\underline{\pi}}^{\overline{\pi}}(\pi - D)f(\pi;\rho^*)\,d\pi \tag{5.2}$$

u.d.N.

$$\int_{\underline{\pi}}^{D}\pi f(\pi;\rho^*)\,d\pi + \int_{D}^{\overline{\pi}}(D+\alpha(D-\pi))f(\pi;\rho^*)\,d\pi - m(\alpha)$$
$$\geq I - W \tag{5.2a}$$

$$\rho^* = \underset{\rho}{arg\ max}\ R(\rho) + (1-\alpha)\frac{M}{L}\int_{\underline{\pi}}^{D}(D-\pi)f(\pi,\rho)\,d\pi. \tag{5.2b}$$

Die Reaktion des Rivalen $\rho^*(\alpha, D)$ ist implizit definiert durch die erste Ordnungsbedingung (zur Erinnerung: $Q' = 0$):

$$0 = R'(\rho^*) + (1-\alpha)\frac{M}{L}\int_{\underline{\pi}}^{D}F_\rho(\pi,\rho^*)\,d\pi. \tag{5.3}$$

Sei $\{\alpha^{**}, D^{**}\}$ die Lösung des Problems 5.2, die wir mit der Lösung ohne Verdrängungswettbewerb $\{\alpha^*, D^*\}$ vergleichen möchten. Der Extragewinn des Rivalen M kann als Parameter für die Intensität der Verdrängungsgefahr angesehen werden. Für $M = 0$ ergibt sich der Grenzfall, in dem die Kapitalstruktur keinen Einfluß auf das Verhalten des Rivalen besitzt, weil dieser kein Motiv für eine Verdrängungspolitik hat. Entsprechend erhalten wir $\rho^* = \rho^o$ und $\{\alpha^{**}, D^{**}\} = \{\alpha^*, D^*\}$. Für einen kleinen Anstieg von M zeigen die üblichen komparativ statischen Überlegungen in M, evaluiert an der Stelle $M = 0$:

Proposition 5.2 *Wenn der optimale Finanzierungsvertrag aus einer Kombination von Darlehen und Beteiligungskapital besteht und der Anreiz zum Verdrängungswettbewerb nicht zu groß ist, dann reduziert die Firma den Verschuldungsgrad im Vergleich zu einer Situation ohne Verdrängungswettbewerb.*
Für $M > 0$ aber hinreichend klein gilt $\alpha^{**} > \alpha^*$ und $D^{**} < D^*$.

Dies kann wiederum im α–D–Raum der Finanzierungsverträge erläutert werden (Abbildung 5.3).[15] Die üblichen Optimalbedingungen implizieren, daß sich die Iso–linien des konstanten Endvermögens von Finanziers und Firma bei der optimalen Kapitalstruktur ohne Rivalen gerade tangieren, wie dies für $\{\alpha^*, D^*\}$ durch gestrichelte Linien skizziert ist. Da die Refinanzierungswahrscheinlichkeit im Insolvenzfall mit zunehmendem Darlehensvolumen sinkt und damit der Anreiz zu Verdrängungswettbewerb steigt, erhöhen

[15] Aufgrund der mit Kredit und Beteiligungsfinanzierung verbunden Straf– und Kontrollkosten haben die Isogewinnlinien von Finanziers und Firma anders als im Selektionsmodell des Abschnittes 3.3 nicht überall die gleiche Steigung.

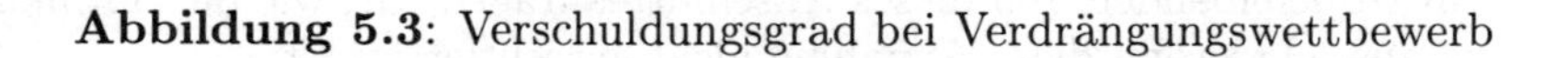

Abbildung 5.3: Verschuldungsgrad bei Verdrängungswettbewerb

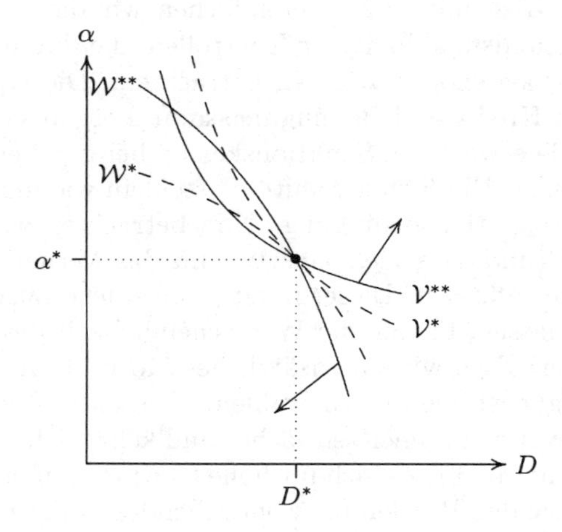

sich die marginalen Kosten der Kreditfinanzierung. Umgekehrt erlauben die für die Beteiligungsfinanzierung erforderlichen zustandsunabhängigen Kontrollen eine Erhöhung der Refinanzierungswahrscheinlichkeit im Insolvenzfall. Die Gefahr des Verdrängungswettbewerbes wirkt daher wie eine Steuer auf Kreditfinanzierung und eine Subvention der Beteiligungsfinanzierung. Entsprechend werden die Isogewinnlinien der Firma steiler ($\mathcal{W}^* \rightarrow \mathcal{W}^{**}$) und die der Finanziers flacher ($\mathcal{V}^* \rightarrow \mathcal{V}^{**}$). Offensichtlich entsteht damit eine 'Linse' Pareto–besserer Verträge auch dann, wenn die Gefahr des Verdrängungswettbewewerbes nur klein ist.

Während der Substitutionseffekt eindeutig in Richtung auf eine Senkung der Darlehensaufnahme wirkt, gibt es einen zusätzlichen 'Einkommenseffekt' der den Gesamteffekt des Verdrängungswettbewerbes ambivalent werden läßt. Aggressiver Wettbewerb senkt die Gewinnerwartungen der Firma. Die mit $\mathcal{W}^{**}$ und $\mathcal{V}^{**}$ bei ρ^* verbundenen Auszahlungserwartungen sind niedrgier als die von $\mathcal{W}^*$ und $\mathcal{V}^*$ bei ρ^o. Ohne weitere Anpassungen im Vertrag wäre die Partizipationsbeschränkung der Finanziers nicht länger erfüllt. Der 'Einkommenseffekt' erfordert daher eine Erhöhung von α und D, wobei letzteres den Substitutionseffekt konterkariert.

Proposition 5.2 stützt die verbeitete Ansicht, daß die Firma ihren Verschuldungsgrad reduzieren sollte, wenn sie der Gefahr agressiven Verdrängungswettbewerbes ausgesetzt wird. Eine Senkung von D und eine Erhöhung von α machen den Marktaustritt weniger wahrscheinlich und weniger sensitiv bezüglich der Gewinne, was wiederum agressiven Wettbewerb weniger lohnend werden läßt. Hierbei wurde jedoch unterstellt, daß sich der optimale Vertrag nach wie vor durch zwei Parameter α und D charakterisieren läßt, die Firma also an der Finanzierung durch Kredit und Beteiligungskapital festhält. Im verbeleibenden Teil dieses Abschnittes fragen wir, wie der optimale Vertrag aussieht, wenn diese Annahme nicht gerechtfertigt ist.

Wie schon in Abschnitt 2.2.2 vereinfachen wir die Analyse, indem wir die Intensität zustandsunabhängiger Kontrollen, die durch den Parameter α gemessen werden, als exogen gegeben betrachten. Die Optimalität der Finanzierung durch Kredit und Beteiligungskapital ergab sich daraus, daß ein solcher Vertrag die erwarteten Sanktionskosten bei gegebener Verteilung der Gewinne minimierte. Die Firma wählte β^* so klein wie möglich, gegeben die Anreiz- und Partizipationsbedingung. Nun betrachten wir die Möglichkeit, daß die Firma β (und s) gezielt einsetzt um das Verhalten des Rivalen in ihrem Sinne zu beeinflussen. Dieser nutzt ρ um solche Zustände wahrscheinlicher werden zu lassen, für die die Wahrscheinlichkeit des Marktaustritts β hoch ist. Damit erhalten wir ein zusätzliches Motiv β für schlechte Gewinnrealisationen möglichst niedrig zu wählen. Dieses Motiv wird jedoch mit zunehmenden Gewinnen immer schwächer und kehrt sich schließlich für hohe Gewinne um. Wenn die Firma sich für hohe Gewinne auf einen Marktaustritt festlegt, belohnt sie den Rivalen für wohlwollendes Verhalten. Den Verlusten bei Marktaustritt stehen nun Erträge in Form höherer Gewinnerwartungen gegenüber. Ob diese Gewinne eine Abweichung von dem vertrauten Kredit–Beteiligungskapital–Vertrag rechtfertigen können, hängt von den Kosten des Marktaustritts L und den Details der Transmission von β über ρ^* zu F ab. Hierfür müßte die strategische Interaktion auf dem Produktmarkt explizit modelliert werden. Im weiteren wird lediglich untersucht, wie der optimale Finanzierungsvertrag aussähe, wenn eine Abweichung von Vorteil wäre.

Um den optimalen Finanzierungsvertrag unter diesen Bedingungen zu charakterisieren, benötigen wir die Annahme der monoton steigenden Likelihood Ratio (MLRP). Diese hat starke und etwas überraschende Implikationen für die optimale Abschreckung von Verdrängungswettbewerb. Man könnte erwarten, daß die Firma die Sensitivität der Sanktionen reduziert, indem sie $\beta(\pi)$ weniger steil macht. Bei einem exogen gegebenen α würde dies eine Erhöhung von β in einem mittleren Bereich von $[\underline{\pi}, \bar{\pi}]$ erfordern. Aus der MLRP–Annahme folgt jedoch, daß Verdrängungswettbewerb effektiver verhindert wird, je höher die Gewinne der Firma sind, bei denen β erhöht wird. Wenn die Firma überhaupt bereit ist, höhere Sanktionsverluste in Kauf zu nehmen, um sich gegen Verdrängungswettbewerb zu schützen, dann sollte sie die Sanktionswahrscheinlichkeit bei den besten Gewinnrealisationen erhöhen.

Um diese Überlegung etwas detaillierter zu entwickeln, ignorieren wir für einen Moment die Anreiz- und Vermögensbeschränkung des Programms 5.1. Ohne diese Restriktionen besteht die optimalen Art der Abschreckung des Verdrängungswettbewerbes darin, die Wahrscheinlichkeit der Sanktion und damit des Marktaustritts für die höchsten Gewinne gleich eins zu setzten.

Proposition 5.3 *Der Vertrag der die Anreize zum Verdrängungswettbewerb für gegebene erwartete Sanktionsverluste* $\mathrm{E}[\beta]$ *minimiert (maximiert) setzt* $\beta = 1$ *für alle* π *oberhalb (unterhalb) eines Grenzwertes* $\hat{\pi}$ *und* $\beta = 0$ *sonst.*

Wenn finanzielle Arrangements die Firma auch in guten Umweltzuständen zu einem Marktaustritt zwingen können, ergibt sich ein weiterer Zielkonflikt. Auf der einen Seite, kann sie sich durch Marktaustritt bei hohen Gewinnen ein wohlwollendes Produktmarktverhalten des Rivalen sichern, wobei dieser um so stärker reagieren wird, je größer seine Gewinne aus der temporären Monopolstellung M sind. Auf der anderen Seite steht der Vermögensverlust L durch Verzicht auf zukünftige Gewinne, der mit Wahrscheinlichkeit $1 - F(\hat{\pi}, \rho^*)$ eintritt. Ob es sich lohnt, den Rivalen durch eine geeignete Wahl von $\hat{\pi}$ auf diese Weise für wohlwollendes Verhalten zu belohnen, hängt wie bereits gesagt von den Details der strategischen Interaktion und den Parametern M und L ab.

Das Ergebnis zeigt auch, daß die zweite der oben zitierten Thesen von Bolton & Scharfstein (1990) ein Artefakt ihrer Annahme einer Zwei–Punkt Verteilung der Gewinne ist. Ein Vergleich des Anreizvertrages aus Proposition 2.2 und des Vertrages, der die Anreize zur Verdrängung maximieren würde, aus Proposition 5.3 zeigt, daß der Anreizvertrag zwar Verdrängungswettbewerb motivieren kann, die diesbezüglichen Anreize aber keineswegs maximiert. Ohne die MLRP–Annahme kann nur wenig über den Vertrag gesagt werden, der den Verdrängungswettbewerb maximiert. Generisch wird er sich aber vom optimalen Anreizvertrag unterscheiden.

Die einfache Lösung aus Proposition 5.3 ist nicht möglich, wenn der Vertrag zusätzlich das Agency–Problem lösen muß. Wie aus der Anreizbedingung 2.3b leicht ersichtlich, muß der Aufwärtssprung von β an der Stelle $\hat{\pi}$ von einem Abwärtsprung von s in Höhe von L begleitet werden. Tatsächlich ergibt sich der optimale Vertrag mit dieser Modifikation bereits aus einer Kombination der Eigenschaften des einfachen Anreizvertrages aus Proposition 2.2 und des optimalen Abschreckungsvertrages aus Proposition 5.3.

Proposition 5.4 *Wenn strategische Rivalität eine Abweichung von der Kredit/Beteiligungskapital–Kombination rechtfertigt, dann wird die Refinanzierung für die höchsten Gewinnrealisationen mit Sicherheit verweigert. Formal: Sei $\{\hat{s}, \hat{\beta}\}$ eine Lösung von Programm für ein gegebenes α, dann existiert ein $\{D, \hat{\pi}\}$, so daß:*

$$\hat{s}(\pi) = \begin{cases} \pi; & \pi < D \\ D + \alpha(\pi - D); & D \leq \pi < \hat{\pi} \\ D + \alpha(\pi - D) - L; & \hat{\pi} \leq \pi \end{cases}$$

$$\hat{\beta}(\pi) = \begin{cases} (1-\alpha)(D-\pi)/L; & \pi < D \\ 0; & D \leq \pi < \hat{\pi} \\ 1; & \hat{\pi} \leq \pi. \end{cases}$$

Für niedrige Gewinne wird β gerade so hoch gewählt, wie es die Anreizbedingung unbedingt erfordert. An einem Grenzwert $\hat{\pi}$ springt β auf seinen

Maximalwert und verbleibt dort für alle höheren Gewinne, um den Verdrängungswettbewerb abzuschrecken. Wenn der optimale Vertrag von der in Proposition 2.2 abgeleiteten Kredit/Beteiligungskapital–Kombination überhaupt abweicht, geschieht dies in einer wenig überzeugenden Art, nämlich indem die Firma bei den höchsten Gewinnen durch Abbruch der Finanzierung zum Marktaustritt gezwungen wird.

5.3.3 Diskussion

Die Ergebnisse unserer Analyse bestätigen die eingangs formulierte These, nach der eine starke Eigenkapitalbasis als Schutz gegen drohenden Verdrängungswettbewerb sinnvoll ist. Dieses Resultat ist insbesondere auch deshalb von Interesse, weil wir die Schutzfunktion der Kapitalstruktur ohne a–priori Einschränkungen über die Finanzierungsinstrumente abgeleitet haben. Es muß allerdings eingräumt werden, daß hierfür der Zusammenhang zwischen Firmenvermögen, Investitionsbereitschaft und Verdrängungswettbewerb ausgeblendet werden mußte. Wenn die zukünftige Investitionsbereitschaft der Firma positiv mit ihrem Periodenendvermögen korreliert ist, und der Rivale aus einer Einschränkung der Investitionen Vorteile zieht, wird sich eine Verringerung des Verschuldungsgrades noch stärker bezahlt machen. Sie vermindert die Abhängigkeit des Firmenvermögens vom Erfolg und senkt damit die Anreize, diesen durch aggressiven Wettbewerb zu schmälern. Allerdings ist es unter diesen Umständen schwer zu zeigen, daß der optimale Finanzierungsvertrag aus einer Kombination von Darlehens– und Beteiligungsfinanzierung besteht.

Der Tendenz nach erhalten wir mit diesen Ergebnissen ein Gegengewicht zur Anreizorientierung der Finanzierungsverträge. Monetäre Anreize und Sanktionen durch Zugriff auf illiquides Vermögen verlieren an Bedeutung zugunsten zustandunabhängiger Kontrollen und Beschränkungen. Allerdings vertragen sich die Ergebnisse nur bedingt mit den stilisierten empirischen Fakten. Wenn Rivalen durch einen hohen Verschuldungsgrad tatsächlich zu aggressivem Verdrängungswettbewerb ermuntert würden, müßten die Gewinne in der Branche zumindest kurzfristig sinken, wenn sich der Verschuldungsgrad eines Unternehmens erhöht. Hierfür fanden sich jedoch in den eingangs erwähnten Studien keine Belege. Eher zeichnete sich ein sinkender Wettbewerbsdruck ab. Allerdings gäbe es in einer solchen Situation auch keinen Anreiz, seinen Verschuldungsgrad zu erhöhen. Die Kausalität könnte ebensogut umgekehrt verlaufen. Erst bei Erwartung eines sinkendenden Wettbewerbsdruck haben die Unternehmen ihren Verschuldungsgrad erhöht. Interessant wäre daher die Auswertung von Fällen, in denen Veränderung der Marktstruktur Anpassungen in der Kapitalstruktur ausgelöst haben.

5.4 Signalisierung durch Kapitalstruktur

Auch in diesem Kapitel wollen wir die Ergebnisse des Vertragsansatzes durch eine kurze Darstellung vergleichbarer Resultate aus der Signalisierungsliteratur abrunden. Hierzu werden in den folgenden Unterabschnitten mit den Beiträgen von Poitevin (1989) und Gertner & Gibbons & Scharfstein (1988) zwei Arbeiten vorgestellt, die beide das in Abschnitt 3.3.3 eingeführte Signalisierungsmodell zum Ausgangspunkt nehmen, auf der Produktmarktseite jedoch ganz unterschiedliche Fragen thematisieren.

5.4.1 Verdrängungswettbewerb und Signalisierung

In gewisser Hinsicht formuliert Poitevin (1989) das Gegenstück zu unseren Überlegungen zu anreizkompatiblen Finanzierungsverträgen und Verdrängungswettbewerb im Signalisierungskontext. Er betrachtet eine Situation, in der die Grenzkosten und damit die Gewinnerwartungen einer jungen Firma nur dieser selbst, nicht aber dem Kapitalmarkt bekannt sind. Der Terminologie von Signalisierungsmodellen folgend, wollen wir von guten und schlechten Typen sprechen, je nachdem, ob die erwarteten Gewinne (vor Abzug der Finanzierungskosten) hoch oder niedrig sind.[16]

Für den Produktmarkt wird Cournot–Wettbewerb mit einer Gewinnfunktion unterstellt, bei der die Kreditaufnahme keine Auswirkung auf das eigene Verhalten der Firma hat. Der Gewinn ist $\pi(q) = (p(q + q_k) + \tau)q + z$ wobei z gleichverteilt ist und $\tau < 0$ für die Grenzkosten steht.[17] Wie im FSD–Fall des Signalisierungsmodells aus Abschnitt 3.3.3 steht ein hohes τ für bessere Firmen. Allerdings wird die Betrachtung auf zwei mögliche Realisationen beschränkt, $\tau \in \{\underline{\tau}, \overline{\tau}\}$. Die Produktionskosten sind im schlechten Fall so hoch, daß der erwartete Gewinn die Opportunitätskosten der Finanzierung nicht mehr deckt. Bei vollständiger Information könnten die schlechten Typen daher keine Finanzierung erhalten. Die Firmen verfügen über kein eigenes Vermögen ($W = 0$), und risikolose Kredite reichen allein zur Finanzierung des Markteintritts nicht aus. Die Firma muß daher Eigenkapital mit Anteil $\alpha \in [0, 1]$ oder ausfallbedrohten Kredit mit nominellem Rückzahlungsanspruch D aufnehmen.

Da Risikoneutralität unterstellt und von Konkurskosten, Kreditsicherheiten etc. abgesehen wird, unterscheiden sich die Verträge lediglich in ihren erwarteten Auszahlungen. Aufgrund der höheren Gewinnerwartungen ist die

[16] Wir stellen die Überlegungen Poitevin (1989) folgend in der Terminologie eines Signalisierungsmodells dar, in dem die Firmen (die informierte Marktseite) die Kapitalstruktur wählen. Es würde an dem ökonomischen Kern des Argumentes nichts ändern, wenn die Finanziers (die uninformierte Marktseite) die Verträge vorschlügen und sich die Darstellung, etwa in Anlehnung an de Meza & Webb (1990), der Terminologie von Selektionsmodellen bedienen würde.

[17] Aus $\pi_{qz} = 0$ folgt nach unseren Überlegungen zur Selbstbindung in Abschnitt 5.2 die Neutralität der Finanzierungsstruktur für die eigene Reaktionsfunktion.

Finanzierung mit Beteiligungskapital im Vergleich zur Kreditfinanzierung für die gute Firma relativ teurer als für die schlechte. In Abschnitt 3.3.3 wurde erläutert, daß unter diesen Voraussetzungen nur ein Gleichgewicht mit reiner Kreditfinanzierung existiert.

Allerdings können sich in Abhängigkeit von der Parameterkonstellation zwei unterschiedliche Fälle ergeben. Da die Schlechten, wenn sie als solche erkannt werden, keine Finanzierung mehr erhalten, werden sie die Guten immer imitieren, wenn dies mit positiven Gewinnerwartungen möglich ist. Dies ist solange der Fall, wie $\alpha < 1$ und $D < \bar{\pi}^s$ gilt, wobei $\bar{\pi}^s$ den höchsten möglichen Gewinn des schlechten Typs bezeichnet. Sei $\{0, D^P\}$ eine reine Kreditfinanzierung, bei der die Opportunitätskosten der Finanzierung im Durchschnitt gedeckt sind, wenn der Vertrag von beiden Typen gewählt wird. Wenn die Schlechten mit diesem Vertrag positive Gewinne erwarten, also $D^P < \bar{\pi}^s$ gilt, dann ergibt sich ein Pool–Gleichgewicht im engeren Sinne, beide Typen wählen den gleichen Vertrag. In dieser Situation können sich die Guten nicht weiter durch eine Absenkung der Anteilsfinanzierung differenzieren.

Machen die Schlechten mit diesem Vertrag jedoch keine Gewinne mehr $(D^P > \underline{\pi}^s)$, spricht Poitevin von einem 'Trennungsgleichgewicht'. Die Guten wählen das Rückzahlungsversprechen mindestens so hoch, daß die Schlechten selbst in dem für sie besten Fall keinen Gewinn mehr machen können und daher auf Markteintritt und Finanzierung verzichten.[18] Wenn die Finanziers ihre Opportunitätskosten mit dem Vertrag $\{0, D^T\}$ bereits decken, ist dies das 'Trennungsgleichgewicht'. Anderenfalls muß D (oder α) noch weiter erhöht werden. Poitevin konzentriert sich stark auf diesen von ihm als 'Trennungsgleichgewicht' interpretierten Fall. Es findet allerdings keine Trennung der 'aktiv' im Markt teilnehmenden Firmen statt.

In dieses Modell wird nun ein Rivale eingeführt. Dies sei ein etabliertes Unternehmen, dessen Grenzkosten allgemein bekannt sind. Von Informationsasymmetrien unbehindert wird sich der Rivale ausschließlich mit Eigenkapital finanzieren. Zu einem Zusammenhang zwischen Finanzierung und Produktmarktverhalten kommt es durch die Annahme, daß der Rivale aus der Insolvenz der Firma einen Vorteil zieht — etwa durch Ausscheiden der Firma aus dem Markt oder Behinderungen im Verlaufe eines Insolvenzverfahrens. Es wird unterstellt, daß dieser Vorteil unabhängig davon ist, welchen Anteil der ausstehenden Verpflichtungen die Firma nicht erfüllen kann. In Kombination mit der Annahme einer Einheitsverteilung von z folgt, daß der Anreiz zum Verdrängungswettbewerb für alle Niveaus von $D > 0$ der gleiche ist. Sobald die Firma ausfallbedrohten Kredit aufnimmt, wählt der Rivale höhere Kapazitäten, da er damit die Wahrscheinlichkeit der Insolvenz erhöht. Seine Reaktionsfunktion verschiebt sich zuungungsten der Firma. In gewissem Sinne entstehen mit der Kreditfinanzierung fixe Kosten durch den

---

[18] Da die Firmen kein eigenes Vermögen einsetzten erfordert dies $(D^T = \bar{\pi}^s)$.

intensivierten Wettbewerbsdruck, die bei einer reinen Eigenkapitalfinanzierung vermieden werden könnten.

Poitevin (1989) zeigt nun, daß auch unter diesen Bedingungen die beiden eben beschriebenen Gleichgewichtsmöglichkeiten existieren. Da sowohl das Pool–Gleichgewicht als auch das Separationsgleichgewicht mit Kreditfinanzierung verbunden sind, folgt, daß die Firma den Verdrängungswettbewerb nicht einfach durch eine Änderung der Finanzierungsstruktur vermeiden kann.[19] Damit kann das Modell erklären, warum Unternehmen im Gleichgewicht eine Finanzierungsstruktur wählen, die sie zum Ziel ruinöser Konkurrenz macht.[20]

Allerdings könnte nun — im Widerspruch zu Poitevins Proposition 5 — auch Pool–Gleichgewichte mit Kombination von Kredit und Beteiligungsfinanzierung möglich sein. Bei einem Vertrag mit $\{\alpha, \underline{\pi}^g\}$ erreicht die Kreditaufnahme für den guten Typ die Schwelle, an der in der schlechtesten Realisation Insolvenz eintritt. Ein Abweichen des guten Typs durch eine Erhöhung des Verschuldungsgrades ist hier nicht unbedingt möglich, da er sich bei einer geringfügigen Erhöhung der Kreditaufnahme schlagartig dem aggressiven Wettbewerb des Konkurrenten aussetzt. Seine Isogewinnlinie hat an dieser Stelle einen Abwärtssprung, die des Finanziers einen Aufwärtssprung. An der Grenze zum ausfallbedrohten Kredit ist die produktivere Firma mit dem Trade–off konfrontiert, entweder auf der Finanzierungsseite die Subvention des Schlechten im Pool–Gleichgewicht hinzunehmen oder auf der Produktmarktmarktseite niedrigere Erträge bei verschärftem Wettbewerb zu akzeptieren.

Auch wenn die Existenz eines solchen Pool–Gleichgewichts mit gemischter Finanzierung von der Parameterkonstellation abhängt, deutet sich doch an, daß ähnlich wie im Vertragsmodell, Verdrängungswettbewerb die Finanzierung durch Beteiligungskapital begünstigt.

5.4.2 Simultane Signalisierung zu Finanziers und Wettbewerbern

Die privaten Informationen einer Firma sind oft nicht nur für ihre Finanziers, sondern auch für ihre Konkurrenten auf den Absatzmärkten von Interesse. In dem eben besprochenen Modell von Poitevin (1989) wurde dieser Aspekt

[19] Mit diesen fixen Kosten der Kreditfinanzierung hängt die Existenz eines Gleichgewichtes (wie üblich) von weiteren Parameterrestriktionen ab, wenn gefordert wird, daß die uninformierten Finanziers bei Abweichungen vom Gleichgewicht ihre Erwartungen auf der Grundlage ihrer Kenntnisse über die tatsächlichen Verteilung der Typen korrigieren.

[20] Dieses Ergebnis müßte sich in ähnlicher Form auch in Signalisierungsmodellen reproduzieren lassen, die Kreditfinanzierung eine stärkere Signalisierungsfunktion zuschreiben, etwa durch die Annahme der Risikoaversion (de Meza & Webb (1990)) oder durch die Einführung von Reputationsverlusten im Konkursfall (Ross (1977)). Auch in diesen Modellen müssen sich gute Firmen im Trennungsgleichgewicht teilweise mit Kredit finanzieren um sich von den schlechten zu unterscheiden.

durch die Annahme ausgeblendet, daß diese Informationen nach der Finanzierung aber vor der Entscheidung auf dem Produktmarkt öffentlich bekannt wird. Gertner & Gibbons & Scharfstein (1988) entwickeln ein Modell, in dem die Produktmarktentscheidung unter privaten Informationen getroffen werden muß, es sei denn, die Firma macht ihre Informationen durch die Wahl der Kapitalstruktur dem Rivalen in glaubwürdiger Weise bekannt.[21] In der Industrieökonomik gibt es eine umfangreiche Literatur zu dem Thema der Informationsteilung in Oligolpolen, die hier nicht aufgearbeitet werden kann. Für unser Anliegen lassen sich aus diesem Komplex zwei Fragen herausfiltern:

1. Unter welchen Umständen hat eine Firma ein Motiv, ihre Informationen mit den Konkurrenten auszutauschen, wenn sie sich hierauf verbindlich verständigen können, *bevor* sie jeweils ihre privaten Informationen erhalten? Man könnte sich die Einrichtung eines Branchenverbandes vorstellen, der Daten bei den Mitgliedern erhebt und den anderen zugänglich macht.
2. Unter welchen Umständen haben die Firmen einen Anreiz, ihre privaten Informationen *nach* deren Erhalt wahrheitsgemäß offenzulegen? Welche Mechansimen existieren für eine glaubwürdige Transmission?

Auf die erste Frage läßt sich keine einfache Antwort geben. Je nachdem, ob sich die private Information auf die Nachfrage oder die Kosten bezieht, ob die Produktmarktaktionen strategische Komplemente oder Substitute sind, ob die Informationen perfekt oder fehlerbehaftet sind, kann es *ex ante* vor- oder nachteilhaft sein, diese Informationen den Konkurrenten zugänglich zu machen.[22] Ausgangspunkt des Modell von Gertner & Gibbons & Scharfstein (1988) ist die zweite Frage (siehe auch Ziv (1993)). Die Firma beobachtet die Realisation einer Zufallsvariable $\tau \in \{\underline{\tau}, \bar{\tau}\}$, die absatzmarktrelevante Informationen widerspiegelt. Die Finanziers und die Konkurrenten auf dem Absatzmarkt kennen lediglich die Eintrittswahrscheinlichkeiten. Mit dieser Information kann die Firma ihre Gewinne jeweils für den Fall der Veröffentlichung und der Geheimhaltung ermitteln.

Auf der Finanzierungsseite betrachten Gertner & Gibbons & Scharfstein (1988) einen Grenzfall des in Abschnitt 3.3.3 dargestellten Modells (FSD–Variante). Beide Seiten sind risikoneutral, gleichzeitig ist die ex post Vermögensbeschränkung nicht bindend. Auch die schlechte Firma kann mit risikofreiem Kredit finanziert werden. Für die gute Firma ist Beteiligungskapital relativ teurer als für die schlechte. Neben dem Pool–Gleichgewicht mit reiner Kreditfinanzierung (Rückzahlungsanspruch in Höhe der Opportunitätskosten) sind auch separierende Gleichgewichte, in denen der bessere

[21] Bei Berlin & Butler (1996) fällt der Wahl zwischen 'öffentlicher' Kreditfinanzierung durch Schuldscheine und 'privater' Finanzierung durch Bankkredit eine ähnliche Funktion zu.

[22] Siehe u.a. Gal-Or (1985), Gal-Or (1986); für eine systematische Zusammenfassung eines großen Teils der Literatur anhand eines allgemeinen Modells Raith (1996).

Typ einen höheren Verschuldungsgrad wählt, möglich. Wichtig ist, daß die Auszahlungen an die Finanziers sicher und in allen Gleichgewichtsmöglichkeiten für alle Typen gleich sind. Die isolierten Finanzmarkt–Gleichgewichte unterscheiden sich daher nur in der Information, die öffentlich wird, nicht in den Erwartungsnutzen der beteiligten Parteien. Insbesondere findet in einem Pool–Gleichgewicht keine Subventionierung der Schlechten durch die Guten statt.

Bei simultaner Signalisierung zu Finanz– und Produktmärkten wird die Finanzierungsstruktur allein durch die Produktmarktinteraktion bestimmt. Eine notwendige (und unter zusätzlichen Regularitätsannahmen auch hinreichende) Bedingung für die Veröffentlichung der Information in einem Trennungsgleichgewicht ist, daß aus der Sicht der uninformierten Finanzmärkte der erwartete Firmengewinn mit Informationsveröffentlichung nicht kleiner ist als bei Geheimhaltung. Dabei fällt die Sicht der Finanzmärkte mit der *ex ante* Sicht der Firma, also der ersten der beiden oben genannten Fragen zusammen. Da die Finanziers im Trennungsgleichgewicht mit beiden Verträgen jeweils gerade ihre Opportunitätskosten decken, ist es plausibel, daß eine Abweichung, die beide Firmen attrahiert, unter dieser Voraussetzung nicht profitabel sein kann.

Interessanter ist der Fall, in dem der erwartete Firmengewinn ohne Informationsveröffentlichung höher ist. Dies ist eine notwendige (und unter zusätzlichen Regularitätsannahmen auch hinreichende) Voraussetzung dafür, daß die Information in einem Pool–Gleichgewicht verschleiert bleibt. Der Konkurrent muß seine Entscheidung unter Zugrundelegung der a–priori Wahrscheinlichkeiten für die beiden Typen treffen. Die Finanziers decken die Opportunitätskosten der Finanzierung im Erwartungswert. Allerdings ist die reine (risikolose) Kreditfinanzierung nun kein Pool–Gleichgewicht mehr. Bei dieser wären die Auszahlungen an die Finanziers für beide Typen gleich. Auf dem Produktmarkt jedoch können zwei Fälle unterschieden werden, je nachdem ob die Gewinne der Firma fallen oder steigen, wenn der Konkurrent bessere Typen für wahrscheinlicher hält. Im ersten Fall profitieren die guten Firmen auf dem Produktmarkt davon, daß sie hinter den schlechten unerkannt bleiben. Denen wäre es allerdings lieber, die Rivalen würden ihren Typ erkennen. Um die Schlechten bei der Stange zu halten, müssen sie von den Guten im Finanzierungsvertrag subventioniert werden. Daher nehmen beide Firmen neben dem Kredit auch Eigenkapital auf, welches für die guten Firmen teurer ist.[23]

[23]Im umgekehrten Fall, in dem die Schlechten zu Lasten der Guten von der Verschleierung gewinnen, erfordert der Pool–Vertrag, daß die schlechten Typen die Guten im Finanzierungsvertrag subventioneren — etwa durch negatives Eigenkapital. Diese Kombination ist natürlich sehr viel weniger plausibel.

5.5 Kapitalstruktur und dynamische Kooperation

In den vorangegangenen Abschnitten wurde unterstellt, daß die Unternehmen auf dem Absatzmarkt trotz ihrer geringen Zahl nicht miteinander kooperieren. Natürlich sind explizite Vereinbarungen zur Beschränkung des Wettbewerbes in der Regel verboten. Dennoch können Firmen, die sich wiederholt einander gegenüberstehen, unter bestimmten Umständen durch implizites Einverständis eine kooperative Beschränkung von Kapazitäten oder die Anhebung von Absatzpreisen erreichen. Die informelle Vereinbarung wird abgesichert durch die glaubhafte Drohung, eine Abweichung des Rivalen seinerseits mit der Rückkehr zu unkooperativem Verhalten zu sanktionieren. In Anlehnung an Maksimovic (1988) wird erläutert, wie sich die Kapitalstruktur auf die Fähigkeit, solche kooperativen Lösungen in einem dynamischen Gleichgewicht zu erhalten, auswirkt.[24]

Die Grundüberlegung läßt sich wieder an einem einfachen Beispiel erläutern. Eine Firma trifft immer wieder unter den gleichen Bedingungen auf die gleichen Rivalen. Zur Vereinfachung soll dies bis in alle Unendlichkeit so weitergehen. Es ist aus der Theorie wiederholter Spiele bekannt, daß unter diesen Voraussetzungen viele dynamische Strategien geeignet sind, im Gleichgewicht kooperatives Verhalten zu erzeugen. Ein Beispiel ist die auch als 'Trigger–Strategie' bezeichnete Verhaltensregel, nach der die Firma sich kooperativ verhält, es sei denn ein Rivale ist in der vorangegangen Periode vom kooperativen Verhalten abgewichen. Dieser 'Betrug' wird für alle Zukunft mit dem nichtkooperativen Verhalten des Einperioden–Gleichgewichtes 'bestraft'.

Unter welchen Voraussetzungen kann mit dieser Strategie Kooperation erreicht werden? Zunächst muß festgestellt werden, welche Gewinne (vor Abzug der Finanzierungskosten) die Firma in einer Periode unter den verschiedenen Konstellationen erzielt. π^k sei der Periodengewinn, wenn sich alle kooperativ verhalten — etwa den Monopolpreis verlangen und sich den Markt teilen. Der entsprechende Wert im nicht–kooperativen Periodengleichgewicht sei π^n. Eine kritische Rolle spielt der Gewinn π^a, den die Firma erhält, wenn sie einseitig von der kooperativen Lösung abweicht. Da $\pi^a > \pi^k > \pi^n$ gelten muß, hat sie hierzu in jeder einzelnen Periode einen Anreiz. Ihre Konkurrenten würden jedoch darauf mit 'Abstrafung' durch unkooperatives Verhalten antworten. So muß der anfängliche Gewinnvorteil $(\pi^a - \pi^k)$ gegen den dauerhaften Nachteil $(\pi^n - \pi^k)$ abgewogen werden. Wechselseitig wohlwollendes Marktverhalten ist in einem dynamische Kontext daher nur möglich, wenn der Gegenwartswert des Gewinns bei Abweichung nicht größer ist als die entsprechende Größe bei Kooperation: $\pi^a + \pi^n/r < \pi^k + \pi^k/r$, wobei r für die Diskontrate steht.[25] Durch Umschreiben mit dem Diskontfaktor $\delta = 1/(1+r)$

[24] Uns interessiert hier nur die wesentliche Intuition. Für Anwendungen im Rahmen komplizierterer Überlegungen siehe z.B. Hege (1995) und Maurer (1995).

[25] Die Diskontrate kann neben dem Kapitalmarktzins auch von der spezifischen Produktmarktinteraktion beeinflußt werden. Besteht etwa die Gefahr, daß die lau-

erhält man:

$$(1-\delta)\pi^a + \delta\pi^n \leq \pi^k. \tag{5.4}$$

Offensichtlich ist diese Bedingung eher erfüllt, je weniger zukünftige Erträge diskontiert werden und je geringer die Gewinne bei Abweichung und Sanktion im Vergleich zur Kooperation sind. Wird die Ungleichung (5.4) nicht erfüllt reicht das Sanktionspotential nicht länger aus, die implizite Kooperation zu stützen. Da dies von allen Beteiligten antizipiert wird, kommt die kooperative Lösung gar nicht erst zustande.

Der Einfluß der Finanzierungsstruktur auf die Möglichkeit, wettbewerbsbeschränkende Verhaltensweisen im Zuge dynamischer Interaktion aufrechtzuerhalten, kann daher an dieser Bedingung untersucht werden. Entscheidend ist, wie die Auszahlung an die Firma (allg. den Entscheidungsträger) die Stabilitätsbedingung verändert. Zunächst ist leicht zu sehen, daß eine reine Beteiligungsfinanzierung, bei der den Kapitalgebern ein Anteil $\alpha \in (0,1)$ der Gewinne ausgezahlt wird, keinen Einfluß auf die Bedingung hat. In diesem Fall erhält die Firma $(1-\alpha)\pi$. Der Faktor erscheint in allen Termen von (5.4) und kürzt sich daher heraus. Anders stellt sich die Situation im Fall der Darlehensfinanzierung dar, die der Firma aufgrund der Vermögensbeschränkung $\max\{0, \pi - D\}$ beläßt. Für den Fall der Insolvenz wird unterstellt, daß die Kreditgeber die Firma übernehmen und fortführen. In Bezug auf die Bedingung (5.4) sind drei Fälle zu unterscheiden. Wenn die Firma auch im nichtkooperativen Gleichgewicht zahlungsfähig bleibt ($D < \pi^n$), hat die Kreditfinanzierung keinen Einfluß auf die Bedingung. Wenn die Firma selbst bei Kooperation insolvent wird ($\pi^k < D < \pi^a$), kann die Stabilitätsbedingung nicht mehr erfüllt sein. Interessanter ist daher, wenn Insolvenz nur in der nichtkooperativen Lösung eintritt ($\pi^n < D < \pi^k$). Kooperation erfordert dann, daß $(1-\delta)(\pi^a - D) \leq \pi^k - D$, woraus sich eine Obergrenze für das tragbare Kreditvolumen ergibt:

$$D^{max} = \frac{\pi^k - (1-\delta)\pi^a}{\delta}.$$

Es ist leicht zu sehen, daß diese Kreditobergrenze mit zunehmendem Diskontfaktor δ und zunehmendem Kooperationsgewinn steigt. Sie sinkt, je höher der kurzfristige Gewinn im Fall der Abweichung ist. Kreditaufnahme erschwert die Aufrechterhaltung kooperativer Lösungen, weil die Bestrafung für abweichendes Verhaltens teilweise auf die Kreditgeber abgewälzt wird, während der kurzfristige Gewinn ungeschmälert der Firma zufließt. Ähnliche Überlegungen können auch für ausgefallenere Finanzierungsformen angestellt werden. So können etwa Wandelanleihen so ausgestaltet werden, daß sich die

fende Periode mit einer gewissen Wahrscheinlichkeit die letzte ist, in der der Markt in der gegebenen Form exisitiert, müssen zukünftige Kooperationsgewinne und Strafen stärker diskontiert werden.

Umwandlung in Anteile nur bei den hohen Gewinnen im Fall der Abweichung, nicht aber den 'normalen' Gewinnen der kooperativen Lösung, lohnt. Da die Vorteile aus der Abweichung geschmälert werden, stabilisert sich die Kooperation (Maksimovic (1988)).

Es ist jedoch nicht nötig, alle erdenklichen Finanzierungsformen jeweils im Detail zu betrachten. Aus der Formulierung der Restriktion in (5.4) wird bereits deutlich, daß es, wie schon bei der Selbstbindung, auf die Konvexitätseigenschaft der Auszahlung an den Entscheidungsträger ankommt. Angenommen, die Restriktion sei mit Gleichheit erfüllt und das Endvermögen der Firma sei gegeben durch die Funktion $w(\pi)$, dann fällt die Stabilitätsbedingung:

$$(1-\delta)w(\pi^a) + \delta w(\pi^n) \quad > (<) \quad w(\pi^k),$$

mit der Definition von Konvexität (Konkavität) von w zusammen.

Wenn in einer Branche die Möglichkeit zur dynamischen Kooperation durch wechselseitig wohlwollendes Marktverhalten besteht, ist schon eine einseitige Erhöhung des Verschuldungsgrades eines Marktteilnehmers für alle Unternehmen ein Grund zur Sorge. Beobachten die Konkurrenten, daß eine Firma das kritische Schuldenniveau überschreitet, antizipieren sie den Abbruch der Kooperation und brechen ihrerseits die Kooperation ab. In einer solchen Branche haben alle Firmen ein Interesse an der finanziellen Solidität ihrer Konkurrenten. Das Ziel, den Wettbewerbsdruck in der Branche zu mindern, bietet damit ein Gegengewicht gegen die Anreizorientierung der Finanzierungsstruktur.

5.6 Schlußbemerkung

In diesem Kapitel haben wir einige theoretische Überlegungen zur wettbewerbsstrategischen Bedeutung von Finanzierungsentscheidungen anhand ausgewählter Modelle nachgezeichnet. Wir haben uns dabei bewust auf drei einfache industrieökonomische Grundmodelle beschränkt: Für die statische Analyse des Wettbewerbs in der Tradition von Cournot und Bertrand betrachteten wir den Einfluß der Kapitalstruktur auf die Reaktionsfunktionen des eigenen Unternehmens und die seines Produktmarktrivalen. Im Kontext dynamischer Interaktion interessierte schließlich der Spielraum für eine implizite Kooperation. In allen drei Fällen, ließen sich Querbezüge zwischen der Unternehmensfinanzierung und dem Wettbewerbsverhalten herstellen. Damit ist die theoretische Relevanz von Finanzierungsentscheidungen bereits für die elementarsten analytischen Ansätze der Industrieökonomik belegt. Umgekehrt zeigt sich, daß finanzielle Arrangements in einer von Informationsproblemen und unvollständigen Verträgen gekennzeichneten Welt im allgemeinen auch die Marktstruktur auf der realwirtschaftlichen Seite der Unternehmung reflektieren werden.

Die populäre Ansicht, daß Kreditfinanzierung schlecht sei, weil sie Rivalen zu aggressivem Verdrängungswettbewerb ermuntert, läßt sich vor allem durch Sanktionen motivieren, die von strategisch herbeigeführter Insolvenz abschrecken sollen. Wenn ein Rivale aus Sanktionen, wie der Zerschlagung der Firma im Konkursverfahren oder der Beschneidung von Investitionsprogrammen, Vorteile zieht, hat er einen Anreiz, der Firma zu schaden. Die Strafe für die Firma ist zugleich eine Belohnung für den Rivalen. Bei Informationsproblemen können optimale Finanzierungsverträge auf derartige Sanktionen aus Anreizgründen jedoch nicht einfach verzichten. Es ergibt sich ein Zielkonflikt zwischen der Minimierung von Agencykosten der Finanzierung und dem Schutz vor ruinöser Konkurrenz. Die optimale Finanzierung wird bei drohendem Verdrängungswettbewerb eher dahin tendieren, Kredite, die auf Sanktionen bei schlechten Ergebnissen stark angewiesen sind, durch Eigenkapital zu ersetzen, das zustandsunabhängige Verhaltenskontrollen erfordert oder schwächere Leistungsanreize über einen breiten Bereich von Ertragsrealisationen in Kauf nimmt.

Natürlich werden die Konkurrenten nur unter bestimmten Voraussetzungen Nutznießer einer Insolvenz sein. In vielen konzentrierten Branchen ist die Wahrscheinlichkeit der Insolvenz eines Unternehmens auch zu gering als daß Verdrängungswettbewerb mit dem Ziel des Marktaustritts zu erwarten wäre. Wir sind daher ausführlich auf die strategische Bedeutung des Auszahlungsprofils eingegangen. Ein einfaches Ergebnis ließ sich allerdings nur für den Fall, daß eine implizite dynamische Kooperation zwischen den Unternehmen erreicht werden kann, ableiten. Hier ist die Konvexität der Kompensation des Entscheidungsträgers, die sich aus der Kreditfinanzierung ergibt, eindeutig von Nachteil. Mit zunehmender Verschuldung wird es schwerer, durch informelle Kooperation den Wettbewerbsdruck zu mildern. Da die Konvexität der Auszahlungsfunktion eine der robusten Eigenschaften anreizkompatibler Finanzierungsverträge war, setzen unter diesen Voraussetzungen wettbewerbsstrategische Ziele des Unternehmens ein Gegengewicht zur Anreizorientierung.

Bei Ansätzen, die das Auszahlungsprofil im Rahmen einer nicht kooperativen, statischen Interaktion ins Zentrum stellen, hängen die Resultate entscheidend von ganz spezifischen Annahmen zur Produktmarktinteraktion ab. Hinsichtlich der Selbstbindung, also einer Verschiebung der eigenen Reaktionsfunktion, erwies sich ein hoher Verschuldungsgrad als gut, wenn auf dem Produktmarkt Preise in Abhängigkeit von der Kapazität gesetzt werden (Mengenkonkurrenz). Die Wirkung ist jedoch ambivalent, wenn Kapazitäten durch Preise bestimmt werden (Preiskonkurrenz). Diese Überlegungen beruhen auf dem sich aus der Kreditfinanzierung ergebenden Risikoanreizproblem. Sie ziehen allein Konvexitätseigenschaft der Auszahlungsfunktion heran und unterstellen, daß die Kapazitäten, Preise etc. von der Firma frei gewählt werden.

Auf die Möglichkeit, daß die in Abschnitt 4.3.2 untersuchte Beziehung zwischen Firmenvermögen und Investitionsbereitschaft den Verdrängungswettbewerb beeinflußt, sind wir nur am Rande eingegangen. Tendenziell ergeben sich jedoch hieraus Effekte, die der Selbstbindungswirkung genau entgegengesetzt sind. Unter den gleichen Bedingungen, die eine Selbstbindung auf ein aggressives Agebotsverhalten durch Kreditaufnahme ermöglichen, wird die Firma bei niedrigem Ausgangsvermögen kontrahierbare Investitionen reduzieren, wenn deren externe Finanzierung mit Agency–Kosten verbunden ist. Kreditfinanzierung erhöht die Sensitivität des Firmenanteils am Erfolg und motiviert daher den Rivalen zu aggresivem Verdrängungswettbewerb.

Verfügt die Firma über private Informationen, kann die Kapitalstruktur auch für die Verschiebung der gegnerischen Reaktionsfunktion instrumentalisiert werden. Wir erhalten ein Signalisierungproblem mit zwei Auditorien, den Finanzmärkten und den Konkurrenten auf dem Produktmarkt. Wiederum bestimmen die Details der Produktmarktinteraktion darüber, ob die Finanzierungsstruktur private Informationen der Firma im Gleichgewicht signalisiert oder verschleiert und ob bei Signalisierung ein hoher Verschuldungsgrad für gute oder schlechte Nachrichten steht. Angesichts der Sensitivität der Resultate in Bezug auf Annahmen, zwischen denen eine begründete Auswahl schwer fällt, erscheint mir die praktische Bedeutung dieser Signalisierungsfunktion von Finanzkontrakten jedoch zweifelhaft.

Diese Vielfalt ergab sich bereits aus zwei elementaren Transmissionsmechanismen. Sowohl die strategische Verschiebung der eigenen Reaktionsfunktion als auch die Gefährdung dynamischer Kooperation beruhen auf dem sich aus der Kreditfinanzierung ergebenden Risikoanreizproblem. Sie folgen alleine aus der Konvexitätseigenschaft der Kompensation des Entscheidungsträgers, die in den durch die Haftungsbeschränkung vorgegebenen Grenzen als frei wählbar unterstellt wird. Damit liefern die Modelle auch plausible Beispiele für die Relevanz des Risikoanreizproblems. Daß Kreditfinanzierung Rivalen zu aggressivem Verdrängungswettbewerb ermuntert, folgt hingegen aus Sanktionen, die im Insolvenzfall ergriffen werden. Die Notwendigkeit hierfür kann wiederum aus Anreizmodellen abgeleitet werden. Mit diesen beiden Mechanismen sind die Verbindungen zwischen der Unternehmensfinanzierung und dem Wettbewerb auf dem Produktmarkt sicherlich nicht erschöpft. Durch die Berücksichtigung wettbewerbsstrategischer Aspekte wird sich die bereits in den informationsökonomischen Ansätzen zu beobachtende Ausdifferenzierung der Finanzierungstheorie in situationsbezogene Einzelerklärungen noch verstärken.

Es wäre jedoch falsch, angesichts dieser Entwicklung der Geschlossenheit und Eleganz des 'neoklassischen Ansatzes' nachzutrauern. Eine Finanzierungstheorie, die für praktische Entscheidungsprobleme ernsthafte Orientierungshilfen bieten möchte, kann eben nicht mit einem einfachen Rezept für alle Lebenslagen aufwarten.

5.7 Beweise

Verallgemeinerung des *Limited Liability* Effektes

Es wird angenommen, daß die Kompensation des Entscheidungsträgers w stetig, zweimal differenzierbar und monoton zunehmend in π ist. Der Entscheider maximiert $\mathrm{E}[w(\pi)]$ durch Wahl von ρ:

$$\max_{\rho} \int_{\underline{\pi}}^{\overline{\pi}} w(\pi) f(\pi, \rho) d\pi.$$

Die erste Ordnungsbedingung erfordert:

$$0 = wf \left. \frac{d\pi}{d\rho} \right|_{\underline{\pi}}^{\overline{\pi}} + \int_{\underline{\pi}}^{\overline{\pi}} w(\pi) f_\rho d\pi = - \int_{\underline{\pi}}^{\overline{\pi}} w' F_\rho \, d\pi.$$

Nochmaliges partielles Integrieren ergibt:

$$0 = -w'(\overline{\pi}) \int_{\underline{\pi}}^{\overline{\pi}} F_\rho \, d\pi + \int_{\underline{\pi}}^{\overline{\pi}} w'' \int_{\underline{\pi}}^{\pi} F_\rho \, dx \, d\pi.$$

Ein lineares Entlohnungsschema mit $w'' = 0$ implementiert ρ^o. Je nach Vorzeichen von $dF_\rho / d\pi$ kann $\rho > \rho^o$ durch Vorzeichen von w'' implemetiert werden.

Beweis von Proposition 5.1

Aufgrund von Proposition 2.2 können wir den Gewinn des Rivalen schreiben als:

$$\begin{aligned} R(\rho) \quad + \quad & (1-\alpha) \frac{M}{L} \int_{\underline{\pi}}^{D} (D - \pi) f(\pi, \rho) \, d\pi \\ & + \int_{D}^{\overline{\pi}} Q((1-\alpha)(\pi - D)) f(\pi, \rho) \, d\pi + F(D, \rho) Q(0). \end{aligned}$$

Da der Träger von ρ annahmegemäß nicht beeinflußt wird, gilt: $F_\rho(\underline{\pi}, \rho) = F_\rho(\overline{\pi}, \rho) = 0$. Aufgrund der zweiten Ordnungsbedingungen erfordert $\rho^* < \rho^o$, daß:

$$\begin{aligned} 0 \quad > \quad & (1-\alpha) \frac{M}{L} \int_{\underline{\pi}}^{D} (D - \pi) f_\rho(\pi, \rho) \, d\pi \\ & + \int_{D}^{\overline{\pi}} Q((1-\alpha)(\pi - D)) f_\rho(\pi, \rho) \, d\pi + F_\rho(D, \rho). \end{aligned}$$

Partielle Integration ergibt:

$$0 > (1-\alpha) \left[\frac{M}{L} \int_{\underline{\pi}}^{D} F_\rho \, d\pi - \int_{D}^{\overline{\pi}} Q' F_\rho \, d\pi \right],$$

was wegen $M \geq 0$ und $Q' \leq 0$ gilt, vorausgesetzt, eine Ungleichheit ist strikt.

□

Beweis von Proposition 5.2

Die zweite Ordnungsbedingung für die Optimalität von ρ^* erfordert, daß $\text{soc} \equiv R''+(1-\alpha)M/L\int_{\underline{\pi}}^{D} F_{\rho\rho}d\pi < 0$ gilt. Die erste Ordnungsbedingung (5.3) definiert die Reaktion des Rivalen in Abhängigkeit von der Höhe des Darlehens bzw. Beteiligungskapitals als implizite Funktionen mit den Steigungen:

$$\begin{aligned} \rho^*_\alpha(M) &= \frac{M}{L}\int_{\underline{\pi}}^{D} F_\rho d\pi/\text{soc} < 0, \quad \text{für } M > 0, \\ \rho^*_D(M) &= -(1-\alpha)\frac{M}{L}F_\rho(D)/\text{soc} > 0, \quad \text{für } M > 0, \end{aligned}$$

mit:

$$\rho^*_\alpha(0) = \rho^*_D(0) = 0; \quad \frac{d\rho^*_\alpha}{dM}(0) > 0; \quad \frac{d\rho^*_D}{dM}(0) < 0. \tag{5.5}$$

Sei $\mathcal{L}$ die Lagrange–Funktion für Programm 5.2 und definieren wir:

$$\Psi \equiv -(1-\alpha)\int_{\underline{\pi}}^{\overline{\pi}} F_\rho d\pi + \lambda\left(-\int_{\underline{\pi}}^{D} F_\rho d\pi - \alpha\int_{D}^{\overline{\pi}} F_\rho d\pi\right) > 0,$$

dann können die ersten Ordnungsbedingungen geschrieben werden als:

$$\begin{aligned} \mathcal{L}_\alpha &= \mathcal{W}^*_\alpha + \lambda\mathcal{V}^*_\alpha + \Psi\rho^*_\alpha(M) = 0, \\ \mathcal{L}_D &= \mathcal{W}^*_D + \lambda\mathcal{V}^*_D + \Psi\rho^*_D(M) = 0, \\ \mathcal{L}_\lambda &= \mathcal{V}^* - (I - W) = 0, \end{aligned}$$

wobei in den partiellen Ableitungen $\mathcal{W}^*_\alpha$, $\mathcal{V}^*_\alpha$... die Auswirkung auf F *nicht* berücksichtigt ist. Sie stehen also für die gleichen Ausdrücke wie in Programm 2.2. Bei Evaluation für $M = 0$ erhalten wir daher die gleichen Bedingungen wie ohne Verdrängungswettbewerb. Zu Erinnerung: $\mathcal{V}^*_D = (1-\alpha^{**})(1-F(D^{**})) > 0$ und $\mathcal{W}^*_\alpha = -\mathcal{W}^* < 0$. Aus $\mathcal{L}_\alpha = 0$ folgt $\mathcal{V}^*_\alpha > 0$. Weiter gilt:

$$\mathcal{L}_{\alpha M} = \Psi\frac{d\rho^*_\alpha}{dM} > 0, \quad \mathcal{L}_{DM} = \Psi\frac{d\rho^*_D}{dM} < 0, \quad \mathcal{L}_{\lambda M} = 0.$$

Durch die übliche komparative Statik und bei Bewertung der Ausdrücke an der Stelle $M = 0$ erhält man:

$$\begin{aligned} \text{sign } \left.\frac{d\alpha^{**}}{dM}\right|_{M=0} &= \text{sign } (\mathcal{L}_{\alpha M}(\mathcal{V}^*_D)^2 - \mathcal{V}^*_D\mathcal{V}^*_\alpha\mathcal{L}_{DM}) > 0, \\ \text{sign } \left.\frac{dD^{**}}{dM}\right|_{M=0} &= \text{sign } (\mathcal{L}_{DM}(\mathcal{V}^*_\alpha)^2 - \mathcal{V}^*_D\mathcal{V}^*_\alpha\mathcal{L}_{\alpha M}) < 0. \end{aligned}$$

Für einen kleinen Zuwachs von M können wir daher folgern, daß $\alpha^{**} > \alpha^{**}$ und $D^{**} < D^{**}$ □

Vorbereitung für Proposition 5.3 und Proposition 5.4

Lemma 5.1 *Aus der Monotonie der Likelihood Ratio folgt: eine Verschiebung von β derart, daß β bei konstantem Erwartungswert in einem Bereich niedriger Gewinne sinkt und in einem Bereich höherer Gewinne steigt, vermindert den Wettbewerbsdruck.*
Sei $\beta_\Delta \equiv \beta_2 - \beta_1$ mit $\int_{\underline{\pi}}^{\bar{\pi}} \beta_\Delta F_\pi \, d\pi = 0$, so daß ein $\hat{\pi}$ existiert, für das $\beta_\Delta \leq 0$, $\forall \pi < \hat{\pi}$ (mit strikter Ungleichheit auf einer Teilmenge mit positiver Wahrscheinlichkeit) und $\beta_\Delta \geq 0$, $\forall \pi \geq \hat{\pi}$, dann folgt aus Annahme (5.2), daß $\rho^*(\beta_2) > \rho^*(\beta_1)$ gilt.

Beweis: Aufgrund der zweiten Ordnungsbedingung steigt ρ^*, vorausgesetzt $dE[\beta_\Delta]/d\rho > 0$.

$$\begin{aligned}
\int_{\underline{\pi}}^{\bar{\pi}} \beta_\Delta F_{\pi\rho} \, d\pi &= \int_{\underline{\pi}}^{\hat{\pi}} \beta_\Delta F_{\pi\rho} \, d\pi + \int_{\hat{\pi}}^{\bar{\pi}} \beta_\Delta F_{\pi\rho} \, d\pi \\
&= \int_{\underline{\pi}}^{\hat{\pi}} \beta_\Delta F_\pi \frac{F_{\pi\rho}}{F_\pi} \, d\pi + \int_{\hat{\pi}}^{\bar{\pi}} \beta_\Delta F_\pi \frac{F_{\pi\rho}}{F_\pi} \, d\pi.
\end{aligned}$$

Unter Ausnutzung von $\int_{\underline{\pi}}^{\hat{\pi}} \beta_\Delta F_\pi \, d\pi = - \int_{\hat{\pi}}^{\bar{\pi}} \beta_\Delta F_\pi \, d\pi$ und bei Benennung der Integrationindexe des niedrigeren und des höheren Intervalls als l beziehungsweise h erhalten wir:

$$\begin{aligned}
\int_{\underline{\pi}}^{\bar{\pi}} \beta_\Delta F_{\pi\rho} \, d\pi &= \int_{\underline{\pi}}^{\hat{\pi}} \frac{\beta_\Delta(l) F_\pi(l)}{\int_{\underline{\pi}}^{\hat{\pi}} \beta_\Delta F_\pi \, d\pi} \cdot \left(- \int_{\hat{\pi}}^{\bar{\pi}} \beta_\Delta(h) F_\pi(h) \, dh \right) \cdot \frac{F_{\pi\rho}(l)}{F_\pi(l)} \, dl \\
&\quad + \int_{\hat{\pi}}^{\bar{\pi}} \beta_\Delta(h) F_\pi(h) \left(\int_{\underline{\pi}}^{\hat{\pi}} \frac{\beta_\Delta(l) F_\pi(l)}{\int_{\underline{\pi}}^{\hat{\pi}} \beta_\Delta F_\pi \, d\pi} \, dl \right) \frac{F_{\pi\rho}(h)}{F_\pi(h)} \, dh \\
&= \int_{\underline{\pi}}^{\hat{\pi}} \int_{\hat{\pi}}^{\bar{\pi}} \frac{\beta_\Delta(l) F_\pi(l) \cdot \beta_\Delta(h) F_\pi(h)}{\int_{\underline{\pi}}^{\hat{\pi}} \beta_\Delta F_\pi \, d\pi} \cdot \\
&\qquad \left[\frac{F_{\pi\rho}(h)}{F_\pi(h)} - \frac{F_{\pi\rho}(l)}{F_\pi(l)} \right] dl \, dh \\
&> 0.
\end{aligned}$$

Der Ausdruck ist strikt positiv, weil der erste Term des Integranden aufgrund der Annahmen über β_Δ auf einer nichtdegenerierten Teilmenge strikt positiv ist (und null sonst). Der zweite Term (die Differenz in der Klammer) ist ebenfalls strikt positiv aufgrund der MLRP. □

Beweis von Proposition 5.3

Angenommen, ein anderer Vertrag würde die Anreize zum Verdrängungswettbewerb minimieren. Dann könnte der Verdrängungswettbewerb aufgrund von Lemma 5.1 ohne zusätzliche Kosten weiter abgeschwächt werden, was offensichtlich ein Widerspruch ist. □

Beweis von Proposition 5.4

Angenommen, der optimale Vertrag würde sich auf einer nichtdegenerierten Teilmenge von $[\underline{\pi}, \bar{\pi}]$ von dem in Proposition 5.4 charakterisierten Typ unterscheiden. Wir bezeichnen diesen Vertrag mit $\{\tilde{s}, \tilde{\beta}\}$, die durch ihn implementierte Aktion des Rivalen mit $\tilde{\rho}$ und die erwarteten Auszahlungen an die Firma und ihre Finanziers mit $\tilde{U}$ beziehungsweise $\tilde{V}$. Durch Konstruktion eines paretosuperioren Vertrages widerlegen wir die angenommene Optimalität von $\{\tilde{s}, \tilde{\beta}\}$.

Als ersten Schritt betrachten wir die folgende Transformation. Für einen beliebigen Wert $\hat{\pi}$ ersetzen wir den Vertrag $\{\tilde{s}, \tilde{\beta}\}$ durch einen neuen Vertrag $\{\hat{s}, \hat{\beta}; \hat{\pi}\}$ mit $\hat{\beta} = \tilde{\beta} - \beta_\Delta$, $\hat{s} = \tilde{s} + s_\Delta$ und

$$\begin{aligned} s_\Delta(\pi) &= \beta_\Delta(\pi)L \\ \beta_\Delta(\pi) &= \begin{cases} \operatorname{argmax} \tilde{s} + \beta_\Delta(\pi)L, & \\ \text{s.t. } \hat{s} \leq \pi,\ \hat{\beta} \geq 0, & \text{for } \pi < \hat{\pi} \\ -1 + \tilde{\beta}, & \text{for } \pi \geq \hat{\pi} \end{cases} \end{aligned}$$

Für Werte kleiner als $\hat{\pi}$ macht die Transformation β so klein wie möglich, wärend s so weit wie notwendig erhöht wird, um die Firma indifferent zu halten. Für Werte oberhalb von $\hat{\pi}$ setzen wir β gleich 1, wiederum unter Anpassung von s, so daß die Anreizbedingung erfüllt wird. Für beliebige $\hat{\pi}$ hat der Vertrag $\{\hat{s}, \hat{\beta}; \hat{\pi}\}$ bereits die gewünschte Form. Zur Erleichterung, definieren wir die auf ρ bedingten Erwartungsnutzen der beiden Parteien als $\hat{U}(\hat{\pi}, \rho)$, beziehungsweise $\hat{V}(\hat{\pi}, \rho)$. Konstruktionsbedingt erfüllt der neue Vertrag die Anreiz– und die Vermögensbeschränkung. Wenn der Rivale nach wie vor $\tilde{\rho}$ wählen würde, wäre die Firma indifferent zum ursprünglichen Vertrag: $\hat{U}(\hat{\pi}, \tilde{\rho}) = \tilde{U}$, $\forall \hat{\pi}$.

Nun wählen wir ein spezielles $\hat{\pi}_0$, so daß $E[\beta_\Delta|\tilde{\rho}] = 0$. Ein derartiges $\hat{\pi}_0$ existiert, weil $E[\beta_\Delta|\tilde{\rho}]$ in $\hat{\pi}$ kontinuierlich zunimmt, für $\hat{\pi} = \underline{\pi}$ negativ und für $\hat{\pi} = \bar{\pi}$ (was zu einem reinen Kredit–Beteiligungskapitalvertrag äquivalent wäre) positiv ist. Da die Veränderungen von β und s zueinander proportional sind, ist gewährleistet, daß $E[s_\Delta|\tilde{\rho}] = 0$ ist, was impliziert, daß $\hat{V}(\hat{\pi}_0, \tilde{\rho}) = \tilde{V}$ gilt. Damit erfüllt der Kontrakt $\{\hat{s}, \hat{\beta}; \hat{\pi}_0\}$ auch die Partizipationsbeschränkung der Finanziers, vorausgesetzt der Rivale würde nach wie vor $\tilde{\rho}$ wählen. Lemma 5.1 zufolge nimmt ρ in Reaktion auf die Transformation zu, $\hat{\rho}(\hat{\pi}_0) > \tilde{\rho}$.

Da die Auszahlung an die Firma in π für $\pi > D$ strikt zunimmt und ansonsten nicht abnimmt, bevorzugt sie den neuen Vertrag $\hat{U}(\hat{\pi}_0, \hat{\rho}(\hat{\pi}_0)) > \hat{U}(\hat{\pi}_0, \tilde{\rho}) = \tilde{U}$. Die Auszahlung an die Finanziers ist jedoch für $\hat{\pi} < \bar{\pi}$ nicht monoton in π. Wir müssen daher zwei Fälle unterscheiden:

1. Wenn $\hat{V}(\hat{\pi}_0, \hat{\rho}(\hat{\pi}_0)) \geq \hat{V}(\hat{\pi}_0, \tilde{\rho}) = \tilde{V}$, dann ist $\{\hat{s}, \hat{\beta}; \hat{\pi}_0\}$ bereits superior.
2. Wenn $\hat{V}(\hat{\pi}_0, \hat{\rho}(\hat{\pi}_0)) < \hat{V}(\hat{\pi}_0, \tilde{\rho})$, muß der Vertrag weiter modifiziert werden. Für den einfachen Anreizkontrakt mit $\hat{\pi} = \bar{\pi}$ ist die Auszahlung an die Finanziers monoton in π. $\hat{V}(\bar{\pi}, \rho)$ nimmt daher in ρ zu. Daraus folgt

für alle $\rho_1 > \tilde{\rho}$, daß $\hat{V}(\hat{\pi}_0, \tilde{\rho}) < \hat{V}(\bar{\pi}, \tilde{\rho}) < \hat{V}(\bar{\pi}, \rho_1)$ gilt. Die erste Ungleichheit ergibt sich aus der Zunahme der erwarteten Auszahlungen um $(1 - F(\hat{\pi}_0, \tilde{\rho}))L$. Die zweite Ungleichung folgt aus der FSD–Verschiebung der Verteilung F aufgrund $\rho_1 > \tilde{\rho}$. Da $\hat{\rho}(\hat{\pi})$ in $\hat{\pi}$ kontinuierlich ist und $\hat{V}(\hat{\pi}, \rho)$ in $\hat{\pi}$ und ρ kontinuierlich ist, kann $\hat{\pi}$ von $\hat{\pi}_0$ auf $\hat{\pi}_1 < \bar{\pi}$ erhöht werden, für daß entweder $\hat{\rho}(\hat{\pi}_1) = \tilde{\rho}$ oder aber $\hat{V}(\hat{\pi}_1, \hat{\rho}(\hat{\pi}_1)) = \hat{V}(\hat{\pi}_0, \tilde{\rho})$ mit $\hat{\rho}(\hat{\pi}_1) > \tilde{\rho}$ gilt. Im ersten Fall verbessern sich die Finanziers gegenüber dem Ausgangsvertrag um $(F(\hat{\pi}_1, \tilde{\rho}) - F(\hat{\pi}_0, \tilde{\rho}))L$ und die Firma ist indifferent. Im zweiten Fall sind die Finanziers indifferent, aber die Firma erfährt eine strikte Verbesserung.

Da entweder $\{\hat{s}, \hat{\beta}, \hat{\pi}_0\}$ oder $\{\hat{s}, \hat{\beta}, \hat{\pi}_1\}$ Pareto–superior sind, kann $\{\tilde{s}, \tilde{\beta}\}$ nicht optimal sein. □

6. Technischer Anhang

6.1 Einleitung

In der Analyse wurden wiederholt Annahmen über Verteilungsfunktionen getroffen, die hier zusammenfassend erläutert werden sollen. Im weiteren betrachten wir den Gewinn π, der auf dem Intervall $[\underline{\pi}, \bar{\pi}]$ mit Wahrscheinlichkeit $F(\pi; \rho)$ und Dichte $f(\pi, \rho)$ verteilt ist, wobei ρ ein Lageparameter darstellt, der für Investitionen, Preis, Werbeaufwand oder Kapazität stehen mag. Soweit es der Zusammenhang ohne Zweideutigkeit zuläßt, werden wir auch die vereinfachte Notation $F(\pi)$ und $f(\pi) = F_\pi$ verwenden.

Der Erwartungswert der Gewinne ergibt sich als

$$\mathrm{E}[\pi] \equiv \int_{\underline{\pi}}^{\bar{\pi}} \pi f(\pi, \rho)\, d\pi = \bar{\pi} - \int_{\underline{\pi}}^{\bar{\pi}} F(\pi, \rho)\, d\pi. \tag{6.1}$$

Wir betrachten auch den Erwartungswert von Gewinnen, die über ein festgesetztes Niveau hinausgehen, unter der Bedingung, daß dieses Niveau mindestens erreicht wird

$$\mathrm{E}[\pi - \hat{\pi} | \pi > \hat{\pi}] \equiv \int_{\hat{\pi}}^{\bar{\pi}} \frac{(\pi - \hat{\pi}) f(\pi, \rho)}{1 - F(\hat{\pi}, \rho)} d\pi = \int_{\hat{\pi}}^{\bar{\pi}} \frac{1 - F(\pi, \rho)}{1 - F(\hat{\pi}, \rho)}\, d\pi, \tag{6.2}$$

wobei sich die zweite, durch partielle Integration gewonnene Form, als besonders handlich erweist.

Der folgende Abschnitt 6.2 schlägt eine Brücke zwischen der in dieser Arbeit gewählten Darstellung der Gewinne als Zufallsvariable mit parametrisierter Wahrscheinlichkeitsverteilung und der expliziten Modellierung der Zufallseinflüsse auf den Gewinn, wie sie sich oft in der industrieökonomischen Literatur findet. Im Abschnitt 6.3 wird der Zusammenhang zwischen der Monotonie von Grenzgewinnen und dem Risiko der Nettogewinne erläutert. Dieser liegt der MPS/MPC–Fallunterscheidung von Annahme 4.1 in Kapitel 4 und Annahme 5.1 in Kapitel 5 zugrunde.

Für viele Ergebnisse war die Monotonie der bedingten Gewinnerwartungen (Gleichung 6.2) in $\hat{\pi}$ bzw. ρ erforderlich. In den Abschnitten 6.4 und 6.5 werden mit der Log–Konkavität von $(1 - F)$ bzw. der Monotonie der Likelihood Ratio hinreichende Bedingungen hierfür abgeleitet.

6.2 Industrieökonomische und entscheidungstheoretische Modellierung von Unsicherheit

Angenommen, der Gewinn π hängt von einem Entscheidungsparameter ρ und einer Zufallsvariablen $z \in Z$ ab, die mit Wahrscheinlichkeit H verteilt sei. Dieser Zusammenhang kann explizit in der Form $\pi(z, \rho)$ dargestellt werden, wobei als Konvention gelten soll, daß ein hohes z für gute Umweltzustände steht: $\pi_z > 0$. Der Erwartungswert der Gewinne wäre dann gegeben durch $\mathrm{E}[\pi] = \int_Z \pi(z, \rho)\, dH$. Ein solcher expliziter Zusammenhang kann z.B. aus einer konkreten Modellierung der Wettbewerbssituationen oder der Investitionstechnologie folgen. In dieser Arbeit richtet sich das Hauptinteresse jedoch auf allgemeine Eigenschaften der Kompensationsfunktion und deren Wechselwirkung mit dem Entscheidungsparameter. So finden sich Beispiele für eine explizite Modellierung der Gewinnfunktion nur in Fußnoten (etwa auf den Seiten 127 und 157). Stattdessen wurde die Abhängigkeit des Gewinns von z im allgemeinen unterdrückt und $\pi \in [\underline{\pi}, \bar{\pi}]$ selbst als Zufallsvariable aufgefaßt, deren Verteilung F durch ρ parametrisiert wird, wobei sich der Erwartungswert gemäß (6.1) ergibt. Welche Zusammenhänge bestehen zwischen den Funktionen $F(\pi, \rho)$ und $\pi(z, \rho)$?

Lemma 6.1 *Angenommen* $0 < H' < \infty$ *und daher* $0 < F_\pi$, *dann gilt:*

$$sign\ \pi_\rho = sign\ -F_\rho, \quad und \quad sign\ \pi_{\rho z} = sign\ -\frac{d}{d\pi}\left(\frac{F_\rho}{F_\pi}\right) = sign\ -F_{\rho\pi}.$$

Beweis: Die ersten beiden Behauptungen erhält man durch totales Differenzieren von $F(\pi(z, \rho), \rho)$, sowie $dF = 0$ für $dz = 0$ und $\pi_z > 0$. Invertieren von F liefert $\tilde{\pi}(F, \rho)$. Wegen $\tilde{\pi}(H(z), \rho) \equiv \pi(z, \rho)$ gilt $\tilde{\pi}_F H' \equiv \pi_z$. Da $\tilde{\pi}$ die Umkehrfunktion von F ist, folgt:

$$\tilde{\pi}_F = \frac{1}{F_\pi} \quad \Longrightarrow \quad \tilde{\pi}_{F\rho} = \frac{-F_{\pi\rho}}{F_\pi^2} = \frac{\pi_{z\rho}}{H'}.$$

□

Lemma 6.1 erlaubt es, die Ergebnisse industrieökonomischer Modellierung mit ihren Aussagen über $\pi()$ in die Analyse des Entscheidungsverhaltens unter Unsicherheit zu übersetzen, die üblicherweise Aussagen über $F()$ trifft. Letzteres gestattet in der Regel eine kompaktere Notation und läßt die ökonomische Intuition oft klarer erkennen.

6.3 Monotonie der Grenzgewinne und stochastische Dominanz

Zunächst betrachten wir den einfacheren Fall, daß π für die Nettoerträge steht. Angenommen, es existiert ein ρ^o, so daß:

$$\frac{d}{d\rho}\mathrm{E}[\pi, \rho^o] = 0 = -\int_{\underline{\pi}}^{\bar{\pi}} F_\rho(\pi, \rho^o)\, d\pi. \tag{6.3}$$

Offensichtlich gilt dann:

$$F_{\rho\pi} > 0 \quad \forall \pi \qquad \Longrightarrow \qquad \begin{matrix} \int_{\underline{\pi}}^{\hat{\pi}} F_\rho(\pi, \rho^o)\, d\pi < 0, \\ \int_{\hat{\pi}}^{\bar{\pi}} F_\rho(\pi, \rho^o)\, d\pi > 0, \end{matrix} \qquad \underline{\pi} < \hat{\pi} < \bar{\pi}.$$

Auf der rechten Seite findet sich die Definition der stochastischen Dominanz zweiter Ordnung. Eine marginale Erhöhung von ρ verschiebt F um $\Delta\rho F_\rho$ zu einer neuen Verteilung, die im Sinne dieses Kriteriums besser ist. Zusammen mit (6.3) ergibt sich der Spezialfall einer mittelwertkonservierenden Verdichtung (*mean preserving compression* MPC) der Verteilung, also einer erwartungswertneutralen Reduzierung des Risikos. Entprechend ergibt sich für $F_{\rho\pi} < 0$ eine mittelwertkonservierende Dehnung (*mean preserving spread* MPS), also eine Steigerung des Risikos. Dies paßt auch zur vorangegangenen Feststellung. Wenn $-F_{\rho\pi} < 0$ gilt, ist der Nettogrenzertrag in schlechteren Zuständen höher als in guten. Wenn er im Erwartungswert gleich null ist, muß er am unteren Ende der Verteilung positiv und am oberen Ende negativ sein. Damit kommt es zu einer Umverteilung von Wahrscheinlichkeitsmasse weg von den Extremwerten hin zur Mitte.

Der Vollständigkeit halber betrachten wir noch den Fall, daß π für den Bruttoertrag und ρ für die Kosten (etwa von Investitionen) steht. Annahmegemäß verschiebt ρ die Verteilung F im Sinne stochastischer Dominanz erster Ordnung, $F_\rho < 0$. Der Nettoertrag $r = \pi - \rho$ sei mit $G(r, \rho) = F(\pi + \rho, \rho)$ verteilt. Die optimale Wahl ρ^o erfordert

$$0 = \int_{\underline{r}}^{\bar{r}} G_\rho(z, \rho^o)\, dz = \int_{\underline{r}}^{\bar{r}} (F_\pi + F_\rho)\, dz = 1 + \int_{\underline{r}}^{\bar{r}} F_\rho\, dz.$$

Offensichtlich gilt dann für ρ^o und beliebige Werte $\underline{r} < \hat{r} < \bar{r}$

$$\frac{d}{d\pi}\left(\frac{F_\rho}{f}\right) > 0 \quad \forall \pi \quad \Longrightarrow \quad \begin{matrix} \int_{\underline{r}}^{\hat{r}} G_\rho\, dz = \int_{\underline{r}}^{\hat{r}} (1 + F_\rho/f)\, f\, dz < 0, \\ \int_{\hat{r}}^{\bar{r}} G_\rho\, dz = \int_{\hat{r}}^{\bar{r}} (1 + F_\rho/f)\, f\, dz > 0. \end{matrix}$$

Wiederum verbessert eine marginale Erhöhung von ρ an der Stelle ρ^o die Verteilung des Nettoertrages im Sinne stochastischer Dominanz zweiter Ordnung, wenn die Bruttogrenzgewinne fallen.

In Verbindung mit Lemma 6.1 erhalten wir folgende Übersicht:

Risikoeffekt einer Erhöhung von ρ bei ρ^o	Vorzeichen $\pi_{z\theta}$	$-F_{\rho\pi}$	$\frac{d}{d\pi}\left(\frac{-F_\rho}{f}\right)$
Risikoerhöhung, MPS	+	+	+
Risikosenkung, MPC	–	–	–

6.4 Log–Konkavität

Im Text wurde die Klasse der zulässigen Wahrscheinlichkeitsverteilungen mehrfach auf solche beschränkt, für die $1 - F$ log–konkav ist. Diese Eigenschaft und ihre Implikationen werden hier in Anlehnung an Bagnoli & Bergstrom (1989) kurz erläutert. Die Bedeutung allgemeinerer Konkavitätsmaße werden anhand vieler ökonomischer Anwendungsbeispielen in Caplin & Nalebuff (1991a) und Caplin & Nalebuff (1991b) untersucht.

Zur Vereinfachung der Notation führen wir die Gegenwahrscheinlichkeit $\bar{F} \equiv 1 - F$ ein. Wir beginnen mit zwei Feststellungen zu log–konkaven Funktionen im allgemeinen:

Lemma 6.2 ***Kriterien:*** *Log–Konkavität von g auf (a, b) ist äquivalent zu jeder der folgenden Bedingungen: (i) $(\log(g))'' < 0$; (ii) g'/g ist monotone abnehmend; (iii) $g''g - (g')^2/g^2 < 0$.*

Lemma 6.3 ***Integrale:*** *Sei g' auf (a, b) log–konkav. Wenn (i) g auf dem Interval (a, b) strikt monoton und (ii) entweder $g(a) = 0$ oder $g(b) = 0$ ist, dann ist g auch log–konkav.*

Der Beweis von Lemma 6.2 ist trivial. Ein Beweis für Lemma 6.3 findet sich in Bagnoli & Bergstrom (1989).

Da F und $\bar{F}$ monoton sind und $F(\underline{\pi}) = 0$ bzw. $\bar{F}(\bar{\pi}) = 0$ gilt, folgt aus Lemma 6.3, daß beide log–konkav sind, wenn f log–konkav ist. Log–Konkavität von f ist jedoch keine notwendige Bedingung, und so wird in der Literatur im allgemeinen die schwächere Annahme getroffen, daß F, $\bar{F}$ oder beide log–konkav sind. Oft finden sich auch die folgenden nach Lemma 6.2 zur Log–Konkavität äquivalenten Annahmen über die Hazard–Rate:

F: f/F fällt monoton bzw. $f'F - f^2 < 0$
$\bar{F}$: $f/(1 - F) = -\bar{F}'/\bar{F}$ steigt monoton bzw. $f'(1 - F) + f^2 > 0$

Für die weitere Überlegung ist es hilfreich, die folgenden links– und rechtsseitigen Integrale von F, gegeben ein beliebiges $\hat{\pi}$, zu definieren:

$$\mathcal{L}(\hat{\pi}) \equiv \int_{\underline{\pi}}^{\hat{\pi}} F(\pi)d\pi, \qquad \mathcal{R}(\hat{\pi}) \equiv \int_{\hat{\pi}}^{\bar{\pi}} \bar{F}(\pi)d\pi.$$

Da (i) $\mathcal{R}$ streng monoton fällt und (ii) $\mathcal{R}(\bar{\pi}) = 0$ gilt, ist Log–Konkavität von $\bar{F} = \mathcal{R}'$ nach Lemma 6.3 hinreichend für die Log–Konkavität von $\mathcal{R}$. Entsprechendes gilt für F und $\mathcal{L}$.

Wir wählen einen beliebigen Gewinn $\hat{\pi}$ und betrachten den Erwartungswert der Zusatzerträge unter der Bedingung, daß höhere Erträge erreicht werden: $\mathrm{E}[\pi - \hat{\pi} | \pi > \hat{\pi}]$.

Lemma 6.4 ***Log–Konkavität und erwartete Zusatzerträge:*** *Log–Konkavität von $\bar{F}$ impliziert, daß die erwarteten Zusatzerträge kleiner werden, je höher die Gewinnschwelle $\hat{\pi}$ ist:*

$$\frac{d}{d\pi}\left(\frac{f(\pi)}{1-F(\pi)}\right) > 0 \quad \Longrightarrow \quad \frac{d}{d\hat{\pi}}\mathrm{E}[\pi - \hat{\pi} | \pi > \hat{\pi}] < 0.$$

Beweis:

$$\mathrm{E}[\pi - \hat{\pi} | \pi > \hat{\pi}] = \int_{\hat{\pi}}^{\bar{\pi}} \frac{1-F(\pi)}{1-F(\hat{\pi})} d\pi = \frac{\int_{\hat{\pi}}^{\bar{\pi}} \bar{F}(\pi) d\pi}{\bar{F}(\hat{\pi})} = \frac{\mathcal{R}(\hat{\pi})}{-\mathcal{R}'(\hat{\pi})}.$$

Nach Lemma 6.3 impliziert Log–Konkavität von $\bar{F}$ die Log–Konkavität von $\mathcal{R}$, woraus wiederum folgt, daß $\mathcal{R}(\hat{\pi})/-\mathcal{R}'(\hat{\pi})$ monoton fällt. □

Entsprechend läßt sich zeigen, daß der erwartete Mindserertrag $\mathrm{E}[\hat{\pi} - \pi | \pi < \hat{\pi}]$ mit sinkendem $\hat{\pi}$ kleiner wird, wenn F log–konkav ist.

Abschließend sei noch angemerkt, daß die Dichte folgender häufig benutzter Verteilungsfunktionen log–konkav ist: Einheits, Normal, Logistisch, Extremwert, Chi, Chi–Quadrat, Exponential, Laplace, Weibull ($c \geq 1$), Gamma ($m \geq 1$). Für eine ausführlichere Diskussion und weitere Beispiele sei wiederum auf Bagnoli & Bergstrom (1989) verwiesen.

6.5 Monotonie der Likelihood Ratio

Wir wenden uns erneut dem Lageparameter ρ zu. Die Likelihood Ratio ist monoton, wenn der Quotient $f(\pi, \bar{\rho})/f(\pi, \underline{\rho})$ für alle $\underline{\rho} < \bar{\rho}$ monoton in π steigt oder fällt. Da sich der Fall einer abnehmenden Likelihood Ratio durch Neudefinition des Lageparameters gemäß $\tilde{\rho} = -\rho$ leicht in den Fall einer zunehmenden transformieren läßt, genügt die Betrachtung der letzteren. Oft wird daher auch einfach von der Eigenschaft der monotonen Likelihood Ratio (*monotone likelihood ratio property MLRP*) gesprochen wobei im allgemeinen eine steigende gemeint ist. Eine ausführliche Erläuterung der MLRP mit vielen ökonomischen Anwendungen findet sich bei Milgrom (1981), wo auch die folgende Äquivalenz bewiesen wird (dort Proposition 5).

Lemma 6.5 ***Äquivalente Darstellungen der MLRP***

$$\frac{d}{d\pi}\left(\frac{f(\pi, \bar{\rho})}{f(\pi, \underline{\rho})}\right) \gtreqless 0, \ \forall \underline{\rho} < \bar{\rho} \qquad \Longleftrightarrow \qquad \frac{d}{d\pi}\left(\frac{f_{\rho}(\pi, \rho^*)}{f(\pi, \rho^*)}\right) \gtreqless 0, \ \forall \rho^*.$$

Wir betrachten nun das Verhältnis aus der Änderung der Wahrscheinlichkeit von Zusatzerträgen $(d/d\rho)(1-F) = -F_\rho$ zur Wahrscheinlichkeit von Zusatzerträgen $(1-F)$, also den Quotienten $-F_\rho/(1-F)$. Steigt dieser Quotient in π monoton an, spricht man auch von der 'fat right tail' Eigenschaft, weil sich der rechte Schwanz der zugehörigen Dichtefunktion mit einer Zunahme von ρ verdickt. Der folgende Hilfssatz leitet diese Eigenschaft aus der Monotonie der Likelihood Ratio ab.

Lemma 6.6 ***Monotonie der Likelihood Ratio und 'fat right tail' Eigenschaft:***

$$\frac{d}{d\pi}\left(\frac{f_\rho(\pi)}{f(\pi)}\right) \gtrless 0,\ \forall \pi \geq \hat{\pi} \quad \Longrightarrow \quad \frac{d}{d\hat{\pi}}\left(\frac{-F_\rho(\hat{\pi})}{1-F(\hat{\pi})}\right) \gtrless 0.$$

Beweis: Das Vorzeichen der Ableitung der rechten Seite entspricht dem von

$$-f_\rho(\hat{\pi})(1-F(\hat{\pi})) - F_\rho(\hat{\pi})f(\hat{\pi}),$$

was unter Verwendung von $\int_{\underline{\pi}}^{\bar{\pi}} f_\rho d\pi = 0$ umgeschrieben werden kann zu

$$-f_\rho(\hat{\pi})\int_{\hat{\pi}}^{\bar{\pi}} f d\pi - f(\hat{\pi})\int_{\hat{\pi}}^{\bar{\pi}} -f_\rho d\pi.$$

Für eine monoton steigende Likelihood Ratio gilt

$$\frac{f_\rho(\pi)}{f(\pi)} - \frac{f_\rho(\hat{\pi})}{f(\hat{\pi})} > 0,\ \forall \pi > \hat{\pi}.$$

Erweitern mit $f(\pi)f(\hat{\pi}) > 0$ und Integrieren über $\pi \in [\hat{\pi}, \bar{\pi}]$ liefert

$$-f_\rho(\hat{\pi})\int_{\hat{\pi}}^{\bar{\pi}} f d\pi - f(\hat{\pi})\int_{\hat{\pi}}^{\bar{\pi}} -f_\rho d\pi > 0.$$

Die analoge Überlegung beweist die Behauptung für eine fallende Likelihood Ratio. □

Eine weitere Interpretation erhält man durch die Betrachtung des Einflusses von ρ auf die Hazard–Rate $f/(1-F)$. Der Parameter verschiebt die Verteilung im Sinne des Kriterium der Hazard Rate Dominanz, wenn eine Erhöhung von ρ die Hazard Rate senkt, also $(d/d\rho)(f/(1-F)) < 0$ gilt.

Lemma 6.7 ***Äquivalenz von Hazard–Rate–Dominanz und 'fat right tail' Eigenschaft***

$$\frac{d}{d\rho}\left(\frac{f(\hat{\pi})}{1-F(\hat{\pi})}\right) \lessgtr 0, \quad \Longleftrightarrow \quad \frac{d}{d\hat{\pi}}\left(\frac{-F_\rho(\hat{\pi})}{1-F(\hat{\pi})}\right) \gtrless 0.$$

Beweis: Die Behauptung ergibt sich untmittelbar aus der Inspektion der beiden Ableitungen. □

Nun wenden wir uns wieder den erwarteten Zusatzgewinnen zu (Gleichung (6.2)) und fragen nach deren Abhängigkeit von dem Parameter ρ. Da Hazard–Rate–Dominanz und die 'fat right tail' Eigenschaft äquivalent sind, genügt es letztere zu betrachten.

Lemma 6.8 ***'fat right tail' und erwartete Zusatzerträge:***

$$\frac{d}{d\pi}\left(\frac{-F_\rho(\pi)}{1-F(\pi)}\right) \gtrless 0,\ \forall \pi > \hat{\pi} \quad \Longrightarrow \quad \frac{d}{d\rho}\mathrm{E}[\pi - \hat{\pi} | \pi > \hat{\pi}] \gtrless 0,\ \forall \hat{\pi}.$$

Beweis: Die Beweisidee ist die gleiche wie in Lemma 6.6. Das Vorzeichen der rechten Seite entspricht dem von:

$$(1 - F(\hat{\pi})) \int_{\hat{\pi}}^{\bar{\pi}} -F_\rho \, d\pi + F_\rho(\hat{\pi}) \int_{\hat{\pi}}^{\bar{\pi}} (1 - F(\pi)) \, d\pi.$$

Wir beschränken uns auf den Fall, daß $-F_\rho(\pi)/(1-F(\pi))$ steigt, für den gilt:

$$\frac{-F_\rho(\pi)}{1-F(\pi)} - \frac{-F_\rho(\hat{\pi})}{1-F(\hat{\pi})} \gtrless 0 \quad \Longleftrightarrow \quad \pi \gtrless \hat{\pi}.$$

Erweitern mit $(1 - F(\hat{\pi}))(1 - F(\pi)) > 0$ und Integrieren über $\pi \in [\hat{\pi}, \bar{\pi}]$ beweist die Behauptung. □

Zusammenfassend ist festzustellen: Die Monotonie der Likelihood Ratio $f_\rho(\pi)/f(\pi)$ ist hinreichend (aber nicht notwendig) für die 'fat–right–tail' Eigenschaft und die Hazard Rate Dominanz. Diese wiederum sind hinreichend (aber nicht notwendig) für die Monotonie der erwarteten Zusatzgewinne, also das Vorzeichen von $\frac{d}{d\rho}\mathrm{E}[\pi - \hat{\pi}|\pi > \hat{\pi}]$. Sie implizieren darüberhinaus stochastische Dominanz erster Ordnung, was alleine jedoch nicht ausreicht, die gewünschte Eigenschaft für die Zusatzgewinne sicherzustellen. Abschließend sei noch angemerkt, daß u.a. die Klassen folgender häufig benutzter Wahrscheinlichkeitsfunktionen die MLRP aufweisen: Normal–, Exponential– und Poissonverteilung jeweils mit Erwartungswert ρ, Einheitsverteilung auf $[0, \rho]$, χ–quadrat mit Schiefeparameter ρ.

Literaturverzeichnis

Aghion, Philippe; Bolton, Patrick (1992), An Incomplete Contracts Approach to Financial Contracting, *Review of Economic Studies*, vol. 59, pp. 473–494

Agrawal, Anup; Knoeber, Charles R. (1996), Firm Performance and Mechanisms to Control Agency Problems between Managers and Shareholders, *Journal of Financial and Quantitative Analysis*, vol. 31(3), pp. 377–397

Akerlof, George A. (1970), The Market for 'Lemons': Quality Uncertainty and the Market Mechanism, *Quarterly Journal of Economics*, vol. 84, pp. 488–500

Akerlof, George A.; Romer, Paul M. (1993) Looting: The Economic Underworld of Bankruptcy for Profit, Brookings Papers on Economic Activity

Albach, Horst (1981), *Finanzkraft und Marktbeherrschung*, J.C.B. Mohr (Paul Siebeck), Tübingen

App, Michael (1995), *Die Insolvenzordnung*, Stollfuß Verlag, Bonn

Arnott, Richard; Greenwald, Bruce; Stiglitz, Joseph E. (1993) Information and Economic Efficiency, *NBER Working Paper*, No. 4533

Bagnoli, Mark; Bergstrom, Ted (1989) Log-Concave Probability and its Applications, *University of Michigan*

Banks, Jeffrey S.; Sobel, Joel (1987), Equilibrium Selection in Signalling Games, *Econometrica*, vol. 55, pp. 647–661

Berglöf, Erik; Thadden von, Ernst-Ludwig (1994), Short-Term versus Long-Term Interests: Capital Structure with Multiple Investors, *Quarterly Journal of Economics*, vol. 109(4), pp. 1055–1084

Berkovitch, Elazar; Kim, Han E. (1990), Financial Contracting and Leverage Induced Over– and Underinvestment Incentives, *Journal of Finance*, vol. XLV(3), pp. 765–794

Berlin, Mitchell; Butler, Alexander W. (1996) Public versus Private Debt: Confidentiality, Control, and Product Markets, *Working Papers (Economic Research Division), No. 96-17*, Federal Reserve Bank of Philadelphia

Berlin, Mitchell; Mester, Loretta J. (1992), Debt Covenants and Renegotiation, *Journal of Financial Intermediation*, vol. 2, pp. 95–133

Bernanke, Ben (1983), Nonmonetary Effects of the Financial Crisis in the Propagation of the Great Depression, *American Economic Review*, vol. 73(3), pp. 257–276

Bernanke, Ben; Gertler, Mark (1989), Agency Costs, Net Worth, and Business Fluctuations, *The American Economic Review*, vol. 79 (1), pp. 14–31

Bernanke, Ben S.; Gertler, Mark (1995), Inside the Black Box: The Credit Channel of Monetary Policy Transmission, *Journal of Economic Perspectives*, vol. 9(4), pp. 27–48

Bernanke, Ben; Gertler, Mark; Gilchrist, Simon (1998) The Financial Accelerator in a Quantitive Business Cycle Framework, *NBER Working Paper*, No. 6455

Bernhardt, Wolfgang; Witt, Peter (1997), Stock Options und Shareholder Value, *Zeitschrift für Betriebswirtschaft*, vol. 67, pp. 85–101

Bester, Helmut (1985a), Screening versus Rationing in Credit Markets with Imperfect Information, *American Economic Review*, vol. 35, pp. 850–855

Bester, Helmut (1985b), The Level of Investment in Credit Markets with Imperfect Information, *Journal of Institutional and Theoretical Economics*, vol. 141, pp. 503–515

Bester, Helmut; Hellwig, Martin (1987) Moral Hazard and Equilibrium Credit Rationing: An Overview of the Issues, in: Bamberg, G.; Spreemann, K. (ed): Agency Theory, Information and Incentives, Springer, Heidelberg u.a, pp. 135–166

Bester, Helmut (1994), The Role of Collateral in a Model of Debt Renegotiation, *Journal of Money, Credit and Banking*, vol. 26(1), pp. 72–86

Blinder, Alan S.; Stiglitz, Joseph (1983), Money, Credit Constraints, and Economic Activity, *American Economic Review*, vol. 73, pp. 297–302

Board of Governors of the Federal Reserve System (1943), *Banking and Monetary Statistics*, Washington D.C.

Bolton, Patrick; Scharfstein, David S. (1990), A Theory of Predation Based on Agency Problems in Financial Contracting, *American Economic Review*, vol. 80(March), pp. 93–106

Bolton, Patrick; Scharfstein, David S. (1996), Optimal Debt Structure and the Number of Creditors, *Journal of Political Economy*, vol. 104(1), pp. 1–25

Bolton, Patrick; von Thadden, Ernst-Ludwig (1996) Blocks, Liquidity, and Corporate Control, *Center for Economic Research, Tilburg University*, Discussion Paper

Bond, Stephen; Meghir, Costas (1994), Dynamic Investment Models and the Firm's Financial Policy, *Review of Economic Studies*, vol. 61, pp. 197–222

Border, Kim, C.; Sobel, Joel (1987), Samurai Accountant: A Theory of Auditing and Plunder, *Review of Economic Studies*, vol. LIV, pp. 525–540

Brander, James A.; Lewis, Tracy R. (1986), Oligopoly and Financial Structure: The Limited Liability Effect, *The American Economic Review*, vol. 76(5), pp. 956–970

Brander, James A.; Spencer, Barbara J. (1989), Moral Hazard and Limited Liability: Implications for the Theory of the Firm, *International Economic Review*, vol. 30(4), pp. 833–849

Caplin, Andrew; Nalebuff, Barry (1991a), Aggregation and Social Choice: A Mean Voter Theorem, *Econometrica*, vol. 59 (1), pp. 1–23

Caplin, Andrew; Nalebuff, Barry (1991b), Aggregation and Imperfect Competition: on the Existence of Equilibrium, *Econometrica*, vol. 59(1), pp. 25–59

Carlstrom, Charles T.; Fuerst, Timothy S. (1997), Agency Costs, Net Worth, and Business Fluctuations: A Computable General Equilibrium Analysis, *The American Economic Review*, vol. 87(5), pp. 893–910

Carpenter, Robert E. (1994) Finance Constraints or Free Cash Flow? The Impact of Asymmetric Information on Investment, *Emory University; Atlanta*

Chakraboty, Atreya; Arnott, Richard (1996) Takeover Defenses and Dilution: A Welfare Analysis, *Boston College - Department of Economics*, Working Papers in Economics

Chang, Chun (1990), The Dynamic Structure of Optimal Debt Contracts, *Journal of Economic Theory*, vol. 52, pp. 68–86

Chang, Chun (1992), Capital Structure as an Optimal Contract Between Employees and Investors, *Journal of Finance*, vol. XLVII(3), pp. 1141–1158

Chevalier, Judith A. (1995), Capital Structure and Product-Market Competition: Empirical Evidence from the Supermarket Industry, *American Economic Review*, vol. 85(3), pp. 415–435

Chevalier, Judith A.; Scharfstein, David S. (1996), Capital-Market Imperfections and Countercyclical Markups: Theory and Evidence, *The American Economic Review*, vol. 86(4), pp. 703–725

Chiesa, Gabriella (1992), Debt and Warrants: Agency Problems and mechanism Design, *Journal of Financial Intermediation*, vol. 2, pp. 237–254

Chirinko, Robert (1993), Business Fixed Investment Spending: A Critical Survey of Modelling Strategies, Empirical Results and Policy Implications, *Journal of Economic Literature*, vol. 31(4), pp. 1875–1911

Cho, In-Koo; Kreps, David M. (1987), Signalling Games and Stable Equilibria, *Quarterly Journal of Economics*, vol. CII(2), pp. 179–221

Corsetti, Giancarlo; Pesenti, Paolo; Roubini, Nouriel (1998) What Caused the Asian Currency and Financial Crisis?, *www.stern.nyu.edu/~nroubini/asia/AsiaHomepage.html*

Crystal, Graef S. (1990) CEO Compensation: The Case of Michael Eisner, in: Foulkes, Fred (ed): Executive Compensation, Harvard Business School Press, Boston, pp. 353–365

Cummins, Jason; Hasset, Kevin; Oliner, Stephen (1997) Investment Behaviour, Observable Expectations and Internal Funds, *C.V. Starr Center for Applied Economics, New York University*, Economic Research Reports Nr. 97-30

Dasgupta, Sudipto; Sengupta, Kunal (1993), Sunk Investment, Bargaining and Choice of Capital Structure, *International Economic Review*, vol. 34(1), pp. 203–220

Dasgupta, Sudipto; Titman, Sheridan (1996) Pricing Strategy and Financial Policy, *NBER Working Paper*, No. 5498

Devereux, Michael; Schiantarelli, Fabio (1990) Investment, Financial Factors and Cash Flow: Evidence from U.K. Panel Data, in: Hubbard, Glenn (ed): Asymmetric Information, Corporate Finance, and Investment, Chicago

Dewatripont, Mathias; Tirole, Jean (1994), A Theory of Debt and Equity: Diversity of Securities and Manager–Shareholder Congruence, *Quarterly Journal of Economics*, vol. 109(4), pp. 1027–1054

Dial, Jay; Murphy, Kevin J. (1995), Incentives, Downsizing, and Value Creation at General Dynamics, *Journal of Financial Economics*, vol. 37, pp. 261–314

Diamond, Douglas W. (1984), Financial Intermediation and Delegated Monitoring, *Review of Economic Studies*, vol. LI, pp. 393–414

Diamond, Douglas W. (1993), Seniority and Maturity Structure of Debt Contracts, *Journal of Financial Economics*, vol. 33(June), pp. 341–368

Dowd, Kevin (1992), Optimal Financial Contracts, *Oxford Economic Papers*, vol. 44, pp. 672–693

Drukarczyk, Jochen (1993), *Theorie und Politik der Finanzierung*, München

Dye, Ronald A. (1988), Earnings Management in an Overlapping Generations Model, *Journal of Accounting Research*, vol. 26(2), pp. 195–235

Elston, Julie (1993) Firm Ownership Structure and Investment: Evidence from German Manufactoring, 1968–1984, *Wissenschaftszentrum Berlin*

Fazzari, Steven M.; Hubbard, Glenn; Petersen, Bruce C. (1988), Financing Constraints and Corporate Investment, *Brooking Papers on Economic Activity*, vol. 1, pp. 141–206

Fazzari, Steven; Hubbard, Glenn; Petersen, Bruce (1996) Financing Constraints and Corporate Investment: Response to Kaplan and Zingales, *NBER Working Paper*, Working Paper no. 5462

Fershtman, Chaim; Judd, Kenneth L. (1987), Equilibrium Incentives in Oligopoly, *American Economic Review*, vol. 77(5), pp. 927–940

Fischer, Edwin O.; Zechner, Josef (1990), Die Lösung des Risikoanreizproblems durch Ausgabe von Optionsanleihen, *Zeitschrift für betriebswirtschaftliche Forschung*, vol. 42, pp. 334–342

Fisher, Irving (1933), The Debt-Deflation Theory of Great Depressions, *Econometrica*, vol. 1, pp. 337–357

Foulkes, Fred K. (1990) (ed) *Executive Compensation - A Strategic Guide for the 1990s*, Harvard Business School Press, Boston, Massachusetts

Frederiksen, D. M. (1931), Two Financial Roads Leading out of Depression, *Harvard Business Review,*, vol. 10(October), pp. 131–148

Friedman, Benjamin M.; Kuttner, Kenneth N. (1993), Economic Activity and the Short-term Credit Markets: An Analysis of Prices and Quantities, *Brooking Papers on Economic Activity*, vol. 1993(2), pp. 193–266

Friedman, Milton; Schwarz, Anna (1963), *A Monetary History of the United States*, Princton University Press, Princton

Fritsch, U. (1981), *Die Eigenkapitallücke in der Bundesrepublik Deutschland*, Deutscher Instituts Verlag

Fudenberg, Drew; Tirole, Jean (1991), *Game Theory*, MIT Press, Cambridge MA, London

Gal-Or, Esther (1985), Information Sharing in Oligopoly, *Econometrica*, vol. 52(2), pp. 329–343

Gal-Or, Esther (1986), Information Transmission - Cournot and Bertrand Equilibria, *Review of Economic Studies*, vol. LIII, pp. 85–92

Gale, Douglas (1996), Equilibria and Pareto Optima of Markets with Adverse Selection, *Economic Theory*, vol. 7, pp. 207–235

Gale, Douglas; Hellwig, Martin (1985), Incentive-Compatible Debt Contracts: The One-Period Problem, *Review of Economic Studies*, vol. LII, pp. 647–663

Gans, Joshua S.; Shepherd, George B. (1994), How are the Mighty Fallen: Rejected Classic Articles by Leading Economists, *Economic Perspectives*, vol. 8(1), pp. 165–179

Garvey, Gerald T. (1994), Should Corporate Managers Maximize Firm Size or Shareholder Wealth? A Theory of Optimal Trade-off, *Journal of the Japanese and international Economies*, vol. 8, pp. 343–352

Garvey, Gerald T.; Swan, Peter L. (1992), The Interaction between Financial and Employment Contracts: A Formal Model of Japanese Corporate Governance, *Journal of the Japanese and international Economies*, vol. 6, pp. 247–274

Gertler, Mark (1992), Financial Capacity and Output Fluctuations in an Economy with Multi-Period Financial Relationships, *Review of Economic Studies*, vol. 59, pp. 455–472

Gertner, Robert; Gibbons, Robert; Scharfstein, David (1988), Simultaneous Signalling to the Capital and Product Markets, *Rand Journal of Economics*, vol. 19(2), pp. 173–191

Gertner, Robert; Scharfstein, David (1991), A Theory of Workouts and the Effects of Reorganization Law, *Journal of Finance*, vol. XLVI(4), pp. 1189–1222

Gilson, Stuart C. (1990), Bankruptcy, Boardism, Banks and Blockholders, *Journal of Financial Studies*, vol. 27, pp. 355–387

Goyal, Vidhan; Lehn, Kenneth; Racic, Stanko (1993) Investment Opportunities, Corporate Finance, and Conpensation Policy in the U.S. Defense Industry, *University of Pittsburg*

Greenwald, Bruce; Stiglitz, Joseph E.; Weiss, Andrew (1984), Informational Imperfections in the Capital Market and Macroeconomic Fluctuations, *American Economic Review*, vol. 74, pp. 194–199

Grossman, Sanford J.; Hart, Oliver (1980), Takeover Bids, the Free Rider Problem and the Theory of the Corporation, *Bell Journal of Economics*, vol. 11, pp. 42–64

Grossman, Sanford J.; Hart, Oliver D. (1983) Corporate Financial Stucture and Managerial Incentives, in: McCall, John J. (ed); The Economics of Information and Uncertainty, pp. 107–137

Grossman, Sanford J.; Perry, M. (1986), Perfect Sequential Equilibrium, *Journal of Economic Theory*, vol. 39, pp. 97–119

Guesnerie, Roger; Laffont, Jean-Jacques (1984), A Complete Solution to a Class of Principal-Agent Problems with an Application to the Control of a Self-Managed Firm, *Journal of Public Economics*, vol. 25, pp. 329–369

Harris, Milton; Raviv, Artur (1992) Financial Contracting Theory, in: Laffont; J.J. (ed): Advances in Economic Theory, Sixth World Congress, vol. II, pp. 64–150

Hart, Oliver; Holmström, Bengt (1987) The Theory of Contracts, in: Bewley(ed): Advances in Economic Theory Cambridge, pp. 71–155

Hart, Oliver; Moore, John (1989) Default and Renegotiation: A Dynamic Model of Debt, *London School of Economics and Political Science /STICERD*

Hart, Oliver; Moore, John (1995), Debt and Seniority: An Analysis of the Role of Hard Claims in Constraining Management, *American Economic Review*, vol. 85(3), pp. 567–585

Hege, Ulrich (1995), State-Contingent Debt and Repeated Oligopolies, *Cahiers de Recherche du Groupe HEC II*, vol. 544

Herman, E. S.; Lowenstein, L. (1988) The Efficiency Effects of Hostile Takeovers, in: Coffe, J.; Lowenstein, L; Rose-Ackerman, S. (ed): Knights, Raiders and Targets, Oxford Univ. Press, pp. 211–240

Hirshleifer, David; Suh, Yoon (1992), Risk, Managerial Effort, and Project Choice, *Journal of Financial Intermediation*, vol. 2, pp. 308–345

Holmström, Bengt (1979), Moral Hazard and Observability, *Bell Journal of Economics*, vol. 10, pp. 74–91

Holmström, Bengt; Milgrom, Paul (1987), Aggregation and Linearity in the Provision of Intertemporal Incentives, *Econometrica*, vol. 55(2), pp. 303–328

Hoshi, Takeo; Kashyap, Anil; Scharfstein, David (1990), The Role of Banks in Reducing the Costs of Financial Distress in Japan, *Journal of Financial Economics*, vol. 27, pp. 67–88

Hoshi, Takeo; Kashyap, Anil; Scharfstein, David (1991), Corporate Structure, Liquidity, and Investment: Evidence from Japanese Panel Data, *Quarterly Journal of Economics*, vol. 106(1), pp. 33–60

Hubbard, Glenn R. (1997) Capital-Market Imperfections and Investment, *NBER Working Paper Series, No. 5996*

Huberman, Gur; Kahn, Charles (1988), Limited Contract Enforcement and Strategic Renegotiation, *The American Economic Review*, vol. 78(3), pp. 471–484

Innes, Robert D. (1990), Limited Liability and Incentive Contracting with Ex-ante Choices, *Journal of Ecomonic Theory*, vol. 52, pp. 45–67

Jensen, Michael C. (1986), Agency Cost of Free Cash Flow, Corporate Finance, and Takeover, *American Economic Review*, vol. 76, pp. 323–329

Jensen, Michael C.; Meckling, William H. (1976), Theory of the Firm: Managerial Behaviour, Agency Cost and Ownership Structure, *Journal of Financial Economics*, vol. 3, pp. 305–360

Jensen, Michael C.; Murphy, Kevin J. (1990), Performance Pay and Top-Management Incentives, *Journal of Political Economy*, vol. 98, pp. 225–264

John, Theresa A.; John, Kose (1993), Top Management Compensation and Captital Structure, *Journal of Finance*, vol. XLVII(3), pp. 949–974

Kaplan, Steven, N. (1994a), Top Executives, Turnover, and Firm Performance in Germany, *Journal of Law, Economics and Organization*, vol. 10(1), pp. 142–159
Kaplan, Steven, N. (1994b), Top Executive Rewards and Firm Perfomance: A Comparison of Japan and the U.S., *Journal of Political Economy*, vol. 102
Kaplan, Steven N.; Zingales, Luigi (1995), *Do Financing Constraints Explain Why Investment is Correlated with Cash Flow?*, NBER Working Paper, No. 5267
Kaplan, Steven; Zingales, Luigi (1997), Do Investment–Cash Flow Sensitivities Provide Useful Measures of Financial Constraints, *Quarterly Journal of Economics*, vol. 112(1), pp. 169–215
Kashyap, Anil K.; Stein, Jeremy C.; Wilcox, David W. (1993), Monetary Policy and Credit Conditions: Evidence from the Composition of External Finance, *American Economic Review*, vol. 83(1), pp. 78–98
Khanna, Naveen; Poulsen, Annette B. (1995), Managers of Financially Distressed Firms: Villains or Scapegoats?, *Journal of Finance*, vol. L(3), pp. 919–940
Klemperer, Paul (1987), Markets with Consumer Switching Costs, *The Quarterly Journal of Economics*, vol. CII(2), pp. 375–394
Kole, Stacey R. (1997), The Complexity of Compensation Contracts, *Journal of Financial Economics*, vol. 43, pp. 79–104
Kovacic, William E.; Smallwood, Dennis E. (1994), Competition Policy, Rivalries, and Defense Industry Consolidation, *Journal of Economic Perspectives*, vol. 8(4), pp. 91–110
Kovenock, Dan; Phillips, Gordon M. (1995a) Capital Structure and Product Market Behavior: An Examination of Plant Exit and Investment Decisions, *University of Munich*, CES Working Paper Series, No. 89
Kovenock, Dan; Phillips, Gordon M. (1995b), Capital Structure and Product-Market Rivalry: How Do We Reconcile Theory and Evidence ?, *AEA Papers and Proceedings*, vol. 85(2), pp. 403–408
Krahnen, Jan Pieter (1985), *Kapitalmarkt und Kreditbank - Untersuchungen zu einer mikroökonomischen Theorie der Bankunternehmung*, Berlin
Kürsten, Wolfgang (1995), Risky Debt, Managerial Ownership and Capital Structure: New Fundamental Doubts on the Classical Agency Approach, *Journal of Institutional and Theoretical Economics*, vol. 151(3), pp. 526–555
Lacker, Jeffrey M.; Weinberg, John A. (1989), Optimal Contracts under Costly State Falsification, *Journal of Political Economy*, vol. 97(6), pp. 1345–1363
Laffont, Jean-Jaques (1989), *The Economics of Uncertainty and Information*, MIT Press, Cambrigde Massachusetts, London
Laffont, Jean-Jaques; Tirole, Jean (1993), *A Theory of Incentives in Procurement and Regulation*, MIT Press, Cambridge MA
Lamont, Owen (1995), Corporate-Debt Overhang and Macroeconomic Expectations, *American Economic Review*, vol. 85(5), pp. 1106–1117
Lamont, Owen (1997), Cash Flow and Investment: Evidence from Internal Capital Markets, *Journal of Finance*, vol. 52(1), pp. 83–110
Laux, Helmut (1998), *Risikoteilung, Anreiz und Kapitalmarkt*, Springer, Berlin, Heidelberg, New York
Leland, Hayne E.; Pyle, David H. (1977), Informational Asymmetries, Financial Structure, and Financial Intermediation, *Journal of Finance*, vol. XXXII(2), pp. 371–387
Li, Shan (1993), *Essays on Corporate Governance and Finance*, PhD at the Massachusetts Institute of Technology
Maggi, Giovanni; Rodríguez-Clare, Andrés (1995), Costly Distortion of Information in Agency Problems, *RAND Journal of Economics*, vol. 26(4), pp. 675–689

Mailath, George J.; Okuno-Fujiwara, Masahiro; Postlewaite, Andrew (1993), Beliefed-Based Refinements in Signalling Games, *Journal of Economic Theorie*, vol. 60, pp. 241–276

Maksimovic, Vojislav (1988), Capital Strucuture in Repeated Oligopolies, *RAND Journal of Economics*, vol. 19(3), pp. 389–407

Mankiw, Gregory N. (1986), The Allocation of Credit and Financial Collaps, *Quarterly Journal of Economics*, vol. 101, pp. 455–470

Maurer, Boris (1995) Innovation under Financial Constraints and Competition, *Universität Mannheim*, Discussion Paper Series, No. 530

Meltzer, Allen (1995), Monetary, Credit (and Other) Transmission Processes: A Monetarist Perspective, *Economic Perspectives*, vol. 9(4), pp. 49–72

de Meza, David; Webb, David (1990), Risk, Adverse Selection and Captial Market Failure, *The Economic Journal*, vol. 100(March 1990), pp. 206–214

Milde, Hellmuth; Riley, John G. (1988), Signaling in Credit Markets, *Quarterly Journal of Economics*, vol. CIII, pp. 101–129

Milgrom, Paul R. (1981), Good news and bad news: representation theorems and applications, *The Bell Journal of Economics*, vol. 12(2), pp. 380–391

Miller, Merton M.; Rock, Kevin (1985), Dividend Policy under Asymmetric Information, *Journal of Finance*, vol. XL(4), pp. 1031–1051

Mishkin, Frederic S. (1991) Asymmetric Information and Financial Crisis: A historical Perspective, in: Hubbard, Glenn (ed): Financial Markets and Financial Crisis,University of Chicago Press, Chicago, pp. 69–108

Mishkin, Frederic S. (1997), International Capital Movements, Financial Volatility and Financial Instability, *National Bureau of Economic Research*,

Mishkin, Frederic S. (1998), *The Economics of Money, Banking, and Financial Markets*, Addison Wesely, Reading, Massachusetts

Miyazaki, Hajime (1993), Employeeism, Corporate Governance, and the J-Firm, *Journal of Comparative Economics*, vol. 17, pp. 443–469

Mookherjee, Dilip; Png, Ivan (1989), Optimal Auditing, Insurance and Redistribution, *Quarterly Journal of Economics*, vol. CIV(May), pp. 399–415

Myers, Stewart C. (1977), Determinants of Corporate Borrowing, *Journal of Financial Economics*, vol. 5, pp. 147–175

Myers, Stewart C.; Majluf, Nicholas S. (1984), Corporate Financing and Investment Decisions when Firms have Information that Investors do not have, *Journal of Financial Economics*, vol. 13, pp. 187–221

Neff, Cornelia (1997) Finanzstruktur und strategischer Wettbewerb auf Gütermärkten, *Wirtschaftswissenschaftliche Fakultät, Universität Tübingen*

Nils, Gottfries (1991), Customer Markets, Credit Market Imperfection, and Real Price Rigidity, *Economica*, vol. 58(3), pp. 317–323

Nippel, Peter (1994), *Die Struktur von Kreditverträgen aus theoretischer Sicht*, Gabler, Wiesbaden

Oliner, Stephen D.; Rudebusch, Glenn D (1996), Monetary Policy and Credit Conditions: Evidence from the Composition of External Finance, *American Economic Review*, vol. 86(1), pp. 300–309

Opler, T.; Titman, S. (1994), Financial Distress and Corporate Performance, *Journal of Finance*, vol. 49, pp. 1015–1040

Patton, Arch (1990) Those Million Dollar-a-Year Executives, in: Foulkes, Fred (ed): Executive Compensation,Harvard Business School Press, Boston, pp. 43–56

Perridon, Louis; Steiner, Manfred (1993), *Finanzwirtschaft der Unternehmung*, Franz Vahlen, München

Phillips, Gordon M. (1995), Increased Debt and Industry Produkt Markets: An empirical Analysis, *Journal of Financial Economics*, vol. 37, pp. 187–238

Poitevin, Michel (1989), Financial Signalling and the 'Deep-pocket' Argument, *RAND Journal of Economics*, vol. 20(1), pp. 26–40

Pütz, P.; Willgerodt, H. (1984), *Gleiches Recht für Beteiligungskapital*, Baden Baden

Raith, Michael (1996), A General Model of Information Sharing in Oligopoly, *Journal of Economic Theory*, vol. 71, pp. 260–288

Rajan, Raghuram G. (1992), Insiders and Outsiders: The Choice between Informed and Arm's-Length Debt, *Journal of Finance*, vol. 47(September), pp. 1367–1400

Ramey, Garey (1996), D1 Signalling Equilibria with Multiple Signals and a Continuum of Types, *Journal of Economic Theory*, vol. 69, pp. 508–531

Riley, John G. (1979), Informational Equlibrium, *Econometrica*, vol. 47(2), pp. 331–359

Riley, John G. (1985), Competition with Hidden Knowledge, *Journal of Political Economy*, vol. 93(3), pp. 958–976

Rogerson, William P. (1994), Economic Incentives and the Defense Procurement Process, *Journal of Economic Perspectives*, vol. 8(4), pp. 65–90

Rosen, Sherwin (1990) Contracts and the Market for Executives, *NBER Working Paper*, No. 3542

Ross, Stephen A. (1977), The Determination of Financial Structure: The Incentive-Signalling Approach, *Bell Journal of Economics*, vol. 8, pp. 23–40

Rothschild, Michael; Stiglitz, Joseph (1976), Equilibrium in Competitive Insurance Markets: An Essay on the Economics of Imperfect Information, *Quarterly Journal of Economics*, vol. 90, pp. 629–649

Sappington, David E. M. (1983), Limited Liability Contracts between Principal and Agent, *Journal of Economic Theory*, vol. 29, pp. 1–21

Sappington, David E. M. (1991), Incentives in Principal Agent Relationships, *Journal of Economic Perspectives*, vol. 5(2), pp. 45–66

Schaller, Huntley (1993), Asymmetric Information, Liquidity Constraints, and Canadian Investment, *Canadian Journal of Economics*, vol. 26, pp. 552–574

Schiantarelli, Fabio; Sembenelli, Alessandro (1995) Form of Ownership and Financial Constraints: Panel Data Evidence from Leverage and Investment Equations, *Department of Economics, Boston College*, Working Paper No. 286

Schmid, Frank A. (1997), Vorstandsbezüge, Aufsichtsratsvergütung und Aktionärsstruktur, *Zeitschrift für Betriebswirtschaft*, vol. 67, pp. 67–83

Schneider, Dieter (1992), *Investition, Finanzierung und Besteuerung*, Wiesbaden

Schwalbach, Joachim; Graßhoff, Ulrike (1997), Managervergütung und Unternehmenserfolg, *Zeitschrift für Betriebswirtschaft*, vol. 67, pp. 203–217

Seward, James K. (1990), Corporate Financial Policy and the Theory of Financial Intermediation, *Journal of Finance*, vol. XLV(2), pp. 251–377

Sharpe, Steven (1994), Financial Market Imperfections, Firm Leverage, and the Cyclicality of Employment, *American Economic Review*, vol. 84(4), pp. 1060–1074

Showalter, Dean M. (1995), Oligopoly and Financial Structure: Comment, *American Economic Review*, vol. 85(3), pp. 647–653

Sklivas, Steven D. (1987), The Strategic Choice of Managerial Incentives, *RAND Journal of Economics*, vol. 18(3), pp. 452–458

Sobel, Joel (1993), Information Control in the Principal-Agent Problem, *International Economic Review*, vol. 34(2), pp. 259–269

Spremann, Klaus (1989), Stakeholder-Ansatz versus Agency-Theorie, *Zeitschrift für Betriebswirtschaft*, vol. 59, pp. 742–746

Spremann, Klaus (1996), *Investition und Finanzierung*, Oldenbourg Verlag, München, Wien

Stein, Jeremy C. (1988), Takeover Threats and Managerial Myopia, *Journal of Political Economy*, vol. 96(1), pp. 61–80

Stein, Jeremy C. (1989), Efficient Capital Markets, Inefficient Firms: A Model of Myopic Corporate Behaviour, *Quarterly Journal of Economics*, vol. 104(4), pp. 654–669

Stiglitz, Joseph E.; Weiss, Andrew (1981), Credit Rationing in Markets with Imperfect Information, *The American Economic Review*, vol. 71(3), pp. 393–410

Stiglitz, Joseph E.; Weiss, Andrew (1983), Incentive Effects of Terminations: Applications to the Credit and Labor Markets, *The American Economic Review*, vol. 73(5), pp. 912–927

Stulz, René (1990), Managerial Discretion and Optimal Financing Policies, *Journal of Financial Economics*, vol. 26, pp. 3–27

Swoboda, Peter (1991), *Betriebliche Finanzierung*, Physica-Verlag, Heidelberg

Townsend, Robert M. (1979), Optimal Contracts and Competitive Markets with Costly State Verification, *Journal of Economic Theory*, vol. 21, pp. 265–293

Uhlenbruck, Wilhelm (1983), Erfahrungen mit dem geltenden Insolvenzrecht, *Betriebswirtschaftliche Forschung und Praxis*,

Viswanathan, S. (1995), A Multiple-Signaling Model of Corporate Financial Policy, *Research in Finance*, vol. 12, pp. 1–35

Wang, Cheng; Williamson, Stephen D. (1993) Adverse Selection in Credit Markets with Costly Screening, *University of Iowa*

Williamson, Stephan D. (1986), Costly Monitoring, Financial Intermediation, and Equilibrium Credit Rationing, *Journal of Monetary Economics*, vol. 18, pp. 159–179

Williamson, Stephan D. (1987), Costly Monitoring, Loan Contracts, and Equilibrium Credit Rationing, *Quarterly Journal of Economics*, vol. 102, pp. 135–145

Wilson, Charles (1977), A Model of Insurance Markets with Incomplete Information, *Journal of Economic Theory*, vol. 16, pp. 167–207

Winter, Joachim K. (1997) Plant-Level Investment and Exit Decisions and Firm-Level Financial Constraints, *University of Mannheim*, Sonderforschungsbereich 504

Zechner, Josef (1995) Financial Market - Product Market Interaction in Industry Equilibrium: Implications for Information Acquisition Decisions, *University of Vienna*

Zender, Jaime (1991), Optimal Financial Instruments, *Journal of Finance*, vol. XLVI(5), pp. 1645–1663

Ziv, Amir (1993), Information Sharing in Oligopoly: the Truth–Telling Problem, *RAND Journal of Economics*, vol. 24(3), pp. 455–465

Namensregister

Verzeichnis der wichtigsten Variablen

π Realisiertes Endvermögen (Ertrag, Projektüberschuß); 29.

θ Potentielles Endvermögen, wird nur realisiert, wenn sich die Firma effizient verhält; 28.

Θ Träger von θ; 28.

F Wahrscheinlichkeitsverteilung der Projekterträge mit Dichte f. Wenn zwischen potentiellen und realisierten Erträgen (θ und π) unterschieden wird, beschreibt F die Verteilung von θ, sonst die der realisierten Erträge π; 39, 87, 127, 153, 162.

f Dichte von F; 39.

s Ertragabhängige Auszahlung an die Finanziers $s(\pi)$; 29.

$\mathfrak{s}$ Zustandsabhängige Auszahlung an die Finanziers $\mathfrak{s}(\theta)$; 41.

w Endvermögen der Firma (einschließlich angeeigneter Erträge); 50.

U Nutzenfunktion der Firma bei Risikoaversion; 71, 80.

$\mathcal{W}$ Erwartungwert des Endvermögens der Firma; 46, 96, 167.

$\mathcal{V}$ Erwartungwert der Auszahlungen an die Finanziers; 46, 96, 167.

I Investitionsbetrag; 26.

W Liquides Ausgangsvermögen der Firma, das investiert oder zur Befriedigung externer Forderungen eingesetzt werden kann; 26, 120.

L Illiquides Vermögen, das zu Sanktionszwecken vermindert aber nicht transferiert werden kann; 27.

h Aneignungsverluste, allgemeiner Fall $h(\theta - \pi, \cdot)$; 31.

a Aneignungsverluste, spezieller Fall konvexer Kosten $a(|\theta - \pi|)$. 48.

α Proportionaler Verlust bei Aneignung $\alpha \cdot |\theta - \pi|$; auch
Intensität zustandsunabhängiger Kontrollen; auch
Anteil des von Externen gehaltenen Beteiligungskapitals; 33, 39, 95, 128, 152.

m Kosten zustandsunabhängiger Kontrollen $m(\alpha)$; 33.

β Intensität erfolgsabhängiger Interventionen der Finanziers, $\beta(\pi)$; 33.

$\mathfrak{B}$ Intensität zustandsabhängiger Interventionen der Finanziers, $\mathfrak{B}(\theta)$; 50.

k Kosten zustandsabhängiger Interventionen der Finanziers, $k(\beta)$; 33.

l Ertragsabhängige Wahrscheinlichkeit der Vernichtung illiquiden Vermögens L (bzw. Anteil von L); 41.

λ Lagrangevariable der Partizipationsbeschränkung der Finanziers, auch Schattenpreis der externen Finanzierung; 46.

D Nomineller Rückzahlungsbetrag des Darlehns; 43.

A Zustände in denen Ertrag verifiziert wird; 61.

P Zustände in denen Ertrag nicht verifiziert wird; 61.

ρ Produktmarktstrategische Entscheidungsvariable (Preis, Menge, Werbeaufwand); 152, 161.

R Erwarteter Gewinn des Rivalen; 162.

τ Firmentyp bzw. Signal, das die Firma über die Verteilung F vor dem Vertrag beobachtet. 87, 135, 171.

FSD Der Parameter verbessert F im Sinne stochastischer Dominanz erster Ordnung; 95.

MPC Der Parameter senkt das Risiko, verbessert F im Sinne einer *mean preserving compression*; 95, 127, 153, 189.

MPS Der Parameter erhöht das Risiko, verschlechtert F im Sinne eines *mean preserving spread*; 127, 189.

Studies in Contemporary Economics

E. Baltensperger, H. Milde
Theorie des Bankverhaltens
1987. ISBN 3-540-18214-4

H. Siebert (Hrsg.)
Umweltschutz für Luft und Wasser
1988. ISBN 3-540-19171-2

S. Homburg
Theorie der Alterssicherung
1988. ISBN 3-540-18835-5

P. J. J. Welfens
Internationalisierung von Wirtschaft und Wirtschaftspolitik
1990. ISBN 3-540-52511-4

A. J. H. C. Schram
Noter Behavior in Economic Perspective
1991. ISBN 3-540-53650-7

W. Franz (Ed.)
Structural Unemployment
1992. ISBN 3-7908-0605-6

A. Haufler
Commodity Tax Harmonization in the European Community
1993. ISBN 3-7908-0714-1

G. Rübel (Hrsg.)
Perspektiven der Europäischen Integration
1994. ISBN 3-7908-0791-5

G. Steinmann, R. E. Ulrich (Eds.)
The Economic Consequences of Immigration to Germany
1994. ISBN 3-7908-0796-6

F. P. Lang, R. Ohr (Eds.)
International Economic Integration
1995. ISBN 3-7908-0861-X

N. Schulz
Unternehmensgründungen und Markteintritt
1995. ISBN 3-7908-0854-7

G. Maier
Spatial Search
1995. ISBN 3-7908-0874-1

B. Huber
Optimale Finanzpolitik und zeitliche Inkonsistenz
1996. ISBN 3-7908-0906-3

F. P. Lang, R. Ohr (Eds.)
Openness and Development
1996. ISBN 3-7908-0958-6

M. Lechner
Training the East German Labour Force
1998. ISBN 3-7908-1091-6

G. Erber, H. Hagemann, S. Seiter
Zukunftsperspektiven Deutschlands im internationalen Wettbewerb
1998. ISBN 3-7908-1108-4

H. Zimmermann
State-Preference Theorie und Asset Pricing
1998. ISBN 3-7908-1150-5

B. Lucke
Theorie und Empirie realer Konjunkturzyklen
1998. ISBN 3-7908-1148-3

E. Amann
Evolutionäre Spieltheorie
1999. ISBN 3-7908-1207-2

F. Hubert
Optimale Finanzkontrakte, Investitionspolitik und Wettbewerbskraft
1999. ISBN 3-7908-1248-X